中等职业教育一体化教学改革教材

维修电工职业技能

主　编　杨秀双　李　刚

副主编　杨晓辉　高思源

参　编　宋　凯　唐志忠　赵丽虹

　　　　陈晶如　李丹阳　吴华民

　　　　高　兵　黄志刚

主　审　梁东晓

机械工业出版社

本书是中等职业教育一体化教学改革教材，在编写过程中始终坚持"实用、够用、好用"的原则，力求贴近学生，采用理实一体化的形式编写。本书的主要内容包括：电工安全用电基本知识、室内配线与照明线路的安装、电力拖动控制和可编程序控制器。每个模块以任务为基本单元，以完成任务的过程为主线，对具体的任务进行分析，并按"任务驱动"模式合理安排相关知识和技能训练，强调理论的实用性，注重技能训练，体现一体化教学特点。同时，采用图文并茂的形式，尽可能用图表展现知识点，提高可读性。

本书可作为中等职业学校机电、电气、自动化专业学生实训用书，也可供维修电工（中级）和电工上岗考证参考使用。

图书在版编目（CIP）数据

维修电工职业技能/杨秀双，李刚主编．—北京：机械工业出版社，2013.1
中等职业教育一体化教学改革教材
ISBN 978-7-111-40734-8

Ⅰ.①维…　Ⅱ.①杨…　②李…　Ⅲ.①电工—维修—中等专业学校—教材
Ⅳ.①TM07

中国版本图书馆 CIP 数据核字（2012）第 293267 号

机械工业出版社（北京市百万庄大街 22 号　邮政编码 100037）
策划编辑：荆宏智　林运鑫　责任编辑：林运鑫
版式设计：霍永明　责任校对：薛　娜
封面设计：路恩中　责任印制：乔　宇
北京瑞德印刷有限公司印刷（三河市胜利装订厂装订）
2013 年 1 月第 1 版第 1 次印刷
184mm×260mm・17.75 印张・435 千字
0001—3000 册
标准书号：ISBN 978-7-111-40734-8
定价：35.00 元

凡购本书，如有缺页、倒页、脱页，由本社发行部调换
电话服务　　　　　　　　　　网络服务
社服务中心：(010)88361066　教材网：http://www.cmpedu.com
销售一部：(010)68326294　机工官网:http://www.cmpbook.com
销售二部：(010)88379649　机工官博:http://weibo.com/cmp1952
读者购书热线：(010)88379203　**封面无防伪标均为盗版**

序

近几年，国家大力发展职业教育，在借鉴和总结国内外职业教育课程开发理念和实践案例的基础上，积极推行职业教育课程改革，以改变传统的学科型课程模式和传授式教学方法，开发符合职业成长规律的新的课程体系，推动职业教育教学改革向纵深发展，满足经济发展对技能型人才的需要。

根据教育部、人力资源和社会保障部教学改革的精神，各个职业学校的职业教育教学改革开展得如火如荼，相继出现了模块式、项目导向式、任务驱动式、基于工作过程等教学模式，但实质都是理论和实践相结合的一体化教学模式。

抓好一体化教学的课程体系改革，就能使职业学校培养的学生进入工作岗位后比较顺利地完成角色转换，快速适应岗位工作要求，从而从根本上提高职业学校的教学质量和人才培养质量。

为适应这一形势的需要，我们在了解相关企业专家、人力资源管理者对技能人才要求的基础上，吸纳部分学校教学改革的成果，组织有多年教学改革实践经验的职业学校的骨干教师，编写了这套《中等职业教育一体化教学改革教材》，供中等职业学校教学使用。

本套教材具有以下特色：

1. 突出了职业教育的"职业性"

课程体系的构建以《国家职业技能标准》为依据，以综合职业能力培养为目标，并围绕职业活动中每项工作任务的技能和知识点，突出实用性和针对性，力求使教材内容涵盖有关国家职业标准的知识和技能要求。

2. 课程设置适应"工学结合"模式

为适应"工学结合、校企合作"的新模式，我们在征求了相关企业意见的基础上，设置了《企业生产实习指导》、《现代企业班组管理基础》，在设计课题时考虑了其实用性，以实现能力培养与工作岗位对接合一、实习实训与顶岗工作学做合一。

3. 围绕课程内容构建教学单元模块

教材吸收和借鉴了各地教学改革的成功经验，围绕专业培养目标和课程内容，构建知识、技能紧密关联的教学单元模块，使教材内容更加符合学生的认知规律，以激发学生的学习兴趣。

4. 实现理论教学与技能教学一体化

模块中的每个课题都有明确的训练目标，并针对各自的目标整合相应的理论和技能内容，以实现理论教学与技能教学一体化。在每个课题后还设置了相应的思考题，以检验学生对相关知识与技能的掌握情况。

5. 图文并茂，提高了教材的可读性

教材内容力求图文并茂，将各个知识点和技能要点以实物和图片的形式展示出来，从而提高了教材的可读性和亲和力。

　　实施一体化的教学课程体系改革是个长远而艰巨的任务，目前全国一体化教学改革尚处在起步阶段，本套教材的编写只是部分学校在这方面初步探索的成果总结，我们衷心希望这套教材的出版能在一体化教学改革中发挥积极作用，并得到各职业学校师生的认可，同时也希望通过学校师生的实践不断得到改进、完善和提高。在此诚恳希望从事职业教育的专家和广大读者不吝赐教，提出批评指正意见。

中等职业教育一体化教学改革教材编委会

前　言

为了更好地适应全国中等职业技术学校电工类专业的教学要求，贯彻落实《关于大力推进技工院校改革发展的意见》（人社部发［2010］57号）和《关于印发技工院校一体化课程教学改革试点工作方案的通知》（人社厅发［2009］86号）的精神，在吸纳部分职业院校一体化教学改革成果的基础上，从一体化教学的角度出发编写了本书，本书力求体现职业教育一体化教学的精髓，满足职业技能培训与鉴定考核的需要，使学生进入工作岗位后能比较顺利地完成角色转换，快速适应岗位工作要求。

在本书的编写上，从学生的实际需要出发，始终坚持以职业活动为导向，以国家职业标准为依据，以实际工作任务为主线，以岗位工作项目为内容。本书内容由浅入深，环环相扣，充分体现了新形势下一体化教学简明、易懂、新颖、直观、实用的特点。

本书由杨秀双、李刚任主编，杨晓辉、高思源任副主编，宋凯、唐志忠、赵丽虹、陈晶如、李丹阳、吴华民、高兵、黄志刚参加编写，全书由梁东晓主审。

由于编者的水平和经验有限，书中不妥之处在所难免。敬请广大读者批评与指正。

编　者

目　　录

模块一　电工安全用电基本知识

1

学习目标

1. 了解触电的种类、形式，掌握触电急救的方法。
2. 掌握配电线路的接地、接零保护的方法及基本的防雷知识。
3. 了解基本的电器灭火知识，掌握电器灭火的方法。

任务一　触电急救

知识点

1. 熟悉触电的形式。
2. 掌握使触电者脱离电源的方法。
3. 熟悉触电急救的方法。
4. 掌握安全用电知识。

技能点

1. 能掌握触电急救知识。
2. 使触电者迅速脱离电源，并给予及时的救护。
3. 熟悉触电急救的方法。
4. 掌握安全用电知识。

学习任务

一名工人在施工现场发生触电情况后，倒地昏迷，请你根据伤者受伤害的实际情况和所学到的触电急救知识，进行现场紧急触电抢救。

任务分析

工人在现场工作时，一旦出现触电事故，在专业的医护人员到达现场前的这段时间，对触电者进行必要的紧急救治，在触电者的伤势比较严重的情况下，可以稳定触电者伤势，为挽救触电者的生命提供帮助。那么针对伤者的不同情况，采用合理的急救方式，就显得极为重要。因此电工从业人员，在掌握安全用电的基本知识，了解触电的形式避免触电保护自身安全的同时，就有必要掌握正确的急救方法，在紧急状态下为伤者提供必要的帮助。

知识准备

人体是导电的，一旦有电流通过时，将会受到不同程度的伤害。由于触电的种类、方式及条件不同，所以受伤害的程度也不一样。

一、触电的种类和方式

（一）人体触电种类

人体触电，有电击和电伤两类。

1) 电击是指电流通过人体时所造成的内伤。它可使肌肉抽搐、内部组织损伤，造成发热、发麻、神经麻痹等。严重时将引起昏迷、窒息、甚至心脏停止跳动、血液循环中止等而死亡。通常说的触电，就是指电击。触电死亡中绝大部分是电击造成的。

2) 电伤是在电流的热效应、化学效应、机械效应以及电流本身作用下造成的人体外伤。常见的有灼伤、烙伤和皮肤金属化等现象。灼伤由电流的热效应引起，主要是电弧灼伤，造成皮肤红肿、烧焦或皮下组织损伤；烙伤，由电流热效应或力效应引起，是皮肤被电气发热部分烫伤或由于人体与带电体紧密接触而留下肿块、硬块，使皮肤变色等；皮肤金属化，是由电流热效应和地学效应导致熔化的金属微粒渗入皮肤表层，使受伤部位皮肤带金属颜色且留下硬块。

（二）人体触电方式

1. 单相触电

单相触电是常见的触电方式。人体的一部分接触带电体的同时，另一部分又与大地或零线（中性线）相接，电流从带电体流经人体到大地（或本线）形成回路，这种触电叫做单相触电，如图1-1所示。在接触电气线路（或设备）时，若不采用防护措施，一旦电气线路或设备绝缘结构损坏漏电，将引起间接的单相触电。若站在地上误触带电体的裸露金属部分，将造成直接的单用触电。

2. 两相触电

人体的不同部位同时接触两相电源带电体而引起的触电叫做两相触电，如图1-1所示。由于这种情况，无论电网中性点是否接地人体所承受的线电压将比单相触电时高，危险性更大。

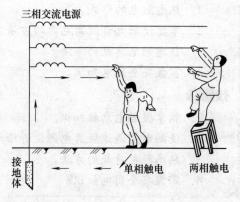

图1-1 单相触电与两相触电

3. 跨步电压触电

雷电流入地时，或载流电力线（特别是高压线）断落到地时，会在导线接地点及周围形成强电场。其电位分布以接地点为圆心向周围扩散、逐步降低而在不同位置形成电位差（电压），人、畜跨进这个区域两脚之间将存在电压，该电压称为跨步电压。在这种电压作用下电流从接触高电位的脚流进，从接触低电位的脚流出，这就是跨步电压触电，如图1-2所示。图中坐标原点表示带电体接地点，横坐标表示位置，纵坐标负方向表示电位分布。U_{K1}为人两脚间的跨步电压，U_{K2}为马两脚之间的跨步电压。

4. 悬浮线路上的触电

220V工频电流通过变压器相互隔离的一、二次绕组后从二次侧输出的电压零线不接地，变压器绕组间不漏电时即相对于大地处于悬浮状态。若人站在地上接触其中一根带电导线不会构成电流回路，没有触电感觉。如果人体一部分接触二次绕组的一根导线，另一部分接触该绕组的另一导线，则会造成触电。例如电子管收音机、电子管扩音机，部分彩色电视机，它们的金属底板是悬浮线路的公共接地点，在接触或检修这类机器的线路时，如果一只手接触线路的高电位点，另一只手接触低电位点，即用人体将线路接通造成触电，这就是悬浮线路触电。在检修这类机器时，一般要求单手操作，特别是电位比较高时更应如此。

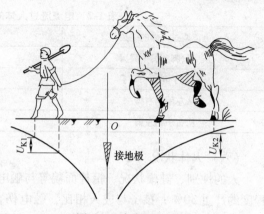

图1-2　跨步电压触电

二、电流伤害人体的因素

人体对电流的反应非常敏感，触电时电流对人体的伤害程度与以下几个因素有关：

（一）电流的大小

触电时流过人体的电流是造成损伤的直接因素。人们通过大量实验，证明通过人体的电流越大，对人体的损伤越严重。

（二）电压的高低

人体接触的电压越高，流过人体的电流越大，对人体的伤害越严重。但在触电事例的分析统计中，70%以上的死亡者是在对地电压为250V的低压下触电的。如以触电者人体电阻为1kΩ来计算，在220V电压作用下，通过人体的电流是220mA，能迅速使人致死。对地250V以下的高压本来危险性更大，但由于人们接触少，且对它警惕性较高，所以触电死亡事例约在30%以下。

（三）频率的高低

实践证明，40～60Hz的交流电对人最危险，随着频率的增高，触电危险程度将下降。高频电流不仅不会伤害人体，还能用于治疗疾病，见表1-1。

表1-1　不同频率的电流对人体的伤害

电流频率/Hz	对人体的伤害
50～100	有45%的死亡率
125	有25%的死亡率
200以上	基本消除触电危险

（四）时间的长短

技术上常用触电电流与触电持续时间的乘积（叫做电击能量）来衡量电流对人体的伤害程度。触电电流越大，触电时间越长，则电击能量越大，对人体的伤害越严重。当电击能量超过150mA·s时，触电者就有生命危险。

（五）不同路径

电流通过头可使人昏迷；通过脊髓可导致肢体瘫痪；通过心脏可造成心跳停止、血液循环中断；通过呼吸系统会造成窒息。可见，电流通过心脏时，最容易导致死亡。电流在人体中流经不同路径时，通过心脏的电流占通过人体总电流的百分比见表1-2。从表1-2中可以看出，电流从右手到左脚危险性最大。

表1-2　电流流过人体的不同路径对人体的伤害

电流通过人体的路径	通过心脏电流占通过人体总电流百分数（%）
从一只脚到另一只脚	0.4
从一只手到另一只手	3.3
从左手到右脚	3.7
从右手到左脚	6.7

（六）人体状况

人的性别、健康状况、精神面貌等与触电伤害程度有着密切关系。女性比男性触电伤害程度约严重30%；孩子与成人相比，触电伤害程度也要严重得多；体弱多病者比健康人容易受电流伤害。另外，人的精神状况，对接触电器有无思想准备，对电流反应的灵敏程度，醉酒、过度疲劳等都可能增加触电事故的发生次数并加剧受电流伤害的程度。

（七）人体电阻的大小

人体电阻越大，受电流伤害越小。通常人体电阻可按 $1\sim2\text{k}\Omega$ 考虑。这个数值主要由皮肤表面的电阻值决定。如果皮肤表面角质层损伤、皮肤潮湿、流汗、带着导电粉尘等，将会大幅度降低人体电阻，增加触电伤害程度。

三、安全电压

电流通过人体时，人体所承受的电压越低，触电伤害越小。当电压低到某一定值以后，对人体就不会造成触电。这种不带任何防护设备，当人体接触带电体时对各部分组织（如应从、神经、心脏、呼吸器官等）均不会造成伤害的电压值，叫做安全电压。它通常等于通过人体的允许电流与人体电阻的乘积，在不同场合，安全电压的规定是不相同的。

我国规定12V、24V和36V三个电压等级为安全电压级别，不同场所选用安全电压等级不同。在湿度大、狭窄、行动不便、周围有大面积接地导体的场所（如金属容器内、矿井内、隧道内等）使用的手提照明，应采用12V安全电压。

凡手提照明器具，在危险环境、特别危险环境的局部照明灯，高度不足2m的一般照明灯、携带式电动工具等，若无特殊的安全防护装置或安全措施，均应采用24V或36V安全电压。

安全电压的规定是从总体上考虑的，对于某些特殊情况或某些人也不一定绝对安全。是否安全与人的现时状况（主要是人体电阻）、触电时间长短、工作环境、人与带电体的接触面积和接触压力等都有关系。所以即使在规定的安全电压下工作，也不可粗心大意。

四、触电原因及预防措施

触电包括直接触电和间接触电两种。直接触电是指人体直接接触或过分接近带电体而触电；间接触电指人体触及正常时不带电而发生故障时才带电的金属导体。

（一）常见的触电原因

触电的场合不同，引起触电的原因也不同，将常见触电原因归纳如下：

1. 线路架设不合规格

室内外线路对地距离、导线之间的距离小于允许值；通信线、广播线与电力线间隔距离过近或同杆架设；线路绝缘层破损；有的地区为节省电线而采用一线一地制送电等。

2. 电气操作制度不严格、不健全

带电操作，不采取可靠的保安措施；不熟悉电路和电器，盲目修理；救护已触电的人，自身不采取安全保护措施；停电检修，不挂警告牌；检修电路和电器，使用不合格的工具；人体与带电体过分接近，又无绝缘措施或屏护措施；在架空线上操作，不在相线上加临时接地线；无可靠的防高空跌落措施等。

3. 用电设备不合要求

电器设备内部绝缘结构损坏，金属外壳又未加保护接地措施或保护接地线太短、接地电阻太大；开关、闸刀、灯具、携带式电器绝缘外壳破损，失去防护作用；开关、熔断器误装在中性线上，一旦断开，就使整个线路带电。

4. 用电不谨慎

违反布线规程，在室内乱拉电线，随意加大熔断器熔丝规格，在电线上或电线附近晾晒衣物；在电杆上拴牲口，在电线（特别是高压线）附近打鸟、放风筝；未断电源，移动家用电器，打扫卫生时，用水冲洗或湿布擦拭带电电器或线路等。

（二）触电的预防措施

1. 预防直接触电的绝缘措施

（1）绝缘措施　用绝缘材料将带电体封闭起来的措施叫做绝缘措施。良好的绝缘是保证电气设备和线路正常运行的必要条件，是防止触电事故的重要措施。

绝缘材料的选用必须与该电气设备的工作电压、工作环境和运行条件相适应，否则容易造成击穿。常用的电工绝缘材料如瓷、玻璃、云母、橡胶、木材、塑料、布、纸、矿物油等，其电阻率多在 $10^7\Omega\cdot m$ 以上。但应注意，有些绝缘材料如果受潮，会降低甚至丧失绝缘性能。

绝缘材料的绝缘性能往往用绝缘电阻表示。不同的设备或电路对绝缘电阻的要求不同。新装或大修后的低压设备和线路，绝缘电阻不应低于 $0.5M\Omega$；运行中的线路和设备，绝缘电阻每伏工作电压 $1k\Omega$；潮湿工作环境下，则要求每伏工作电压 $0.5k\Omega$；携带式电气设备绝缘电阻不应低于 $2M\Omega$；配电盘二次线路绝缘电阻不应低于每伏 $1k\Omega$，在潮湿环境下不低于每伏 $0.5k\Omega$；高压线路和设备绝缘电阻不低于每伏 $1000M\Omega$。

（2）屏护措施　采用屏护装置将带电体与外界隔绝开来，以杜绝不安全因素的措施叫做屏护措施。常用的屏护装置有遮栏、护罩、护盖、栅栏等。如常用电器的绝缘外壳、金属网罩、金属外壳和变压器的遮栏、栅栏等都属于屏护装置。凡是金属材料制作的屏护装置，都应妥善接地或接零。

屏护装置不直接与带电体接触，对所用材料的电气性能没有严格要求，但必须有足够的机械强度和良好的耐热、耐火性能。

（3）间距措施　为防止人体触及或过分接近带电体，为避免车辆或其他设备碰撞或过分接近带电体；为防止火灾、过电压放电及短路事故；为操作的方便，在带电体与地面之间、带电体与带电体之间、带电体与其他设备之间，均应保持一定的安全间距，叫做间距措施。安全间距的大小取决于电压的高低、设备的类型、安装的方式等因素。

2. 预防间接触电的措施

（1）加强绝缘措施　对电气线路或设备采取双重绝缘，加强绝缘或对组合电气设备采用共同绝缘。采用加强绝缘措施的线路或设备绝缘牢固，难于损坏，即使工作绝缘结构损坏后，还有一层加强绝缘结构，不易发生带电的金属导体裸露而造成间接触电。

（2）电气隔离措施　采用隔离变压器或具有同等隔离作用的发电机，使电气线路和设备的带电部分处于悬浮状态叫做电气隔离措施。即使该线路或设备工作绝缘结构损坏，人站在地面上与之接触也不易触电。

应注意的是被隔离电路的电压不得超过 500V，其带电部分不得与其他电气电路或大地相连才能保证其隔离要求。

（3）自动断电措施　在带电线路或设备上发生触电事故或其他事故（短路、过载、欠电压等）时，在规定时间内能自动切断电源而起保护作用的措施叫做自动断电措施。如漏电保护、过电流保护、过电压或欠电压保护、短路保护、接零保护等均属自动断电措施。

（三）触电急救

在电气设备与我们的日常生产生活密不可分的今天，在生活、工作中避免不了与各种电气设备接触。采用有效的预防措施，将会大幅度减少触电事故，但要完全避免触电事故的发生是不可能的，所以在日常用电与电气设备的操作中必须掌握触电急救的方法，这样才能在事故发生的时候挽救触电者的生命，缩小事故范围，将损失降低到最低。

1. 触电的现场抢救措施

（1）使触电者尽快脱离电源　发现有人触电，最关键、最首要的措施是使触电者尽快脱离电源。由于触电现场的情况不同使触电者脱离电源的方法也不一样。在触电现场经常采用以下几种急救方法，如图 1-3 所示。

图 1-3　几种急救方法

1）迅速切断电源，把人从触电处移开。如果触电现场远离开关或不具备切断电源的条件，只要触电者穿的是比较宽松的干燥衣服，救护者可站在干燥木板上，用一只手抓住衣服将其拉离电源，但切不可触及带电人的皮肤。如果这种条件不具备，可用干燥木棒、竹竿等将电线从触电者身上挑开。

2）如果触电发生在相线与大地之间，一时又不能把触电者拉离电源，可用干燥绳索将触电者身体拉离地面，或在地面与人体之间塞入一块干燥木板，然后再设法切断电源，使触电者脱离带电体。

3）救护者手边如果有现成的刀、斧、锄等带绝缘柄的工具或硬棒时，可以从电源来电方向将电线砍断或撬断，但注意切断电线时人体不可接触电线裸露部分和触电者。

4）如果救护者手边有绝缘导线，可先将一端良好接地，另一端接在触电者所接触的带电体上，造成该相电源对地短路，迫使电路跳闸或熔断熔丝，达到切断电源的目的。在搭接带电体时，要注意救护者自身的安全。

5）在电杆上触电，地面上一时无法施救时，仍可先将绝缘软导线一端良好接地，另一端抛掷到触电者接触的架空线上，使该相对地短路，跳闸断电。在操作时要注意两点：一是不能将接地软线抛在触电者身上，这会使通过人体的电流更大；二是注意不要让触电者从高空跌落。

以上救护触电者脱离电源的方法，不适用于高压触电情况。

（2）脱离电源后的判断　触电者脱离电源后，应根据其受电流伤害的不同程度，采用不同的抢救方法。

1）判断呼吸是否停止。如图 1-4a 所示，将触电者移至干燥、宽敞、通风的地方。将衣、裤放松，使其仰卧，观察胸部或腹部有无因呼吸而产生的起伏动作。若不明显，可用手或小纸条靠近触电者鼻孔，观察有无气流流动，用手放在触电者胸部，感觉有无呼吸动作，若没有，说明呼吸已经停止。

2）判断脉搏是否搏动。如图 1-4b 所示，用手检查颈部的颈动脉或腹股沟处的股动脉，看有无搏动。如果有，说明心脏还在工作。因颈动脉或股动脉都是人体大动脉，搏动幅度较大，容易感知，所以经常用来作为判断心脏是否跳动的依据。另外，也可用耳朵贴在触电

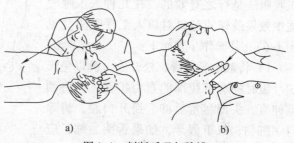

图 1-4　判断呼吸与脉搏

者心区附近，倾听有无心脏跳动的心音，如果有，则心脏还在工作。

3）判断瞳孔是否放大。瞳孔是受大脑控制的一个自动调节大小的光圈。如果大脑机能正常，瞳孔可随外界光线的强弱自动调节大小。处于死亡边缘或已经死亡的人，由于大脑细胞严重缺氧，大脑中枢失去对瞳孔的调节功能，瞳孔就会自行放大，所以对外界光线强弱不再作出反应，如图 1-5 所示。

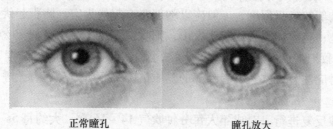

正常瞳孔　　　　　　　　　瞳孔放大

图 1-5　判断瞳孔是否放大

根据上述简单判断的结果，对触电者受伤害的不同程度、不同症状表现可用下面的方法进行不同的救治。

（3）对不同情况的救治

1）触电者神志清醒，只是感觉头昏、乏力、心悸、出冷汗、恶心、呕吐，应让其静卧休息，以减轻心脏负担。

2）触电者神志断续清醒，出现一度昏迷，一方面请医生救治，另一方面让其静卧休息，随时观察其伤情变化，作好万一恶化的施救准备。

3）触电者已失去知觉，但呼吸、心跳尚存，应在迅速请医生的同时，将其安放在通风、凉爽的地方平卧，给他闻一些氨水。摩擦全身，使之发热。如果出现痉挛，呼吸渐渐衰

弱，应立即施行人工呼吸，并准备担架，送医院救治。在去医院途中，如果出现"假死"，应边送边抢救。

4）触电者呼吸、脉搏均已停止，出现假死现象，应针对不同情况的假死现象对症处理。如果呼吸停止，用口对口人工呼吸法，迫使触电者维持体内外的气体交换。对心脏停止跳动者，可用胸外心脏压挤法，维持人体内的血液循环。如果呼吸、脉搏均已停止，上述两种方法应同时使用并尽快拨打急救电话，向医护人员求助。

下面介绍口对口人工呼吸法和胸外心脏压挤法。

1. 口对口人工呼吸法

对呼吸渐弱或已经停止的触电者，人工呼吸法是行之有效的。在几种人工呼吸法中效果最好的是口对口人工呼吸法（见图1-6），其操作步骤如下：

1）将触电者仰卧，松开衣、裤以免影响呼吸时胸廓及腹部的自由扩张。再将颈部伸直，头部尽量后仰，掰开口腔，清除口中脏物，取下假牙，如果舌头后缩，应

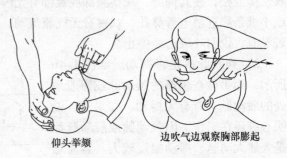

仰头举颏　　　边吹气边观察胸部膨起

图1-6　口对口人工呼吸法

拉出舌头，使进出人体的气流畅通无阻。如果触电者牙关紧闭，可用木片、金属片从嘴角处伸入牙缝，慢慢撬开。

2）救护者位于触电者头部一侧，将靠近头部的一只手捏住触电者的鼻子（防止吹气时气流从鼻孔漏出），并将这只手的外缘压住额部，另一只手托其颈部，将颈上抬，这样可使头部自然后仰，解除舌头后缩造成的呼吸阻塞。

3）救护者深呼吸后，用嘴紧贴触电者的嘴（中间也可垫一层纱布或薄布）大口吹气，同时观察触电者胸部的隆起程度，一般应以胸部略有起伏为宜。胸腹起伏过大，说明吹气太多，容易吹破肺泡；胸腹无起伏或起伏太小，则吹气不足，应适当加大吹气量。

4）吹气至待救护者可换气时，应迅速离开触电者的嘴，同时放开捏紧的鼻孔，让其自动向外呼气，这时应注意观察触电者胸部的复原情况，倾听口鼻处有无呼气声，从而检查呼吸道是否阻塞。

按照上述步骤反复进行，对成年人每分钟吹气14～16次，大约每5s一个循环。吹气时间稍短，约2s；呼气时间要长，约3s。对儿童吹气，每分钟18～24次，这时不必捏紧鼻孔，让一部分空气漏掉。对儿童吹气一定要掌握好吹气量的大小，不可让其胸腹过分膨胀，防止吹破肺泡。

在做口对口人工呼吸时，需要注意以下几点：

① 掌握好吹气压力，一般是刚开始时压力偏大，频率也稍快一些，待10～20次后逐渐减少吹气压力，维持胸腹部的轻度舒张即可。

② 若触电者牙关紧闭，一时无法撬开，可用口对鼻吹气，方法与口对口吹气相似，只是此时应使触电者嘴唇紧闭，防止漏气。口对鼻吹气时救护者的嘴唇应完全盖紧触电者鼻孔，吹气压力也应稍大，吹气时间稍长，这样有利于外部气体充分进入肺内，以便加速人体内外的气体交换。

2. 胸外心脏压挤法

在触电者心脏停止跳动时，可以有节奏地在胸廓外加力，对心脏进行挤压。利用人工方法代替心脏的收缩与扩张以达到维持血液循环的目的。

其操作步骤与要领：

1）将触电者仰卧在硬板上或平整的硬地面上，解松衣裤，救护者跪跨在触电者腰部两侧。

2）救护者将一只手的掌根按于触电者胸骨以下横向1/2处，中指指尖对准颈根凹腔下边缘，另一只手压在那只手的背上呈两手交叠状，肘关节伸直，靠体重和臂与肩部的用力，向触电者脊柱方向慢慢压迫胸骨下段，使胸廓下陷3～4cm。由此使心脏受压，心室的血液被压出，流至触电者全身各处。

3）双掌突然放松，依靠胸廓自身的弹性，使胸腔复位，让心脏舒张，血液流回心室。放松时，交叠的两掌不要离开胸部，只是不加力而已。

重复2）、3）步骤，每分钟100次左右。

在做胸外心脏压挤时应注意以下几点：

① 压挤位置和手掌姿势必须正确，下压的区域在胸骨以下横向1/2处，即两个奶头连线中间稍偏下方，接触胸部只限于手掌根部，手指应向上，与胸、肋骨之间保持一定距离，不可全掌着力。

② 用力要对脊柱方向，下压要有节奏，有一定冲击性，但不能用大的爆发力，否则将造成胸部骨骼损伤，如图1-7所示。

③ 挤压时间和放松时间大体一样。胸外心脏压挤法，也可以采用，施救者跪在伤者身体的一侧的方法。如图1-8所示，除了确定掌压位置有所不同外，用力要点与方法一致。

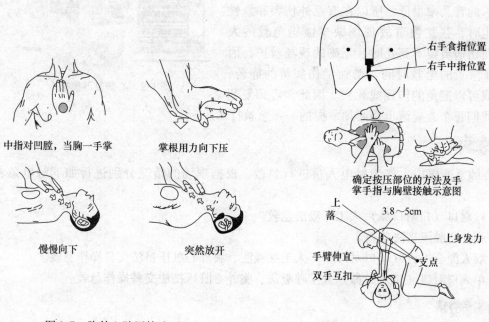

中指对凹腔，当胸一手掌　　掌根用力向下压

慢慢向下　　突然放开

右手食指位置
右手中指位置

确定按压部位的方法及手掌手指与胸壁接触示意图

上落　　3.8～5cm
上身发力
手臂伸直　　支点
双手互扣

图1-7　胸外心脏压挤法（一）　　　　图1-8　胸外心脏压挤法（二）

④ 对心跳和呼吸都已停止的触电者，如果救护者有两人，可以同时进行口对口人工呼

吸和胸外心脏压挤，效果更好，但两人必须配合默契。如果只有一人，也可两种方法交替进行。做法如下：先用口对口向触电者吹气两次，立即在胸外压挤心脏30次，再吹气两次，再压挤30次，如此反复进行，直到将人救活或医生确诊已无法抢救为止。

⑤ 对于小孩，只用一只手的根部加压，并酌情掌握压力的大小，以每分钟100次左右为宜。

无论是施行口对口人工呼吸法或胸外心脏压挤法，都要不断观察触电者的面部动作。如果发现其眼皮、嘴唇会动，喉部有吞咽动作时，说明他自己有一定呼吸能力，应暂时停止几秒钟，观察其自动呼吸的情况；如果呼吸不能正常进行或者很微弱，应继续进行人工呼吸和胸外心脏压挤，直到能正常呼吸为止。

在触电者呼吸未恢复正常以前，无论什么情况，包括送医院途中、雷雨天气（雷雨时可移至室内）或时间已进行得很长而效果不甚明显等，都不能中止这种抢救。事实上，用人工呼吸法抢救的触电者中，有长达7～10h才能救活的。

口对鼻及口对口鼻人工呼吸：当伤者牙关紧闭不能张口、口腔有严重损伤时，可改用口对鼻人工呼吸。抢救婴幼儿时，因婴幼儿口、鼻开口均较小，位置又很靠近，抢救者可用口贴住婴幼儿口与鼻的开口处，施行口对口鼻呼吸。

☑ 任务准备

如图1-9所示的心肺复苏模拟人，是近些年来，各医疗教学设备生产厂家为进行急救培训的单位、学校研发的一种提供心肺复苏术（CPR）的操作流程练习和考核的仿真模型。在我国，由于心肺复苏技术的普及率很低，所以在有意外伤害和急性病症发生时，往往因事故现场缺少懂得急救的人员，致使伤病员得不到及时、正确的现场救护，因而延误了宝贵的抢救时间，增加了伤病员的痛苦，甚至造成可以避免的伤残或死亡。因此，心肺复苏技术是我们每个人应该也是必须掌握的一项急救技术。

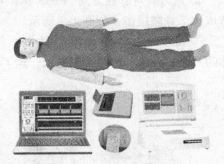

图1-9 心肺复苏模拟人

✏ 任务实施

以心肺复苏模拟人作为触电人员进行急救，根据现场的情况分别进行如下触电急救措施：

1）口对口（口对口鼻）人工呼吸法急救。

2）胸外心脏压挤法急救。

3）双人配合进行口（口对口鼻）人工呼吸法、胸外心脏压挤法交替操作急救。

4）单人口对口（口对口鼻）人工呼吸法、胸外心脏压挤法交替操作急救。

🔍 检测与分析

1. 任务检测

任务完成情况检测标准见表1-3。

表 1-3 触点急救检测标准

序号	主要内容	评分标准	配分	得分
1	口对口（口对口鼻）人工呼吸法训练	1. 急救姿势是否正确，扣 10 分 2. 急救次数是否正确，扣 10 分	20	
2	胸外心脏压挤法训练	1. 急救姿势是否正确，扣 10 分 2. 急救次数是否正确，扣 10 分	20	
3	双人配合进行口（口对口鼻）人工呼吸法、胸外心脏压挤法交替操作训练	1. 急救姿势是否正确，扣 5 分 2. 急救次数是否正确，扣 5 分 3. 互相配合是否得当，扣 10 分	20	
4	单人口对口（口对口鼻）人工呼吸法、胸外心脏压挤法交替操作训练	1. 急救姿势是否正确，扣 5 分 2. 急救次数是否正确，扣 5 分 3. 互相配合是否得当，扣 10 分	20	
备注		合计	80	

2. 问题与分析

针对任务实施中的问题进行分析，并找出解决问题的方法，见表 1-4。

表 1-4 触点急救问题分析

序号	问题主要内容	分析问题	解决方法	配分	得分
1					
2				20	
3					
4					

能力训练

一、填空题

1. 人体触电，有＿＿＿＿＿＿＿和＿＿＿＿＿＿＿两类。

2. 两相触电比单相触点危险性＿＿＿＿＿＿＿。

3. 雷电流入地时，或载流电力线（特别是高压线）断落到地时，会在导线接地点及周围形成＿＿＿＿＿＿＿。其电位分布以＿＿＿＿＿＿＿向周围扩散、逐步降低而在不同位置形成电位差。

4. 对呼吸渐弱或已经停止的触电者，＿＿＿＿＿＿＿是行之有效的。

5. 电流越大，对人体的损伤越＿＿＿＿＿＿＿。

6. 我国规定＿＿＿＿＿＿＿、＿＿＿＿＿＿＿和＿＿＿＿＿＿＿三个电压等级为安全电压级别，不同场所选用安全电压等级不同。

二、简答题

1. 什么是电击？什么是电伤？

2. 什么是单相触电？

3. 胸外心脏压挤法要领。

4. 触电的现场抢救措施。

5. 预防间接触电的措施。

三、实训题

对心肺复苏模拟人进行胸外心脏压挤法训练。

任务二 保护接地、保护接零及防雷技术

知识点

1. 了解低压配电系统的组成形式。
2. 掌握保护接地、保护接零的概念及适用范围。
3. 掌握接地装置的构成。
4. 了解雷电对电力系统的危害及简单的防雷技术。
5. 掌握测量接地系统接地电阻的测量方法。

技能点

1. 能进行接地体的安装。
2. 能进行接地电阻的测量。

学习任务

某建筑工地施工时，要进行接地体、防雷装置的安装。请你对此任务进行安装并进行接地电阻测量验收。

任务分析

保护接地、保护接零是低压配电系统中十分重要的保护技术，为系统运行的安全及操作者的人身安全提供了可靠的保障，掌握保护接地、保护接零的使用方法以及掌握接地装置的构成、掌握接地电阻的测量方法是一名合格电工必备的知识。

雷电流由于其电压、电流值很大，对电力系统的危害是十分严重的。每年在我国各个雷雨多发地区由于防护不当以及防雷知识的缺乏，出现的人身伤亡事故和线路、设备事故时有发生，伤亡上千人，经济损失数十亿元。因此，掌握一定的防雷知识，无论在以后的生产工作中还是生活中都是十分必要的。

知识准备

一、低压配电系统的组成形式

低压配电系统主要有 TN 系统、IT 系统和 TT 系统，其中 TN 系统又有 TN-S、TN-C-S 和 TN-C 三种形式。

1. TN 系统

TN 电力系统是有一点直接接地，负载设备的外露可导电部分（指正常不带电压，但故障情况下可能带电压的易被触及的导电部分，如金属外壳、金属构架等）通过保护线接到此接地点的系统。根据中性线 N 和保护线 PE（即保护零线）的布置，TN 系统的形式有以下三种：

1）TN-S 系统：TN-S 系统的中性线 N 和保护线 PE 是分开的，如图 1-10a 所示。

2）TN-C-S 系统：TN-C-S 系统中，一部分中性线 N 和保护线 PE 的功能合在一根导线上（即为共用），而另一部分中性线 N 和保护线 PE 是由各自的导线提供的，如图 1-10b 所示。

3）TN-C 系统：TN-C 系统的中性线 N 与保护线 PE 是合二为一的，称为 PEN 线，如图 1-10c 所示。

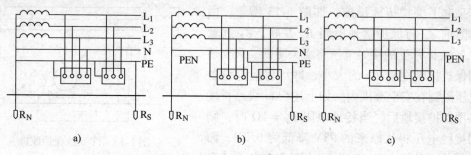

图 1-10　IT 系统

a）TN-S 系统　b）TN-C-S 系统　c）TN-C 系统

2. IT 系统

IT 系统的带电部分不接地或者是用过阻抗接地，而电力设备的外露可导电部分接地，如图 1-11 所示。

3. TT 系统

TT 系统有一点直接接地，电力设备外露可导电部分经 PE 线单独接地，如图 1-12 所示。

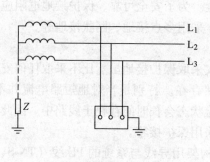

图 1-11　IT 系统

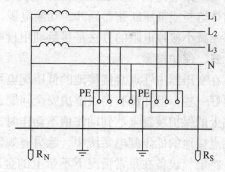

图 1-12　TT 系统

引出中性线的三相系统，其中包括 TN 系统、TT 系统，都属于三相四线制系统；没有引出中性线的三相系统，如 IT 系统，则属于三相三线制系统。

二、保护接地

在故障状态下，可能出现危险的对地电压的导电部分与大地紧密连接起来的接地称为保护接地。保护接地通常用于不接地的低压配电系统，如变压器中性点不接地系统（IT 系统）。也有用在中性点接地的系统，如有工作接地的系统（TT 系统）。

1. IT 系统的保护接地

在中性点不接地的低压配电系统中，当一相绝缘结构损坏时，人体一旦触及无保护接地的电气设备外壳，接地电流 I_E 则通过人体和电网对地绝缘阻抗形成回路。

当配电线路越长（电网每相对地容抗 X_r 越小），电网绝缘电阻越小时，人体触及故障设备的接触电压也越高。如对于长度5km左右的380V配电线路，且电网绝缘电阻很高，当人体阻抗为1500Ω，触及漏电设备时，人体承受的接触电压可达到98V，通过人体的电流可达到65mA，这个电流值对人体将是非常危险的。

若采取了保护接地措施，如图1-13所示。由于人体阻抗 Z_B 与保护接地电阻 R_P 并联，Z_B 远远大于 R_P，人体承受的接触电压将大大降低。只要适当控制保护接地电阻 R_P 的大小，即可将漏电设备对地电压限制在安全范围内。如上述5km线路长度时，采用保护接地后，当接地电阻 $R_P = 4Ω$ 时，则人体的接触电压将从原来的98V降低为0.3V，而通过人体的电从原来的65mA减小到0.2mA。这个数量级的电流对人体是比较安全的。

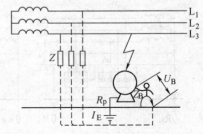

图1-13　IT系统保护原理

2. TT系统的保护接地

在中性点接地的低压配电系统中，如果电气设备不采用保护接地，则当设备一相碰壳时，其外壳就存在相电压 $U_φ$，人体一旦接触带电的外壳，就会通过电流，造成触电事故。如果采用了保护接地，如图1-14所示。当电气设备一相绝缘结构损坏时，其接地短路电流较大。在接地短路电流作用下，能

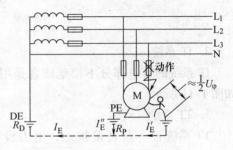

图1-14　TT系统保护原理

使熔体熔断或低压断路器断开，切断电源，确保安全。为了安全可靠，保护接地电阻应越小越好，减小接地电阻的方法是尽量利用自然接地体，采用多点接地、网状接地等。

三、保护接零

在变压器中性点直接接地的低压配电系统中，仅采取保护接地虽然比不采取任何安全措施要好一些，但并没有彻底解决安全问题，危险仍然存在。特别是当对地短路电流并不大，线路上的保护装置未达到动作值不动作时，这样危险状态会长时间存在于线路中。因此，在中性点接地的低压配电系统中，除另有规定外，应采用保护接零。

将电气设备在正常情况下不带电的金属外壳或构架用导线与系统的 PE 线（TN-S、TN-C-S系统）或 PEN 线（TN-C系统）紧密连接，称为保护接零。其作用原理为：当用电设备某相发生绝缘结构损坏，引起碰壳时，由于保护零线（PE 或 PEN 线）有足够大的横截面积，且阻抗甚小，会产生很大的单相短路电流，使配电线路上的熔体迅速熔断，或使低压断路器自动分断，从而切断用电设备电源。因此，保护接零与保护接地相比，其优越性在于能克服保护接地受制于接地电阻的局限性。但要使保护接零发挥其优越性，接零装置必须符合要求，如重复接地，接零线不得接熔断器及开关，接零线只能并联，绝不允许串联等。否则不但起不到应有的保护作用，反而会发生意外的危险。

在同一供电系统中，不允许一部分设备采用保护接零而将另一部分设备采用保护接地，如图1-15所示。以免当保护接地设备绝缘结构损坏发生碰壳故障时，零线电位升高而发生事故。

四、接地装置

接地装置包括接地体与接地线。

1. 人工接地体的安装

人工接地体的材料一般采用钢结构制成。接地体的材料通常采用钢管、角钢、圆钢等。用作人工接地体的材料，不应该采用严重的锈蚀、厚薄或粗细严重不均的材料也不宜应用。

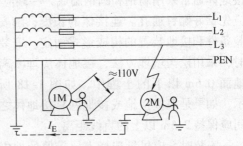

图 1-15　部分设备接零，部分设备接地的危险

人工接地体的安装形式分为垂直安装和水平安装两种。垂直安装的接地体常用直径 40 ~ 50mm、壁厚 3.5mm 的钢管或 40mm × 40mm × 4mm ~ 50mm × 50mm × 5mm 的角钢。接地体的长度随安装形式及环境有所不同。垂直安装一般在 2 ~ 3m 之间，不能短于 2m，超过 3m 对减小接地电阻的作用已不明显，却增加了施工难度。水平安装的接地体都较长，最短的通常在 6m 左右。

1）垂直安装法。垂直安装的人工接地体在打入大地时应与地面保持垂直，不能倾斜，有效的散流深度应不小于 2m。多极接地或接地网的接地体之间在地下应保持 2.5m 以上的直线距离，如图 1-16 所示。

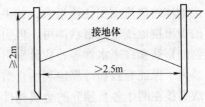

图 1-16　垂直安装法

因具有节省材料和安装简单、方便的特点，接地体与地面垂直安装的形式应用较普遍。接地体材料一般采用角钢和钢管为宜，接地体总长除埋入土壤的长度外，应加长 100mm 左右，以供接地线连接使用。凡用螺钉连接的，应先钻好螺钉通孔。为了便于接地干线与接地体的连接，宜在接地体一端先焊接好连接板，如图 1-17 所示。

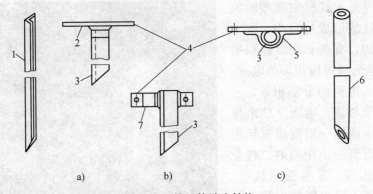

a)　　　　　　　b)　　　　　　　c)

图 1-17　接地体端头结构

a）角钢接地体顶端装连接板　b）角钢接地体垂直面装连接板　c）钢管接地体垂直面装连接板

1—角钢接地体　2—加固镶块　3—接地体　4—接地干线连接板

5—骑马镶块　6—钢管接地体　7—加固镶块

角钢接地体比钢管接地体在散流效果方面稍差一些，但打入地下时比较容易，价格低廉。与地面垂直安装的接地体，一般都采用打桩法打入地下。

接地体打入地下后，四周应夯实以减小接触电阻。

2）水平安装法。与地面水平安装的接地体应用比较少，一般只用于土层浅薄的地方。

接地体通常采用扁钢和圆钢制成，一端应弯成直角向上，便于连接。如果采用螺钉压接的，应先钻好螺钉通孔。连接体的长度，随安装条件和接地装置的构成形式而定。安装时，采用挖沟填埋方法，接地体应埋入离地面 0.6m 以下的土壤中，如图 1-18 所示。如果是多极接地或接地网，接地体之间应保持 2.5m 以上的直线距离。

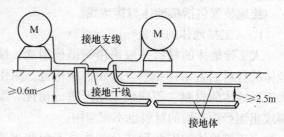

图 1-18　接地体水平安装

安装时，应尽量选择土层较厚的地方埋设接地体。盖土时，接地体周围与土壤之间应夯实；沟内不可用沙砾、砖瓦、杂物等进行回填，以免影响接地电阻值。

2. 自然接地体的利用

利用自然接地体作为接地线，应根据具体情况采取不同的方法。属于管道类的自然接地体，不可采用电焊的方法，以防止焊接而损坏管道，要采用金属夹头或抱箍的压接方法。自然接地体的散流面积往往很大，如果要为较多设备提供接地需要时，只要增加接点，并将所有的引出接地线连成带状即可，但引接点应尽可能地分散。如果自然接地体是整体的，如建筑物的钢筋和自来水管等，应分别引接在不同的主干和分支部分上。

为了保证有效和可靠地利用自然接地体，每套接地装置至少要有两个引接点，并尽可能分散引接在两个各自独立的金属构件上。

自然接地体的每个引接点，必须置于明显而且便于检查和维修的地方。采用压接法的引接处，不允许埋设在混凝土内，以免造成维修困难。

五、防雷技术

(一) 雷电的形成与活动规律

闪电和雷鸣是大气层中强烈的放电现象。在云块的形成过程中，由于摩擦和其他原因，有些云块可能积累正电荷，另一些云块可能积累负电荷，随着云块间正负电荷的分别积累，云块间的电场越来越强，电压也越来越高。当这个电压高达一定值或带异种电荷的云块接近到一定距离时，将会使其间的空气击穿，发生强烈放电。云块间的空气被击穿电离发出耀眼闪光，形成闪电。空气被击穿时受高热而急剧膨胀，发出爆炸的轰鸣，形成雷声，如图 1-19 所示。

图 1-19　雷电

在我国，雷电发生的总趋势是南方比北方多，山区比平原多，陆地比海洋多，热而潮湿的地方比冷而干燥的地方多，夏季比其他季节都多。在同一地区，凡是电场分布不均匀的、导电性能较好容易感应出电荷的、云层容易接近的部位或区域，也更容易引雷而导致雷击。

下列物体或地点容易受到雷击：

1）空旷地区的孤立物体、高于 20m 的建筑物或构筑物，如宝塔、水塔、烟囱、天线、旗杆、尖形屋顶、输电线路杆塔等。

2）烟囱冒出的热气（含有大量导电质点、游离态分子）、排除导电尘埃的厂房、排废气的管道和地下水出口。

3）金属结构的屋面，砖木结构的建筑物或构筑物。

4）特别潮湿的建筑物、露天放置的金属物。

5）金属的矿床、河岸、山坡与稻田接壤的地区、土壤电阻率小的地区、土壤电阻率变化大的地区。

6）山谷风口处，在山顶行走的人、畜。

（二）雷电的种类与危害

1. 雷电的种类

（1）直击雷　雷云离大地较近，附近又没有带异种电荷的其他雷云与之中和，这时带有大量电荷的雷云与地面凸出部分将产生静电感应，在地面凸出部分感应出大量异性电荷而形成强电场，当其间的电压高达一定值时，将发生雷云与地面凸出部分之间的放电，这就是直击雷。

（2）感应雷　感应雷分为静电感应雷和电磁感应雷两种。静电感应雷是由于雷云接近地面，先在地面凸出物顶部感应出大量异性电荷。当雷云与其他雷云或物体放电后，地面凸出物顶部的感应电荷失去束缚，以雷电波的形式从凸出部分沿地面极快地向外传播，在一定时间和部位发生强烈放电，形成静电感应雷。电磁感应雷是在发生雷电时，巨大的雷电流在周围空间产生迅速变化的强大磁场，这种变化的强磁场在附近的金属导体上感应出很高的冲击电压，使其在金属电路的断口处发生放电而引起强烈的火光和爆炸。

（3）球形雷　是一种很轻的火球，能发出极亮的白光或红光，通常以 2m/s 左右的速度从门、窗、烟囱等通道侵入室内，当它触及人畜或其他物体时发生爆炸或燃烧而造成伤害。

（4）雷电侵入波　雷击时在架空线或空中金属管道上产生的高压冲击波。沿着线路或管道侵入室内，危及人畜和设备安全。

2. 雷电的危害

地面附近的雷云，电场强度高达 5～300kV/m，电位高达数十到数十万千伏，放电电流为数十到数百千安，而放电时间只有 0.0001～0.001s。可见雷电的电场特别强、电压特别高、电流特别大，在极短的时间释放出巨大能量，其破坏作用无疑是相当严重的。

雷电的危害，大致有以下四个方面：

（1）电磁性质的破坏　发生雷击时，可产生高达数百万伏的高压冲击波，还可在导线或金属物体上感应出几万乃至几十万伏的特高压，这种特高压足以破坏电气设备和导线的绝缘结构而使其烧毁；或在金属物体的间隙或连接松动处形成火花放电，引起爆炸；或者形成雷电侵入波侵入室内；危及人畜或设备安全。

（2）热性质的破坏　强大的雷电流在极短的时间内作用，转换成强大的热能，足以使金属熔化、飞溅、树木烧焦。如果击中易燃品或房屋，还将引起火灾。

（3）机械性质的破坏　当雷电击中树木、电杆等物体时，被击物缝隙中的气体，受高热急剧膨胀，水分又急剧蒸发成大量气体，造成被击物体的破坏和爆炸。

此外，由于电流变化极大，同性电荷之间强大的静电斥力，同方向电流之间的电磁推力，也有很强的破坏作用，所以雷击时产生的冲击气浪也将对附近的物体造成破坏。

（4）跨步电压破坏　雷电电流通过接地装置或地面雷击点向周围土壤中扩散时，在土壤电阻的作用下，向周围形成电压降，此时若有人、畜在该区域站立或行走，将受到雷电跨步电压伤害。

（三）常用防雷装置

常用防雷装置有避雷针、避雷带、避雷网、避雷线等。实际上，一套完整的装置包括接闪器、引下线和接地体三部分，如图 1-20 所示。避雷针、避雷带、避雷网、避雷线等都是避雷装置的接闪器部分，它们主要用于保护露天的配电设备、建筑物或构筑物。

1. 接闪器

接闪器是各种防雷装置最顶上的部分，也是最主要的部分。其作用是将雷电引向自身再通过引下线和接地体将雷电流泄放入大地，保护周围设备、建筑物或构筑物不再受到雷击。

（1）避雷针　避雷针是一种尖形金属导体，安装在被保护物顶端并按要求高出被保护物适当的高度。其工作原理是：当被保护物附近出现雷云时，由于雷云的静电感应，使被保护物及附近地面出现异性电荷，这些电荷通过避雷针进行尖端放电，实现地电荷与雷云电荷的中和。假若在附近出现直击雷，避雷针亦可将雷电流通过引下线和接地体，导入大地疏散。常见避雷针如图 1-21 所示。

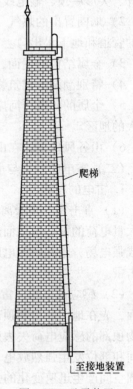

爬梯

至接地装置

图 1-20　避雷装置

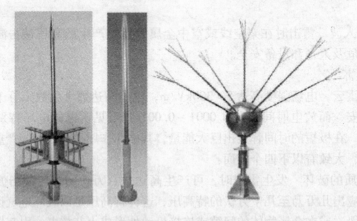

图 1-21　避雷针

（2）避雷带、避雷网和避雷线　避雷带通常沿建筑物的墙垛敷设，高度高于墙垛 10 ~ 15cm，每隔 1 ~ 1.5m 有一个固定的支撑卡子，避雷带在墙的沉降缝处应留 10 ~ 20cm 的伸缩裕量，以避免因地形变化使避雷带受应力而拉断，如图 1-22 所示。

避雷网是在建筑物顶上用圆钢或扁钢焊成的网格做接闪器，若建筑物顶为金属或钢筋混凝土结构，可直接用金属屋顶或钢筋作避雷网，但这些金属或钢筋接头之间应有良好的焊接，如图 1-23 所示。

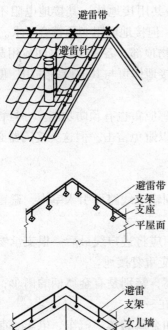

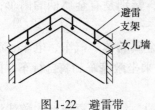

图 1-22　避雷带

图 1-23　避雷网

避雷线是架设在高压配电线路上方的，以防止雷电击中配电线路。

（3）接闪器材料　对于接闪器所用的材料，首先应考虑到其载流量、机械强度、耐腐蚀性和热稳定性。要求热稳定性的目的是考虑到接闪器应该能承受强大雷电流的热破坏作用。

接闪器的锈蚀程度达到横截面积 30% 以上时，应更换。

2. 引下线

引下线是避雷装置的中间部分，它的作用是将接闪器接收到的雷电流传输到接地体，或将大地中的感应电荷输导到空中。为确保其导电性能、机械强度和耐腐蚀性能，通常选用镀锌圆钢或扁钢制作。其中圆钢直径不小于 4mm，扁钢厚度不小于 4mm，横截面积不小于 $12 \times 4mm^2$。

引下线的敷设位置应选择在少有人去的位置。路径尽量短，与建筑物的距离取 15mm 左右为宜。各支撑卡子之间的间距为 1.5～2m。在距地面 2m 以上和地下 0.2m 以内容易受机械损伤的一段，应用钢管或角钢保护，这种保护装置最好与引下线良好焊接，除增强其机械强度外，还有利于减小对雷电流的电阻。

3. 接地体

接地体是避雷针的地下部分，其作用是将引下线送来的雷电流扩散到大地中去。防雷装置接地体比其他装置的接地体稍大。垂直接地体多用 50mm×50mm×3mm 的角钢、直径不小于 10mm 的圆钢或壁厚不小于 35mm 的钢管制成，接地体长度一般为 2.5m，顶端距地面 0.5～10m。如采用多根接地体，则间距通常为 5m。

独立避雷针接地体必须单独装设，不得与其他设备共用接地体，其接地电阻不应大于 10Ω。若不是独立避雷针，可以与其他设备共用接地体，但接地电阻必须符合要求。

若避雷针不是单独安装，而是安装在建筑物或构筑物顶部，各避雷针之间应用避雷带连接，引下线不得少于两根，其间距不得大于 18～30m。接地体可与其他设备共用，但接地电阻不应超过 1Ω。

避雷带与避雷网除可作为直击雷接闪器外，对静电感应雷也有预防功能。一旦雷云与建筑物之间发生静电感应时，它能将感应电荷疏导入地，以避免雷击。但这类接闪器必须有两点以上可靠接地，且接地点间距不小于 18～30m。

（四）防雷常识

1）为了避免避雷针上雷电的高电压通过接地体传到输电线路而引入室内，避雷针接地体与输电线路接地体在地下至少应相距 10m。

2）为防止感应雷和雷电侵入波沿架空线进入室内，应将进户线最后一根支承物上的绝缘子引脚可靠接地，在进户线最后一根电杆上的中性线应重复接地。

3）雷雨时在野外不要穿湿衣服；雨伞不要举得过高，特别是有金属柄的雨伞；若有几个人在一起时，要相距几米远分散避雷，不得手拉手聚在一起。

4）躲避雷雨，应选择有屏蔽作用的建筑或物体，如金属箱体、汽车、电车、混凝土房屋等。不能站在孤立的大树、电杆、烟囱和高墙下，不要乘坐敞篷车和骑自行车，因这些物体容易受直击雷轰击。

5）雷雨时不要停留在易受雷击的地方，如山顶、湖泊、河边、沼泽地、游泳池等；在野外遇到雷雨时，应蹲在低洼处或躲在避雷针保护范围内。

6）雷雨时，在室内应关好门窗，以防球形雷飘入。不要站在窗前或阳台上，也不要停留在有烟囱的灶前。应离开电力线、电话线、水管、煤气管、暖气管、天线馈线 1.5m。

六、接地电阻的测量

无论是电气设备的接地保护还是防雷装置的接地体，对接地装置的接地电阻的大小，都有严格的要求。在日常维护与检修这些装置时，对接地电阻值的检测都是一项十分重要的检测项目，定期确定（一般是一年）接地电阻的可靠性，对人身安全与设备安全都是十分必要的。

常用的接地电阻测量仪表为接地电阻测试仪。接地电阻测试仪分指针式与数字式两种。

（一）指针式接地电阻测试仪

图 1-24 为指针式接地电阻测试仪，指针式接地电阻测定仪的使用如下：

1）外观检查：表壳应完好无损；接线端子应齐全完好；检流计指针应能自由摆动；附件应齐全完好（有 5m、20m、40m 线各一根和两个接地钎子）。

2）调整：将接地电阻测试仪水平放置，检流计指针应与基准线对齐，若没有对齐，应对检流计进行调

图 1-24　指针式接地电阻测试仪

整使其符合要求。

3）试验：将表的四个接线端短接并水平放置，调整倍率挡至合适的倍率，调整标度盘，使"0"指向下面的基线，以120r/min摇动摇把，检流计指针应不动。

接地电阻测试仪的接地极 E（C_2、P_2）、电压探针 P_1 和电流探针 C_1 直线相距20m，P_1 插于 E 和 C_1 之间。用专用导线分别将被测接地体、电压探针、电流探针接到接地测试仪的相应接线柱 E、P_1、C_1 上，如图1-25所示。

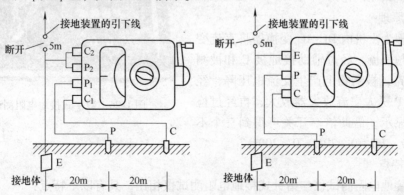

图1-25　指针式接地电阻测试仪的接线方法

测量时先把仪表水平放置，把指针调整红线（基准线）位置；将"倍率标度"置于最大倍数，慢慢转动摇把，同时旋动"测量标度盘"，使检流计指针平衡。当指针接近红线时，加快转速达到120r/min以上，再调整测量标度盘，使指针指在红线上。

测量接地装置的接地电阻的方法：

① 两人一组配合进行测量，一人监视现场，另一人进行测量。

② 先切断与被测接地相关的电源，将接地引下线与接地体断开。

③ 使用接地测试仪进行测量

接地电阻测定仪的接地极 E、电压探针 P_1 和电流探针 C_1 直线相距各20m，P_1 插于 E 和 C_1 之间。

测量时40m一线的上方不应有与之相平行的强电线路；下方不应有与之相平行的地下金属管线，在电极周围30~50m半径范围内不应有人或动物经过或停留。

摇动摇柄，同时调整标度盘（检流计指针若右偏，应调整标度盘使刻度逆时针转动；指针左偏，应调整标度盘使刻度顺时针转动）使指针复位。指针接近基线时，应加快摇速到120r/min，并仔细调整标度盘，使指针对准基线，然后停止摇动。

刚下过雨或雷雨天不得测量防雷接地装置的接地电阻。接地电阻测试仪禁止开路试验。不使用时应将接线端用裸线短接。

④ 正确读数并判断。被测接地电阻值（Ω）=读数×倍率。

⑤ 若测得的接地电阻值符合系统要求，则恢复接地体与引下线的连接。若不符合要求应尽快处理，使之符合要求后，再恢复。

接地电阻值要求：对于低压配电系统电气设备的保护接地值应小于或等于4Ω；变压器中性点直接接地电阻值小于或等于4Ω；重复接地电阻值小于或等于10Ω；独立避雷针接地电阻值小于或等于10Ω。

（二）数字式接地电阻测试仪

数字式接地电阻测试仪摒弃了传统的人工手摇发电工作方式，采用先进的中、大规模集成电路，应用 DC-AC 变换技术将三端钮、四端钮测量方式合并为一种机型的新型接地电阻测试仪，如图 1-26 所示。

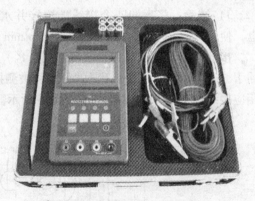

图 1-26　数字式接地电阻测试仪

1. 工作原理

工作原理为由机内 DC-AC 变换器将直流变为交流的低频恒流，经过辅助接地极 C 和被测物 E 组成电路，被测物上产生交流电压降，经辅助接地极 P 送入交流放大器放大，再经过检测送入表头显示。借助倍率开关可得到三个不同的量限：$0 \sim 2\Omega$、$0 \sim 20\Omega$、$0 \sim 200\Omega$。

2. 性能特点

数字式接地电阻测试仪与指针式接地电阻测试仪相比，具有以下特点：

1）应用了 DC-AC 变换技术，集三端钮、四端钮测量方式为一体，使用电源可以交、直流两用。

2）采用锁相环同步跟踪检波方式及开关电容滤波器，使抗干扰能力极强。

3）摒弃了传统的人工手摇发电方式，不需人力做功。

4）不需人工调节平衡，一目了然的面板触摸键操作，LCD 数字显示使得测量十分方便和迅速，消除了指针式仪表的视觉误差。

5）允许的辅助接地电阻阻值很大，更好地保证了测量精度，分辨率高。

6）除测试接地电阻外，还可测试低压电阻值、土壤电阻率以及交流电压。

3. 接地电阻测量方法

1）沿被测接地 E（C_2、P_2）、电压探针 P_1 及电流探针 C_1 以直线彼此相距 20m，使电压探针处于 E、C 中间位置，按要求将探针插入大地。

2）采用专用导线将端子 E（C_2、P_2）、P_1、C_1 与探针所在位置对应连接。

3）开启电源开关"ON"选择合适挡位轻按一下键，该挡指示灯亮，表头 LCD 显示的数值即为被测得的接地电阻值。

4. 土壤电阻率的测量方法

如图 1-27 所示，测量时在被测的土壤中沿直线插入四根探针，并使各探针间距相等，各间距的距离为 L，要求探针入地深度为 $L/20$cm，用导线分别从 C_1、P_1、P_2、C_2 各端子与四根探针相连接。若测出电阻值为 R，则土壤电阻率按下式计算，即

$$\psi = 2\pi RL$$

式中　ψ——土壤电阻率（$\Omega \cdot cm$）；

　　　L——探针与探针之间的距离（cm）；

　　　R——接地电阻测试仪的读数（Ω）。

用此法测得的土壤电阻率可近似认为是被埋入探针

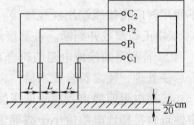

图 1-27　土壤电阻率的测量

之间区域内的平均土壤电阻率。

近年来，随着技术的发展，接地电阻测试仪又出现了钳形接地电阻测试仪（见图1-28），这种测试仪是在传统接地电阻测量技术上的重大突破，可以广泛应用于电力、电信、气象、油田、建筑及工业电气设备的接地电阻测量。钳形接地电阻测试仪在测量有电路的接地系统时，不需断开接地引下线，不需辅助电极，安

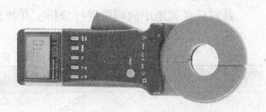

图1-28 钳形接地电阻测试仪

全快速、使用简便。钳形接地电阻测试仪能测量出用传统方法无法测量的接地故障，能应用于传统方法无法测量的场合，因为钳形接地电阻仪测量的是接地体电阻和接地引线电阻的综合值。钳形接地电阻测试仪有长钳口及圆钳口之分。长钳口特别适宜于扁钢接地的场合。

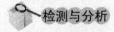 **任务准备**

设备、工具和材料准备见表1-5。

表1-5 接地体装置安装测量设备

序号	分类	名　称	型号规格	数量	单位	备注
1	工具	接地电阻测量仪		1	台	
2	材料	接地体		1	台	

任务实施

一、安装垂直接地体

利用角铁或圆钢及铁锯，按照前面介绍的方法制作垂直接地体或水平接地体，制作完成后，在室外的实习场地，按要求埋入地下（也可以制作沙箱，将接地体埋入沙箱，不过这种方法会影响接地电阻值）。

二、接地电阻的测量

接地体埋设完成后，让学生两人一组，利用接地电阻测试仪进行接地电阻的测量，并记录数据。

检测与分析

1. 任务检测

任务完成情况检测标准见表1-6。

表1-6 接地体、防雷装置的安装检测标准

序号	主要内容	评分标准	配分	得分
1	接地体的安装	1. 接地体制作是否正确，扣20分 2. 接地体安装是否合理，扣20分	40	
2	接地电阻测量	1. 仪表使用是否正确，扣20分 2. 测量方法是否正确，扣20分	40	
备注		合计	80	

2. 问题与分析

针对任务实施中的问题进行分析，并找出解决问题的方法，见表1-7。

表1-7 接地体、防雷装置的安装问题分析

序号	问题主要内容	分析问题	解决方法	配分	得分
1					
2				20	
3					
4					

能力训练

一、填空题

1. 低压配电系统主要有_____、_____和_____。

2. 当配电线路越_____，电网绝缘电阻越_____时，人体触及故障设备的接触电压也越高。

3. 人工接地体的安装形式，分_____和_____两种。

4. 一套完整的装置包括_____、_____和_____三部分。

5. 对于低压配电系统电气设备的保护接地值应_____。

二、简答题

1. 什么是保护接地？保护接地分几种？

2. 什么是保护接零？试分析其原理。

3. 请列举几个容易受到雷击的物体或地点。

4. 引下线的作用。

5. 指针式接地电阻测试仪的使用方法。

三、实训题

对教学楼进行接地电阻测量。

任务三 电气防火、灭火

知识点

1. 熟悉电气火灾的种类和原因。

2. 掌握灭火器材的使用。

3. 熟悉电气灭火时的安全注意事项。

技能点

能运用电气灭火知识及时扑灭电气火灾。

学习任务

学校为更好地提高学生们的消防知识，进行电气火灾灭火演习，请根据电气灭火知识，完成灭火演习任务。

任务分析

通过本节内容的学习，使学生能够了解由电气设施引起的火灾的预防，以及由电气设施引发的火灾一旦发生，应该采取那些正确方法在火灾初发时，及时排除险情。

正确使用灭火器迅速、安全地灭火。

知识准备

随着我国现代化建设的迅猛发展，电气设备在生产、生活的各个领域，应用范围日益广泛，规模不断扩大。而由于用电设计、施工和设备的使用不规范造成的安全问题、使用问题以及经济问题日趋突出，据不完全统计，电气火灾在火灾事故中占有很大的比例，并有逐年上升的趋势。由于电气原因引起的火灾仅次于一般明火引起的火灾，占第二位。电力变压器、电气线路、开关、插销、熔断器、照明灯具、电动机、电热器具等电气设备发生事故均可以引起火灾。作为一名合格的电工，正确掌握电气防火、灭火常识，已经成为一项必不可少的环节。

一、火灾案例

1. 吉林市商业大厦火灾

2010 年 11 月 5 日 9 时 15 分许，吉林市船营区珲春街商业大厦发生火灾。该商厦为五层建筑，面积约 2.9 万平方米，经消防部门初步判断起火地点在一楼，截至 11 月 6 日 7 时，吉林市珲春街商业大厦火灾已导致 19 人死亡，另有 1 人失踪，28 人受伤。事故原因据一些知情人士表示，吉林商业大厦作为有二十多年历史的老楼，存在着用电线路老化的问题，给消防安全埋下了隐患，是因线路起火所致。在火灾救援现场，广告牌和商厦楼体外侧围起的铁皮给救援人员添了很多麻烦。

2. 上海 11·15 火灾

2010 年 11 月 15 日，上海市静安区胶州路 728 号公寓大楼发生特别重大火灾事故（见图 1-29），事故原因是公寓大楼节能综合改造项目施工过程中，施工人员违规在 10 层电梯前室北窗外进行电焊作业，电焊溅落的金属熔融物引燃下方 9 层位置脚手架防护平台上堆积的聚氨酯保温材料碎块、碎屑引发火灾。这次火灾造成 58 人死亡，71 人受伤，直接经济损失 1.58 亿元。

二、火灾分类

依据《火灾分类》（GB/T 4968—2008）可知，火灾根据可燃物的类型和燃烧特性，分为 A、B、C、D、E、F 和 K 七类。

1）A 类火灾：指固体物质火灾。这种物质通常具

图 1-29　上海 11·15 火灾

有有机物质性质，一般在燃烧时能产生灼热的余烬。例如，木材、煤、棉、毛、麻、纸张等火灾。

2）B 类火灾：指液体或可熔化的固体物质火灾。例如，煤油、柴油、原油、甲醇、乙醇、沥青、石蜡等火灾。

3）C 类火灾：指气体火灾。例如，煤气、天然气、甲烷、乙烷、丙烷、氢气等火灾。

4）D 类火灾：指金属火灾。例如，钾、钠、镁、铝镁合金等火灾。

5）E 类火灾：带电火灾。物体带电燃烧的火灾。

6）F 类火灾：烹饪器具内的烹饪物（如动、植物油脂）火灾。

7）K 类火灾：食用油类火灾。通常食用油的平均面积燃烧速率大于烃类油，与其他类型的液体火相比，食用油火很难被扑灭，由于有很多不同于烃类油火灾的行为，它被单独划分为一类火灾。

三、灭火设备的选择

1）扑救 A 类火灾可选择水型灭火器、泡沫灭火器、磷酸铵盐干粉灭火器、卤代烷灭火器。

2）扑救 B 类火灾可选择泡沫灭火器（化学泡沫灭火器只限于扑灭非极性溶剂）、干粉灭火器、卤代烷灭火器、二氧化碳灭火器。

3）扑救 C 类火灾可选择干粉灭火器、卤代烷灭火器、二氧化碳灭火器等。

4）扑救 D 类火灾可选择粉状石墨灭火器、专用干粉灭火器，也可用干砂或铸铁屑末代替。

5）扑救 E 类带电火灾可选择干粉灭火器、卤代烷灭火器、二氧化碳灭火器等。带电火灾包括家用电器、电子元件、电气设备（计算机、复印机、打印机、传真机、发电机、电动机、变压器等）以及电线电缆等燃烧时仍带电的火灾，而顶挂、壁挂的日常照明灯具及起火后可自行切断电源的设备所发生的火灾则不应列入带电火灾范围。

6）扑救 F 类火灾可选择干粉灭火器。

7）扑救 K 类火灾：泡沫灭火剂、干粉灭火剂以及 CO_2 灭火剂都不能有效地扑灭这类火灾。

厨房中的烹调油燃烧时油温较高，明火被扑灭后极易重燃，因而是最难扑灭的火灾；另一方面，在灭火过程中，化学灭火剂产生的有害烟气迫使厨房甚至整个饭店内的人员必须立即撤离，相应地增加了灾后的清理时间。高压细水雾（见图 1-30）可以有效地扑灭烹调油火并能冷却烹调油，防止油重新点燃。同传统的化学灭火剂相比，细水雾可以低成本，高效地保护商用厨房免遭火灾危害。

图 1-30　高压细水雾

四、常用的灭火器

灭火器的种类很多，按其移动方式可分为手提式和推车式；按驱动灭火剂的动力来源可分为储气瓶式、储压式、化学反应式；按所充装的灭火剂又可分为泡沫、干粉、卤代烷、二氧化碳、酸碱、清水等。

1. 干粉灭火器（见图1-31）

碳酸氢钠干粉灭火器适用于易燃、可燃液体、气体及带电设备的初起火灾；磷酸铵盐干粉灭火器除可用于上述几类火灾外，还可扑救固体类物质的初起火灾，但它们都不能扑救金属燃烧火灾。

灭火时，可手提或肩扛灭火器快速奔赴火场，在距燃烧处5m左右，放下灭火器。如在室外，应选择在上风方向喷射。使用的干粉灭火器若是外挂式储压式的，操作者应一手紧握喷枪，另一手提起储气瓶上的开启提环。如果储气瓶的开启是手轮式的，则向逆时针方向旋开，并旋到最高位置，随即提起灭火器。当干粉喷出后，迅速对准火焰的根部扫射。使用的干粉灭火器若是内置式储气瓶的或者是储压式的，操作者

图1-31　干粉灭火器

应先将开启把上的保险销拔下，然后握住喷射软管前端喷嘴部，另一只手将开启压把压下，打开灭火器进行灭火。有喷射软管的灭火器或储压式灭火器在使用时，一手应始终压下压把，但不能放开，否则会中断喷射。

干粉灭火器扑救可燃、易燃液体火灾时，应对准火焰要部扫射，如果被扑救的液体火灾呈流淌燃烧时，应对准火焰根部由近及远，并左右扫射，直至把火焰全部扑灭。如果可燃液体在容器内燃烧，使用者应对准火焰根部左右晃动扫射，使喷射出的干粉覆盖整个容器开口表面；当火焰被赶出容器时，使用者仍应继续喷射，直至将火焰全部扑灭。在扑救容器内可燃液体火灾时，应注意不能将喷嘴直接对准液面喷射，防止喷流的冲击力使可燃液体溅出而扩大火势，造成灭火困难。如果当可燃液体在金属容器中燃烧时间过长，容器的壁温已高于扑救可燃液体的自燃点时，此时极易造成灭火后再复燃的现象，若与泡沫类灭火器联用，则灭火效果更佳。

使用磷酸铵盐干粉灭火器扑救固体可燃物火灾时，应对准燃烧最猛烈处喷射，并上下、左右扫射。如条件许可，使用者可提着灭火器沿着燃烧物的四周边走边喷，使干粉灭火剂均匀地喷在燃烧物的表面，直至将火焰全部扑灭。

推车式干粉灭火器的使用方法与手提式干粉灭火器的使用方法相同。

2. 泡沫灭火器（见图1-32）

泡沫灭火器适用于扑救一般B类火灾，如油制品、油脂等火灾，也可适用于A类火灾，但不能扑救B类火灾中的水溶性可燃、易燃液体的火灾，如醇、酯、醚、酮等物质火灾；也不能扑救带电设备及C类和D类火灾。

其使用方法：可手提筒体上部的提环，迅速奔赴火场。这时应注意不得使灭火器过分倾斜，更不可

图1-32　泡沫灭火器

横拿或颠倒，以免两种药剂混合而提前喷出。当距离着火点 10m 左右时，即可将筒体颠倒过来，一只手紧握提环，另一只手扶住筒体的底圈，将射流对准燃烧物。在扑救可燃液体火灾时，如已呈流淌状燃烧，则将泡沫由远及近喷射，使泡沫完全覆盖在燃烧液面上；如在容器内燃烧，应将泡沫射向容器的内壁，使泡沫沿着内壁流淌，逐步覆盖着火液面。切忌直接对准液面喷射，以免由于射流的冲击，反而将燃烧的液体冲散或冲出容器，扩大燃烧范围。在扑救固体物质火灾时，应将射流对准燃烧最猛烈处。灭火时随着有效喷射距离的缩短，使用者应逐渐向燃烧区靠近，并始终将泡沫喷在燃烧物上，直到扑灭。使用时，灭火器应始终保持倒置状态，否则会中断喷射。

（手提式）泡沫灭火器存放应选择干燥、阴凉、通风并取用方便之处，不可靠近高温或可能受到曝晒的地方，以防止碳酸分解而失效；冬季要采取防冻措施，以防止冻结；并应经常擦除灰尘、疏通喷嘴，使之保持通畅。

3. 推车式泡沫灭火器

其适用范围与手提式化学泡沫灭火器相同。

使用方法：使用时，一般由两人操作，先将灭火器迅速推拉到火场，在距离着火点 10m 左右处停下，由一个人施放喷射软管后，双手紧握喷枪并对准燃烧处；另一个人则先逆时针方向转动手轮，将螺杆升到最高位置，使瓶盖开启，然后将筒体向后倾倒，使拉杆触地，并将阀门手柄旋转 90°，即可喷射泡沫进行灭火。如阀门装在喷枪处，则由负责操作喷枪者打开阀门。

灭火方法及注意事项与手提式化学泡沫灭火器基本相同，可以参照。由于该种灭火器的喷射距离远，连续喷射时间长，所以可充分发挥其优势，用来扑救较大面积的储槽或油罐车等处的初起火灾。

4. 空气泡沫灭火器

空气泡沫灭火器适用范围基本上与化学泡沫灭火器相同，但抗溶泡沫灭火器还能扑救水溶性易燃、可燃液体的火灾，如醇、醚、酮等溶剂燃烧的初起火灾。

使用时可手提或肩扛迅速奔到火场，在距燃烧物 6m 左右，拔出保险销，一手握住开启压把，另一手紧握喷枪；用力捏紧开启压把，打开密封或刺穿储气瓶密封片，空气泡沫即可从喷枪口喷出。其灭火方法与手提式化学泡沫灭火器相同，但空气泡沫灭火器使用时，应使灭火器始终保持直立状态、切勿颠倒或横卧使用，否则会中断喷射。同时，应一直紧握开启压把，不能松手，否则也会中断喷射。

5. 酸碱灭火器

酸碱灭火器适用于扑救 A 类物质燃烧的初起火灾，如木、织物、纸张等燃烧的火灾。它不能用于扑救 B 类物质燃烧的火灾，也不能用于扑救 C 类可燃性气体或 D 类轻金属火灾，同时也不能用于带电物体火灾的扑救。

使用时应手提筒体上部提环，迅速奔到着火地点。决不能将灭火器扛在背上，也不能过分倾斜，以防两种药液混合而提前喷射。在距离燃烧物 6m 左右，即可将灭火器颠倒过来，并摇晃几次，使两种药液加快混合；一只手握住提环，另一只手抓住筒体下的底圈将喷出的射流对准燃烧最猛烈处喷射。同时随着喷射距离的缩小，使用人应向燃烧处推进。

6. 二氧化碳灭火器

如图 1-33 所示，灭火时只要将灭火器提到或肩扛到火场，在距燃烧物 5m 左右，放下灭火器，拔出保险销，一只手握住喇叭筒根部的手柄，另一只手紧握启闭阀的压把。对没有喷射软管的二氧化碳灭火器，应把喇叭筒往上板 70～90°。使用时，不能直接用手抓住喇叭筒外壁或金属连线管，防止手被冻伤。灭火时，当可燃液体呈流淌状燃烧时，使用者将二氧化碳灭火剂的喷流由近及远向火焰喷射。当可燃液体在容器内燃烧时，使用者应将喇叭筒提起，从容器的一侧上部向燃烧的容器中喷射，但不能将二氧化碳射流直接冲击可燃液面，以防止将可燃液体冲出容器而扩大火势，造成灭火困难。

图 1-33　二氧化碳灭火器

推车式二氧化碳灭火器一般由两人操作，使用时两人一起将灭火器推或拉到燃烧处，在离燃烧物 10m 左右停下，一人快速取下喇叭筒并展开喷射软管后，握住喇叭筒根部的手柄，另一人快速按逆时针方向旋动手轮，并开到最大位置。灭火方法与手提式的方法一样。

使用二氧化碳灭火器时，在室外使用的，应选择在上风方向喷射；在室外内窄小空间使用的，灭火后操作者应迅速离开，以防窒息。

7. 1211 手提式灭火器

使用时，应将手提灭火器的提把或肩扛灭火器带到火场。在距燃烧处 5m 左右，放下灭火器，先拔出保险销，一只手握住开启把，另一手握在喷射软管前端的喷嘴处。如灭火器无喷射软管，可一只手握住开启压把，另一只手扶住灭火器底部的底圈部分。先将喷嘴对准燃烧处，用力握紧开启压把，使灭火器喷射。当被扑救可燃烧液体呈流淌状燃烧时，使用者应对准火焰根部由近及远并左右扫射，向前快速推进，直至火焰全部扑灭。如果可燃液体在容器中燃烧，应对准火焰左右晃动扫射，当火焰被赶出容器时，喷射流跟着火焰扫射，直至把火焰全部扑灭。但应注意不能将喷流直接喷射在燃烧液面上，防止灭火剂的冲力将可燃液体冲出容器而扩大火势，造成灭火困难。如果扑救可燃性固体物质的初起火灾时，则应将喷流对准燃烧最猛烈处喷射，当火焰被扑灭后，应及时采取措施，防止其复燃。1211 灭火器使用时不能颠倒，也不能横卧，否则灭火剂不能喷出。另外在室外使用时，应选择在上风方向喷射；在窄小的室内灭火时，灭火后操作者应迅速撤离，因 1211 灭火剂也有一定的毒性，以防止对人体的伤害。

推车式 1211 灭火器使用方法：灭火时一般由两个人操作，先将灭火器推或拉到火场，在距燃烧处 10m 左右停下，一个人快速放开喷射软管，紧握喷枪，对准燃烧处；另一个人则快速打开灭火器阀门。灭火方法与手提式 1211 灭火器相同。推车式灭火器的维护：推车式灭火电器的维护要求与手提式 1211 灭火器相同。

1301 灭火器的使用：1301 灭火器的使用方法和适用范围与 1211 灭火器相同。但由于1301 灭火剂喷出成雾状，在室外有风状态下使用时，其灭火能力没有 1211 灭火器高，所以更应在上风方向喷射。

1211 和 1301 灭火器如图 1-34 所示。

五、电气火灾和爆炸形成的原因

1. 电火花及电弧引起的火灾和爆炸

一般电火花温度很高，特别是电弧，温度可高达 6000℃。因此，它们不仅能引起可燃物燃烧，而且能使金属熔化、飞溅，构成危险的火源。电火花可分为工作火花和事故火花两类。

2. 电气装置的过度发热，产生危险温度引起的火灾和爆炸

电气设备运行时总是要发热的，电流通过导体时要消耗一定的电能，其大小为 $\Delta W = I^2 R t$，这部分电能使导体发热，温度升高。电流通路中电阻 R 越大，时间 t 越长，则导体发出的热量越多，一旦到达危险温度，在一定条件下即可引起火灾。

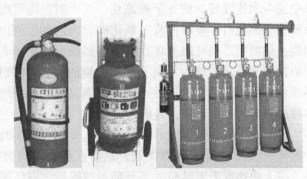

图 1-34　1211 和 1301 灭火器

电气设备过度发热大致有以下几种情况：

（1）过载　过载是指电气设备或导线的电流超过了其额定值。过载后电流增加，时间一长，就会引起电气设备过热。

（2）短路　短路是电气设备最严重的一种故障状态，电力网中的火灾大都是由短路所引起的，短路后，线路中的电流增大为正常时的数倍乃至数十倍，使温度急剧上升，如果到达周围可燃物的引燃温度，即可引发火灾。

（3）接触不良与散热不良　接触不良主要发生在导体连接处，例如固定接头连接不牢、焊接不良或接头表面污损都会增加绝缘电阻而导致接头过热。可拆卸的电气接头因振动或热的作用，使连接处发生松动，也会导致接头过热。各种电气设备在设计和安装时都会有一定的通风和散热装置，如果这些设施出现故障，也会导致线路和设备过热。

（4）漏电　电气线路或设备绝缘结构损伤后，在一定条件下，会发生漏电，漏电电流一般不大，不能使线路熔丝动作，因此也不易被发觉。当漏电电流比较均匀地分布时，火灾危险性不大；但当漏电电流集中在某一点时，可能引起比较严重的局部发热，而引起火灾。

3. 在正常发热情况下，由烘烤和摩擦引起的火灾和爆炸

电热器具（如小电炉、电熨斗等）、照明用灯泡在正常发热状态下，就相当于一个火源或高温热源，当其安装、使用不当时，均能引起火灾。例如白炽灯泡表面温度随灯泡功率大小和厂家不同差异很大。当 200W 灯泡紧贴纸张时，十几分钟就可将纸张点燃。发电机和电动机等旋转型电气设备，轴承出现润滑不良，干枯产生干磨发热或虽润滑正常，但出现高速旋转时，都会引起火灾。

六、防止电气火灾和爆炸的安全措施

电气火灾和爆炸的防护必须是综合性措施。它包括合理选用和正确安装电气设备及电气线路，保持电气设备和线路的正常运行，保证必要的防火间距，保持良好的通风，装设良好的接地保护装置等。

1. 选用防爆电气设备

在进行爆炸性环境下的电力设计时，应尽量把电气设备，特别是正常运行时发生火花的设备，布置在危险性较小或非爆炸性环境中。火灾危险环境中的表面温度较高的设备，应远离可燃物。在满足工艺生产及安全的前提下，应尽量减少防爆电气设备使用量。火灾危险环境下不宜使用电热器具，非用不可时应用非燃烧材料进行隔离。防爆电气设备应有防爆合格证，少用

携带式电气设备，可在建筑上采取措施，把爆炸性环境限制在一定范围内，如采用隔墙法等。

（1）电气设备防爆的类型及标志

1）按其使用环境的不同，防爆电气设备分为两类。Ⅰ类：煤矿井下用电气设备，只以甲烷为防爆对象；Ⅱ类：工厂用电气设备。

2）按防爆结构型式，防爆电气设备分为以下类型：隔爆型（标志d）、增安型（标志e）、本质安全型（标志i）、正压型（标志p）、充油型（标志o）、充砂型（标志q）、无火花型（标志n）和防爆特殊型（标志s）。

（2）防爆电气设备的选型原则

1）应符合整体防爆的原则，安全可靠，经济合理。

2）应符合燃爆危险场所的分类分级和区域范围的划分。

3）符合燃爆危险场所内气体和蒸气的级别、组别和有关特征数据。

4）符合电气设备的种类和规定的使用条件。

5）所选电气设备的型号不应低于该场所内燃爆危险物质的级别和组别。当存在两种以上气体混合物时，按危险程度较高的级别、组别选用。

6）所选电气设备的型号应符合使用环境条件的要求，如防腐、防潮、防日晒、防雨雪、防风沙等，以保障运行条件下不会降低其防爆性能。

2. 防火防爆电气线路的选用

1）电气线路一般应敷设在危险性较小的环境或远离存在易燃、易爆物释放源的地方，或沿建、构筑物的外墙敷设。

2）对于爆炸危险环境的配线工程，应采用铜心绝缘导线或电缆，而不用铝质的。

3）电气线路之间原则上不能直接连接，必须实行连接或封端时，应采用压接、熔焊或钎焊，确保接触良好，防止局部过热。线路与电气设备的连接，应采用适当的过渡接头，特别是铜铝相接时更应如此，而且所有接头处的机械强度应不小于导线机械强度的80%。

4）绝缘电线和电缆的允许载流量不应小于熔断器熔体额定电流的1.25倍和断路器延时过电流脱扣器整定电流的1.25倍。线路电压1 000V以上的导线和电缆应按短路电流进行热稳定校验。

3. 保持电气设备和线路的正常运行

电气设备和电气线路的安全运行包括电流、电压、温升和温度等参数不超过允许范围，还包括绝缘良好、连接和接触良好，整体完好无损、清洁，标志清晰等。保持电流、电压、温升等不超过允许值，就是防止电气设备过度发热。

4. 隔离和间距

隔离是将电气设备分室安装，并在隔墙上采取封堵措施，以防止爆炸性混合物进入。将工作时产生火花的开关设备装于危险环境范围以外（如墙外），采用室外灯具通过玻璃窗给室内照明等都属于隔离措施。

户内电压为10kV以上，总油量为60kg以下的充油设备，可安装在两侧有隔板的间隔内；总油量为60～600kg的，应安装在有防爆隔墙的间隔内；总油量为600kg以上的，应安装在单独的防爆间隔内。10kV及其以下的变、配电室不得设在爆炸危险环境的正上方或正下方。变电室与各级爆炸危险环境毗连，最多只能有两面相连的墙与危险环境共用。

10kV及其以下的变、配电室也不宜设在火灾危险环境的正上方或正下方，可以与火灾危险环境隔墙毗连。变、配电站与建筑物、堆场、储罐应保持规定的防火间距，且变压器油量越大，建筑物耐火等级越低及危险物品储量越大者，所要求的间距也越大，必要时可加防火墙。为防止电火花或危险温度引起火灾，开关、插销、熔断器、电热器具、照明器具、电焊设备和电动机等均应根据需要适当避开易燃物或易燃建筑构件。10kV 及其以下架空线路，严禁跨越火灾和爆炸危险环境；当线路与火灾和爆炸危险环境接近时，水平距离一般不应小于杆柱高度的 1.5 倍。

5. 保持良好的通风

在爆炸危险的环境中，保持良好的通风具有十分重要的意义。良好的通风装置能降低爆炸性混合物的浓度，从而降低环境的危险等级。

通风系统应用非燃烧性材料制作，结构应坚固，连接应紧密。通风系统内不应有阻碍气流的死角。电气设备应于通风系统联锁，运行前必须先通风，通过的气流量不小于该系统容积的 5 倍时才能接通电气设备之电源；进入电气设备和通风系统内的气体不应含有爆炸危险物质或其他有害物质。爆炸危险环境内的事故排风用电动机的控制设备应设在事故情况下便于操作的地方。

6. 接地与接零

爆炸危险环境的接地比一般环境要求高。除生产上有特殊要求外，一般情况下可以不接地的部分，在爆炸危险区域内仍应接地。如：

1）在导电不良的地面处，交流额定电压为 380V 以下、直流额定电压为 440V 以下的电气设备正常时不带电的金属外壳应接地。

2）在干燥环境，交流额定电压为 127V 以下、直流电压为 110V 以下的电气设备正常时不带电的金属外壳应接地。

3）安装在已接地的金属结构上的电气设备应接地。

4）敷设铠装电缆的金属构架应接地。

5）爆炸危险环境内，电气设备的金属外壳应可靠接地。

6）为了提高接地的可靠性，接地干线宜在爆炸危险区域不同方向，不少于两处与接地体相连。

7）在燃爆危险区域，如采用变压器低压中性点接地的保护接零系统，为提高可靠性、缩短短路故障持续时间，系统的单相短路电流应大一些，最小单相短路电流不得小于该段线路熔断器额定电流的 5 倍或断路器瞬时动作电流脱扣器整定电流的 1.5 倍。

8）在燃爆危险区域，如采用不接地系统供电，必须装配能发出信号的绝缘监视器。

7. 电气灭火

（1）触电危险和断电　发现起火后，首先要设法切断电源。有时为了争取灭火时间，防止火灾扩大，来不及断电；或因灭火、生产等需要，不能断电，则需要带电灭火。带电灭火需要注意以下几点：

① 应按现场特点选择适当的灭火器。

② 用水枪灭火时宜采用喷雾水枪。

③ 人体与带电体之间保持必要的安全距离。

④ 对架空线路等空中设备进行灭火时，人体位置与带电体之间的仰角不应超过 45°。

（2）充油电气设备的灭火　充油电气设备的油，其闪点多在 130 ~ 140℃ 之间，有较大的危险性。如果只在该设备外部起火，可用二氧化碳、干粉灭火器带电灭火。如果火势较大，应切断电源。如油箱破坏，喷油燃烧，火势很大时，除切断电源外，有事故储油坑的应设法将油放进储油坑，坑内和地面上的油火可用泡沫扑灭。发电机和电动机等旋转电动机起火时，为防止轴和轴承变形，可令其慢慢转动，用喷雾水灭火，并使其均匀冷却；也可用二氧化碳或灭火，但不宜用干粉、砂子或泥土灭火，以免损伤电气设备的绝缘结构。

（3）电气火灾爆炸危险源的辨识　所谓危险源，是指有潜在危险性的物质与能量。危险源的辨识就是识别危险的存在并确定其危险等级的过程。因此，电气火灾爆炸危险源的辨识，对预防电气火灾爆炸具有十分重要的意义。下面通过经验类比法，分析电气火灾爆炸危险的防护原理和控制点，对工矿企业的电气火灾爆炸危险源进行辨识。电气火灾爆炸危险的防护原理从根本上来说是消除火灾爆炸危险发生的条件，控制点就是根据危险物质级别和组别以及危险场所的判断与区域划分，选择防爆电气设备和电气线路。因此，对电气火灾爆炸危险源的辨识就是辨识是否正确划分火灾爆炸危险物质的级别和组别、是否正确判断火灾爆炸危险场所进行危险场所区域划分、是否正确选择合理的电气设备和线路。

任务准备

设备、工具和材料准备见表1-8。

表1-8　灭火演习设备

序号	分类	名　称	型号规格	数量	单位	备注
1	工具	灭火器	自选	1	台	
2	材料	燃体		若干		

任务实施

一、灭火器的使用

在室外空旷、无易燃物的地方，在金属油槽中注入燃油，让学生使用灭火器在规定的时间内，扑灭明火。

二、紧急电气火灾演练

训练学生在电气火灾初起时的正确应对方法。如迅速断电或判断电源方向，并截断电源线，以及紧急疏散火灾现场人员等。

检测与分析

1. 任务检测

灭火演习检测标准见表1-9。

表1-9　灭火演习检测标准

序号	主要内容	评分标准	配分	得分
1	灭火器使用	灭火器使用是否正确，扣40分	40	
2	紧急电气火灾演练	1. 判断是否正确，扣20分 2. 措施采用是否正确，扣20分	40	
备注		合计	80	

2. 问题与分析

针对任务实施中的问题进行分析，并找出解决问题的方法，见表1-10。

表1-10   灭火演习问题分析

序号	问题主要内容	分析问题	解决方法	配分	得分
1					
2				20	
3					
4					

能力训练

一、填空题

1. ＿＿＿＿＿＿＿＿灭火器适用于易燃、可燃液体、气体及带电设备的初起火灾。

2. 干粉灭火器扑救可燃、易燃液体火灾时，应对准＿＿＿＿＿＿＿扫射。

3. 所谓过载，是指电气设备或导线的电流超过了其＿＿＿＿＿＿＿。过载后电流增加，时间一长，就会引起＿＿＿＿＿＿＿。

4. ＿＿＿＿＿＿＿＿是电气设备最严重的一种故障状态，电力网中的火灾大都是由其所引起的。

5. 发现电气起火后，首先要＿＿＿＿＿＿＿。

二、简答题

1. 火灾根据可燃物的类型和燃烧特性，分为那几类？需选择何种灭火器？

2. 电气火灾和爆炸形成的原因。

三、实训题

使用灭火器进行灭火。

模块二　室内配线与照明线路的安装　2

学习目标

1. 掌握电工安全操作知识。
2. 能正确选择电工材料。
3. 能正确安装、检修照明装置。

任务一　电工材料与导线的连接

知识点

1. 熟悉绝缘材料的作用及分类。
2. 熟悉导电材料的特点和分类。
3. 熟悉电热材料的作用特点和用途。
4. 熟悉电阻合金材料的用途和分类。
5. 掌握导线选择的原则和方法。

技能点

1. 能了解常用导电材料分类。
2. 能了解常用导线种类和用途。
3. 能按导线选择的步骤和要求正确计算负载的电流，合理选择导线。

学习任务

认识电工在工作中经常接触和使用的各种材料。掌握电工在连接线路时，经常使用的导线连接的方法，并可靠的恢复其外部绝缘层。

任务分析

各种电工材料是一名电气技术工人在日常工作中经常接触和使用的。在不同的情况下选择合适的材料，是保质保量完成工作的前提条件。在工作中，如果选择了不恰当的材料，会给电气设备在工作运行中埋下人身安全、设备安全隐患。因此，认识常用的电工材料、了解其适用范围，是一名合格的电工必须掌握的基本知识。

导线绝缘层的剥除、导线的相互连接以及导线的绝缘层恢复，是电气施工中经常接触到的工作，是一名电工必须掌握的基本技能。

 知识准备

一、电工材料

（一）电工材料的分类

电工材料按功能分类可分为绝缘材料（电阻率为 $10^9 \sim 10^{22}\Omega \cdot cm$）、导体材料（电阻率为 $10^{-6} \sim 10^{-2}\Omega \cdot cm$）、半导体材料（电阻率为 $10^{-2} \sim 10^9\Omega \cdot cm$）和磁性材料四大类。

（二）绝缘材料

绝缘材料电阻率极大，在直流电流作用下仅有极其微弱的漏泄电流通过，一般可认为是不导电的。

绝缘材料又称为电介质，电介质的特点是其在电场中能发生极化。由于电介质多数是优良的绝缘材料，所以两者经常作为同义词使用。其主要功能是用来隔离带电的或不同电位的导体，使电流能按一定的方向流动。在不同的电工产品中，根据产品技术要求的需要，绝缘材料还往往起着散热冷却、机械支撑和固定、储能、灭弧、改善电位梯度、防潮、防霉以及保护导体等作用。

1. 绝缘材料的分类

绝缘材料在电工产品中占有极其重要的地位，它涉及面广，品种繁多。为了便于掌握和使用，一般可根据不同的特征进行分类。

1）按材料的物理状态可分为气体绝缘材料、液体绝缘材料、弹性体绝缘材料和固体绝缘材料。

2）按材料的化学成分可分为有机绝缘材料和无机绝缘材料。

3）按材料的用途可分为高压工程材料和低压工程材料。

此外，按材料的来源还可分为天然的和人工合成的绝缘材料等。

2. 气体绝缘材料

气体绝缘材料的特点是具有较高的电离场强和击穿场强，击穿后能迅速恢复绝缘性能，化学稳定性好，不燃、不爆、不老化，无腐蚀性，不易为放电所分解，比热容大，导热性、流动性好。

空气是使用得最广泛的气体绝缘材料。例如，交、直流输电电路的架空导线间、架空导线对地均由空气绝缘。

由于气体的介电常数稳定，其介质损耗极小，所以高压标准电容器均采用气体介质，早期采用高压氮或二氧化碳，目前已被六氟化硫（SF_6）气体取代。在高压断路器中 SF_6（见图 2-1）兼作灭弧和绝缘介质，性能优良，已逐步取代少油断路器和压缩空气断路器。

填充 SF_6 的金属封闭式组合电器（GIS）、SF_6 气体绝缘的输电管道电缆和 SF_6

图 2-1　六氟化硫（SF_6）高压断路器

气体绝缘变压器的发展使一些高压变电所走向全面气体绝缘化。

除空气、氮气、二氧化碳和六氟化硫气体外，还有其他气体可用作绝缘材料。CCl2F2（氟利昂 −12）曾在某些高能物理装置中作为绝缘材料。CCl2F2 击穿强度与 SF_6 相似，但因其液化温度较高，且电火花会使 CCl2F2 析出碳微粒，所以目前已被 SF_6 取代。在氢冷发电机中，氢气除作冷却介质外也用作绝缘材料。

3. 液体绝缘材料

液体绝缘材料又称为绝缘油。它主要取代气体，填充固体材料内部或极间的空隙，以提高其介电性能，并改进设备的散热能力。例如，在油浸式变压器（见图2-2）中，它不仅显著地提高了绝缘性能，还增强散热功能；在油浸电容器（见图2-3）中提高其介电性能，增大单位体积的存储能量；在开关中除绝缘作用外，更主要起灭弧作用。

图2-2 油浸式变压器

图2-3 油浸电容器

（1）性能要求 液体绝缘材料要求具有优良的电气性能，绝缘电阻率高，相对介电常数小，击穿强度高；具有优良的物理和化学性能，如汽化温度高，闪点高，尽量难燃或不燃；凝固点低，合适的黏度和黏度−温度特性；热导率大，比热容大；热稳定性好，耐氧化；在电场作用下吸气性小；它和与之接触的固体材料之间的相容性要好；毒性低、易生物降解。开关油则要求在电弧作用下生成的碳粒少、易分散、沉淀快。超高压变压器油则要求油流动时产生的静电荷少。

（2）分类与适用范围 液体绝缘材料按材料来源可分为矿物质绝缘油、合成绝缘油和植物油三大类。工程技术上最早使用的是植物油。如蓖麻油、大豆油、菜籽油等，至今仍在使用。蓖麻油是优良的脉冲电容器的浸渍剂，与菜籽油一样，都可用于金属化电容器。为满足各种电气设备的不同要求，又开发了多种类型的合成绝缘油，并得到广泛应用，如供高温下使用的硅油以及十二烷基苯、聚丁烯油等。但工程上使用最多的仍然是矿物质绝缘油，如油浸变压器、油断路器等。

4. 固体绝缘材料

图2-4 为常用的固体绝缘材料，固体绝缘材料是用来隔绝不同电位导电体的固体，一般还要求固体绝缘材料兼具支撑作用。与气体绝缘材料、液体绝缘材料相比，固体绝缘材料由于密度较高，所以击穿强度也高得多，这对减少绝缘层厚度有重要意义。固体绝缘材料的绝缘电阻、介电常数和介质损耗的变化范围很广泛。例如聚四氟乙烯的绝缘电阻率可以高达 $1020\Omega \cdot m$，因而可以防止泄漏电流过大，而其相对介电常数很低，仅为 2.0，使绝缘的电容量变得很小；与此对应，高介电陶瓷具有较高相对介电常数，可达几千。因此，可以根据不同要求加以选用。

聚酯薄膜聚芳酰胺纤维纸柔软复合材料　　改性聚酯薄膜聚酯纤维非织布柔软复合材料

聚酰亚胺薄膜聚芳酰胺纤维纸单面上胶复合箔　　快固化粉云母带

环氧玻璃粉云母带　　　　　　　　环氧 DMD 预紧料

特种酚醛胶纸管　　　　　　改性双马来酰亚胺玻璃布管

聚氯乙烯（PVC）绝缘胶带　　　玻璃纤维胶带　　　　绝缘垫片

图 2-4　常用固体绝缘材料

（1）分类　固体绝缘材料可以分成无机和有机两大类。

（2）无机固体绝缘材料　主要有云母、粉云母及云母制品，玻璃、玻璃纤维及其制品，以及电瓷、氧化铝膜等。它们耐高温，不易老化，具有相当的机械强度，其中某些材料如电瓷等，成本低，在应用中占有一定地位。无机固体绝缘材料的缺点是加工性能差，不易适合电气设备对绝缘材料的成型要求。

云母和粉云母制品具有长期耐电晕性的特点，是高电压设备绝缘结构中重要的组成部分，也可用于高温场合。玻璃制品的工艺比陶瓷制品简单，可用于制造绝缘子。玻璃纤维可制成丝、布、带，具有比有机纤维高得多的耐热性，在绝缘结构向高温发展中起着重要作用。

电瓷制品具有优异的耐放电性能，又具有一定的机械强度，特别适用于高压输、配电场合。经过多年研究，又发展了高机械强度、耐高温和高介电常数等品种。

（3）有机固体绝缘材料　19世纪固体绝缘材料的应用以天然物质为主，如纸、棉布、绸、橡胶、可固化植物油等。这些材料都具有柔顺性，能满足应用工艺要求，又易于获得。20世纪以来，人工合成高分子材料的出现从根本上改变了固体绝缘材料的面貌。最早是胶木被用作绝缘材料，稍后出现了聚乙烯、聚苯乙烯，由于它们的介电常数和介质损耗特别小而满足了高频的要求，所以适应了雷达等新技术的发展。有机硅树脂结合少碱玻璃布，大大提高了电机、电器的耐热等级。聚乙烯缩甲醛为漆基制成的漆包线开拓了漆包线的广阔前景，替代了丝包线和纱包线。聚酯薄膜的厚度仅几十个微米，用它代替原来的纸和布，使电机、电器的技术经济指标大大提高。聚芳酰胺纤维纸和聚酯薄膜、聚酰亚胺薄膜连用使电动机槽绝缘的耐热等级分别成为F级和H级。弹性体材料也有类似的发展，例如耐热的硅橡胶，耐油的丁腈橡胶，以及随后的氟橡胶、乙丙橡胶等。

（三）导体材料

电工领域使用的导体材料应具有高电导率，良好的力学性能、加工性能，耐大气腐蚀，化学稳定性高，同时还具有资源丰富、价格低廉等特点。

1. 金属导体材料分类

金属导体材料可分为金属元素、合金（铜合金、铝合金等）、复合金属以及不以导电为主要功能的其他特殊功能的导电材料四类。

1）金属元素（按电导率大小排列）有银、铜、金、铝、钠、钼、钨、锌、镍、铁、铂、锡、铅等。

2）合金：铜合金有银铜、镉铜、铬铜、铍铜、锆铜等；铝合金有铝镁硅、铝镁、铝镁铁、铝锆等。

3）复合金属可由三种加工方法获得，即利用塑性加工进行复合、利用热扩散进行复合和利用镀层进行复合。高机械强度的复合金属有铝包钢、钢铝电车线、铜包钢等；高电导率复合金属有铜包铝、银复铝等；高弹性复合金属有铜复铍、弹簧铜复铜等；耐高温复合金属有铝复铁、铝黄铜复铜、镍包铜、镍包银等；耐腐蚀复合金属有不锈钢复铜、银包铜、镀锡铜、镀银铜包钢等。

4）特殊功能的导电材料是指不以导电为主要功能，而在电热、电磁、电光、电化学效应方面具有良好性能的导体材料。它们广泛应用在电工仪表、热工仪表、电器、电子及自动化装置的技术领域。如高电阻合金、电触头材料、电热材料、测温控温热电材料。重要的有银、镉、钨、铂、钯等元素的合金，铁铬铝合金、碳化硅、石墨等材料。

2. 常用绝缘导线

绝缘导线有聚氯乙烯绝缘导线、丁腈聚氯乙烯复合物绝缘软导线和氯丁橡皮线。常用的是聚氯乙烯绝缘导线和橡皮绝缘导线，如图 2-5 所示。

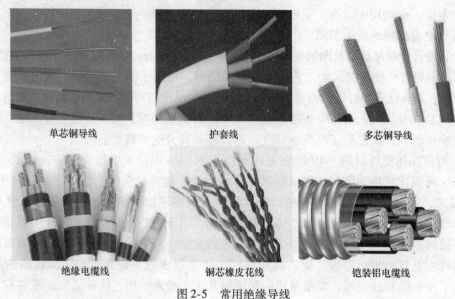

| 单芯铜导线 | 护套线 | 多芯铜导线 |

绝缘电缆线　　　　　铜芯橡皮花线　　　　　铠装铝电缆线

图 2-5　常用绝缘导线

聚氯乙烯绝缘导线型号有 BV、BLV 和 BVR。橡皮绝缘导线型号有 BX、BLX、BXH 和 BXS。其中字母含义如下：

B——固定敷设绝缘线；V——聚氯乙烯塑料护套（一个 V 代表一层绝缘，两个 V 代表双层绝缘）；有 L——铝线；无 L——铜线；R——软线；S——双芯；X——橡胶皮；H——花线。如 BV——铜芯塑料硬线；BLV——铝芯塑料硬线；BVR——铜芯塑料软线；BX——铜芯橡皮线；BXR——铜芯橡皮软线；BXS——铜芯双芯橡皮线；BXH——铜芯橡皮花线；BXG——铜芯穿管橡皮线；BLX——铝芯橡皮线；BLXG——铝芯穿管橡皮线。

3. 电力供电系统常用的裸导线

10kV 以上的供电线路常用裸导线架空铺设，如图 2-6 所示。

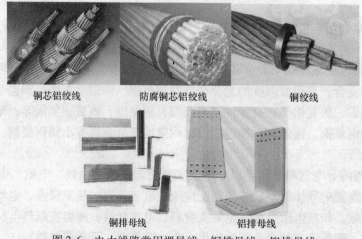

铜芯铝绞线　　　　防腐铜芯铝绞线　　　　　铜绞线

铜排母线　　　　　　铝排母线

图 2-6　电力线路常用裸导线、铜排母线、铝排母线

（1）铝绞线（LJ） 导电性较好，重量轻，对风雨作用抵抗力较强，对化学腐蚀的抵抗力较差，多用于 6～10kV 的供电线路。

（2）铜芯铝绞线（LGJ） 导电性较好，机械强度好，多用于 35kV 及以上的架空线路。

（3）铜绞线（TJ） 导电性好，机械强度高，对抗风雨和化学腐蚀能力都强，价格高。

（4）防腐铜芯铝绞线（LGJF） 具有铜芯铝绞线的特性，同时防腐能力强，一般用于沿海、咸水湖和化学工业较为集中的、空气腐蚀性强的地区，以及高压、超高压的架空线路中。

（5）母线 母线是指在变电所中各级电压配电装置的连接，以及变压器等电气设备和相应配电装置的连接，大都采用矩形或圆形截面的裸导线或绞线，统称为母线。母线的作用是汇集、分配和传送电能。

母线按外形和结构，大致分为以下三类：

1）硬母线：包括矩形母线、槽形母线、管形母线等。

2）软母线：包括铝绞线、铜绞线、钢芯铝绞线、扩径空心导线等。

3）封闭母线：包括共箱母线、分相母线等。

4. 电磁线

电磁线是用以制造电气设备中线圈或绕组的绝缘电线，又称为绕组线。如图 2-7 所示为常用电磁线。电磁线必须满足多种使用和制造工艺上的要求。前者包括其形状、规格、能短期和长期在高温下工作，以及承受某些场合中的强烈振动和高速下的离心力，高电压下的耐受电晕和击穿，特殊条件下的耐化学腐蚀等；后者包括绕制和嵌线时经受拉伸、弯曲和磨损的要求，以及浸渍和烘干过程中的溶胀、侵蚀作用等。

漆包线　　漆包扁铜线绕制的电抗器　　玻璃丝包薄膜绕包线　　特种复合绕包线

图 2-7　常用电磁线

电磁线可以按其基本组成、导电芯线和电绝缘层分类。通常根据电绝缘层所用的绝缘材料和制造方式分为漆包线、绕包线、无机绝缘线和特种电磁线四类。

（1）漆包线 在导体外涂以相应的漆溶液，再经溶剂挥发和漆膜固化、冷却而制成。漆包线按其所用的绝缘漆可以分为聚酯漆包线、聚酯亚胺漆包线、聚酰胺亚胺漆包线、聚酰亚胺漆包线、聚酯亚胺/聚酰胺酰亚胺漆包线、耐电晕漆包线、油性漆包线、缩醛漆包线、聚氨酯漆包线等。有时也按其用途的特殊性分类，如自粘性漆包线、耐冷冻剂漆包线等。

最早的漆包线是油性漆包线，用桐油等制成。其漆膜耐磨性差，不能直接用于制造电机的绕组，使用时需加棉纱包绕层。后来聚乙烯醇缩甲醛漆包线问世，其力学性能大为提高，可以直接用于电机绕组，而称为高强度漆包线。

随着弱电技术的发展又出现了具有自粘性漆包线，可以不用浸渍、烘焙而获得整体性较好的线圈。但其机械强度较差，仅能在微型特种电机和小功率电机中使用。此外，为了避免焊接时去除漆膜，发展了直焊性漆包线，其涂膜能在高温搪锡槽中自行脱落而使铜线容易焊接。

由于漆包线的应用日益广泛，要求日趋严格，还发展了复合型漆包线。其内外层漆膜由不同的高分子材料组成，例如聚酯亚胺-聚酰胺酰亚胺漆包线。

（2）绕包线　绕包线是绕组线中的一个重要品种。早期使用的棉纱和丝，称为纱包线和丝包线，曾用于电机、电器中。由于绝缘层厚度大，耐热性低，多数已被漆包线所代替。目前仅用作高频绕组线。在大、中型规格的绕组线中，当耐热等级较高而机械强度较大时，也采用玻璃丝包线，而在制造时配以适当的胶粘漆。

（3）无机绝缘线　当耐热等级要求超出有机材料的限度时，通常采用无机绝缘漆涂敷。现有的无机绝缘线可进一步分为玻璃膜线、氧化膜线和陶瓷线等。

（4）特种电磁线　特种电磁线是具有适用于特殊场合使用的绝缘结构及特性的电磁线，如中、高频绕组线，聚乙烯绝缘尼龙护套潜水电机绕组等。

5. 其他导电材料

高电阻合金如镍铬、铬镍铁、锰铜、康铜也属于导电材料，可用作加热元件，将电能转化为热能，或用于制造电阻器。

石墨是一种特殊的导体，虽然电导率低，但由于它的化学惰性和高熔点，以及它的制品具有较低的摩擦因数、一定的机械强度，被广泛地用作电刷、电极等。

属于导电材料的还有低温导电材料和超导材料。例如，纯铝在20K（约-253℃）下，即液氢温度范围中是最好的低温导电材料；而铍在77K（约-196℃）左右，即液氮温度下电阻率也只有常温下的千分之一到万分之一以下。超导材料一般在接近0K（约-273℃）的温度下工作，其电阻率已极其微小。

（四）半导体材料

电阻率介于导体和绝缘体之间并有负的电阻温度系数的物质称为半导体材料。

半导体室温时电阻率约为 $10^{-5} \sim 10^7 \Omega \cdot m$，温度升高时电阻率则减小，故此称其有负的电阻温度系数。

半导体材料很多，按化学成分可分为元素半导体和化合物半导体两大类。

锗和硅是最常用的元素半导体；化合物半导体包括Ⅲ-Ⅴ族化合物（砷化镓、磷化镓等）、Ⅱ-Ⅵ族化合物（硫化镉、硫化锌等）、氧化物（锰、铬、铁、铜的氧化物），以及由Ⅲ-Ⅴ族化合物和Ⅱ-Ⅵ族化合物组成的固溶体（镓铝砷、镓砷磷等）。除上述晶态半导体外，还有非晶态的玻璃半导体、有机半导体等。

半导体独特的单向可控导电特性是导体和绝缘体所没有的，所以半导体在现代技术中有重要的应用。

（五）磁性材料

磁性材料是古老而用途十分广泛的功能材料，而物质的磁性早在三千年以前就被人们所认识和应用，例如中国古代用天然磁铁作为指南针。现代磁性材料已经广泛的用在我们的生活之中。例如将永磁材料用作电动机，应用于变压器中的铁心材料，作为存储器使用的磁光盘，计算机用磁记录的软盘等。可以说，磁性材料与信息化、自动化、机电一体化、国防、国民经济的方方面面紧密相关。而通常认为，磁性材料是指由过渡元素铁、钴、镍及其合金等能够直接或间接产生磁性的物质。

　　磁性是物质的一种基本属性。物质按照其内部结构及其在外磁场中的性状可分为抗磁性、顺磁性、铁磁性、反铁磁性和亚铁磁性物质，铁磁性和亚铁磁性物质为强磁性物质，抗磁性和顺磁性物质为弱磁性物质。磁性材料按性质分为金属和非金属两类，前者主要有电工钢、镍基合金和稀土合金等，后者主要是铁氧体材料。按使用又分为软磁材料、永磁材料和功能磁性材料，功能磁性材料主要有磁致伸缩材料、磁记录材料、磁电阻材料、磁泡材料、磁光材料、旋磁材料以及磁性薄膜材料等。

二、导线连接

（一）导线绝缘层的剥除

　　电工用导线分成两类，即电磁线与电力线。在对导线线头进行连接的过程中，首先要去除线头的绝缘层，由于导线的种类不同，绝缘层的去除方法也各不相同，下面介绍去除不同导线绝缘层的方法。

1. 电磁线绝缘层的去除方法

　　电磁线主要有漆包线、丝包线、纸包线、玻璃丝包线以及纱包线等。在去除它们绝缘层时应分别按下面方法进行。

　　（1）漆包线　直径在0.1mm以上的线头，用细砂纸擦去漆层；直径在0.6mm以上的线头，用薄刀刮削漆层；直径在0.1mm以下的线头，可将线头浸沾溶化的松香液，用电烙铁边烫边摩擦，将漆层剥落。现在还有专门剥除漆包线绝缘漆的工具，如剥漆器、剥漆刀等，如图2-8所示。

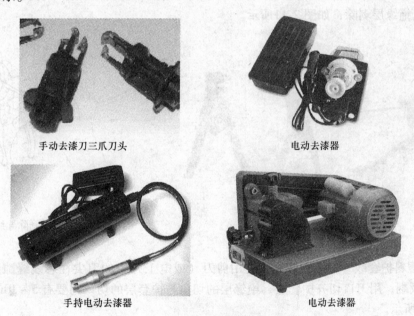

手动去漆刀三爪刀头　　　　　　　　　电动去漆器

手持电动去漆器　　　　　　　　　电动去漆器

图2-8　常用漆包线绝缘漆去除工具

　　（2）丝包线与玻璃丝包线　这两种导线的绝缘层去除方法相同。对于线径较细的，只将丝包层向后推缩就可露出芯线；对于线径较粗的，先松散一些丝包层，再向后推缩就可露出芯线；对于线径很粗的线头，将松散后的丝线头先打结扎住，再向后推缩露出芯线。对所有露出的芯线要用细砂纸擦去表面氧化层。

（3）纸包线　先松散纸包层到所需芯线长度后用绝缘清漆或虫胶酒精液将纸粘牢，再用细砂纸擦去芯线表面氧化层。

（4）纱包线　将纱层松散到所需芯线长度后打结扎住，再用细纱纸擦去芯线表面的氧化层。

2. 电力线绝缘层的去除方法

电力线主要有塑料线、塑料软线、塑料护套线、橡皮线、花线、铅包线等，在去除其绝缘层时应分别按下面方法进行处理。

（1）塑料线　利用电工刀（或壁纸刀）根据所需线头的长度，用刀口以45°倾斜角切入塑料绝缘层，不可切到芯线；接着刀面与芯线保持15°左右的角度，用力向外削出一条缺口，将绝缘层剥离芯线，向反扳翻；用电工刀切齐，如图 2-9 所示。

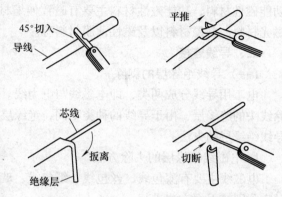

图 2-9　电工刀剥除塑料导线绝缘

（2）塑料软线　用剥线钳或钢丝钳剥离，不可用电工刀剥离（因容易切断芯线）。常用剥线钳如图 2-10 所示，利用钢丝钳剥除导线绝缘层，用钢丝钳的钳口轻轻切入导线绝缘层，避免伤及芯线，用两手拇指与食指分别捏紧导线与钳头，再向两侧偏下方向使用撕扯的力量，将导线绝缘层剥除，如图 2-11 所示。

图 2-10　常用剥线钳　　　　　图 2-11　钢丝钳剥除导线绝缘层

（3）塑料护套线　按所需芯线长度用剪刀（或电工刀）的刀尖在芯线缝隙间划开护套层，接着扳翻，用刀口切齐护套层，绝缘层的切口与护套层的切口间要有 5～10mm 的距离，如图 2-12 所示。

（4）橡皮线　先把编织层用电工刀尖划开，与剥离护套层的方法类同。然后用剥离塑料线绝缘层相同的方法剥去橡皮绝缘层，最后松散棉纱层至根部，用电工刀切去，如图 2-13所示。

（5）花线　因棉纱织物保护层较软，可用电工刀沿四周切一圈后拉去，然后按剥削橡皮线的方法进行剖削，如图 2-14 所示。

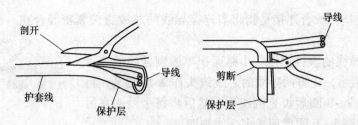

图 2-12 塑料护套线的绝缘层剥除

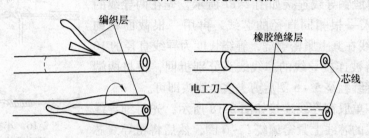

图 2-13 橡皮线导线绝缘层剥除

（6）铅包线 先用电工刀把铅包层切割一刀，然后用双手分左右上下扳齐切口处，铅层便会沿切口折断，从而拉出铅层套，最后按塑料线的剥削方法去除绝缘层，如图 2-15 所示。

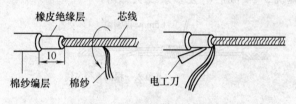

图 2-14 花线导线绝缘剥除

我们只有掌握导线绝缘层的正确去除方法，才能彻底清除线头上的绝缘层，保证导线在接头时，线头与线头间有良好的电接触，减少接触电阻，增强导线接头处的导电性能，确保电器设备的安全运行。

用电工刀剥切铅包层　　反复折扳铅包层并拉出　　剥削芯线绝缘层

图 2-15 铅包线的导线绝缘层剥除

（二）导线连接

1. 导线连接的基本要求

导线连接是电工作业的一项基本工序，也是一项十分重要的工序。导线连接的质量直接关系到整个线路能否安全可靠地长期运行。对导线连接的基本要求是连接牢固可靠、接头电阻小、机械强度高、耐腐蚀耐氧化、电气绝缘性能好。

2. 常用连接方法

需连接的导线种类和连接形式不同，其连接的方法也不同。常用的连接方法有绞合连接、紧压连接、焊接等。连接前应小心地剥除导线连接部位的绝缘层，注意不可损伤其芯线。

（1）绞合连接　绞合连接是指将需连接导线的芯线直接紧密绞合在一起。铜导线常用绞合连接。

1）单股铜导线的直接连接。小截面积单股铜导线的直接连接如图2-16所示，先将两导线的芯线线头作X形交叉，再将它们相互缠绕2~3圈后扳直两线头，然后将每个线头在另一芯线上紧贴密绕5~6圈后剪去多余线头即可。

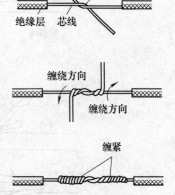

图 2-16　小截面积单股铜导线的直接连接

大截面积单股铜导线连接如图2-17所示，先在两导线的芯线重叠处填入一根相同直径的芯线，再用一根截面积约1.5mm^{2}的裸铜线在其上紧密缠绕，缠绕长度为导线直径的10倍左右，然后将被连接导线的芯线线头分别折回，再将两端的缠绕裸铜线继续缠绕5~6圈后剪去多余线头即可。

不同截面积单股铜导线连接如图2-18所示，先将细导线的芯线在粗导线的芯线上紧密缠绕5~6圈，然后将粗导线芯线的线头折回紧压在缠绕层上，再用细导线芯线在其上继续缠绕3~4圈后剪去多余线头即可。

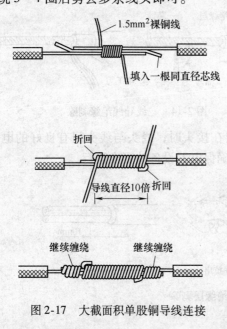

图 2-17　大截面积单股铜导线连接

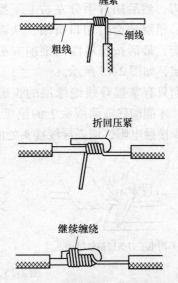

图 2-18　不同截面积单股铜导线连接

2）单股铜导线的分支连接。单股铜导线的T字分支连接如图2-19所示。将支路芯线的线头紧密缠绕在干路芯线上5~8圈后剪去多余线头即可。对于较小截面积的芯线，可先将支路芯线的线头在干路芯线上打一个环绕结，再紧密缠绕5~8圈后剪去多余线头即可。

单股铜导线的十字分支连接如图2-20所示，将上下支路芯线的线头紧密缠绕在干路芯线上5~8圈后剪去多余线头即可。可以将上下支路芯线的线头向一个方向缠绕，也可以向左右两个方向缠绕。

3）多股铜导线的直接连接。多股铜导线的直接连接如图2-21所示，首先将剥去绝缘层的多股芯线拉直，将其靠近绝缘层的约1/3芯线绞合拧紧，而将其余2/3芯线成伞状散开，另一根需连接的导线芯线也如此处理。接着将两伞状芯线相对着互相插入后捏平芯线，然后将每一边的芯线线头分作 3 组，先将某一边的第 1 组线头翘起并紧密缠绕在芯线上，再将第 2 组线头翘起并紧密缠绕在芯线上，最后将第 3 组线头翘起并紧密缠绕在芯线上。以同样方法缠绕另一边的线头。

4）多股铜导线的分支连接。多股铜导线的 T 字分支连接有两种方法，一种方法如图 2-22 所示，将支路芯线 90°折弯后与干路芯线并行，然后将线头折回并紧密缠绕在芯线上即可。

另一种方法如图 2-23 所示，将支路芯线靠近绝缘层的约 1/8 芯线绞合拧紧，其余 7/8 芯线分为两组，一组插入干路芯线当中，另一组放在干路芯线前面，并朝右边按图所示方向缠绕 4 ~ 5 圈。再将插入干路芯线当中的那一组朝左边按图所示方向缠绕 4 ~ 5 圈。

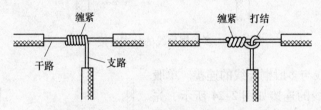

图 2-19　单股铜导线的 T 字分支连接

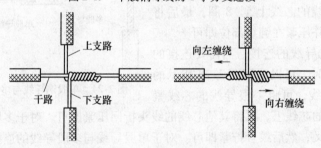

图 2-20　单股铜导线的十字分支连接

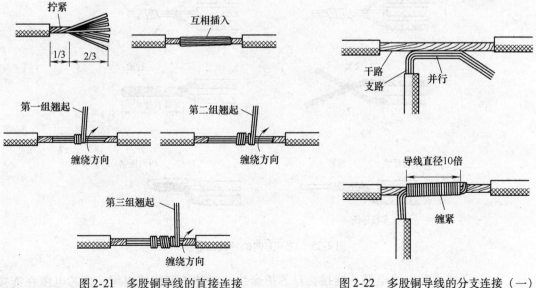

图 2-21　多股铜导线的直接连接　　　　　图 2-22　多股铜导线的分支连接（一）

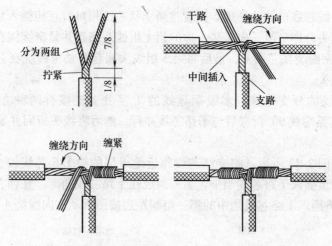

图 2-23　多股铜导线的分支连接（二）

5）单股铜导线与多股铜导线的连接。单股铜导线与多股铜导线的连接如图 2-24 所示，先将多股导线的芯线绞合拧紧成单股状，再将其紧密缠绕在单股导线的芯线上 5～8 圈，最后将单股芯线线头折回并压紧在缠绕部位即可。

6）同一方向的导线的连接。当需要连接的导线来自同一方向时，可以采用图 2-25 所示的方法。对于单股导线，可将一根导线的芯线紧

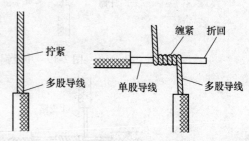

图 2-24　单股铜导线与多股铜导线的连接

密缠绕在其他导线的芯线上，再将其他芯线的线头折回压紧即可。对于多股导线，可将两根导线的芯线互相交叉，然后绞合拧紧即可。对于单股导线与多股导线的连接，可将多股导线的芯线紧密缠绕在单股导线的芯线上，再将单股芯线的线头折回压紧即可。

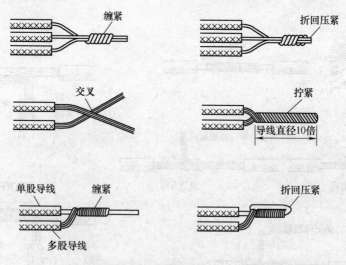

图 2-25　同一方向的导线的连接

7）双芯或多芯电线电缆的连接。双芯护套线、三芯护套线或电缆、多芯电缆在连接

时，应注意尽可能将各芯线的连接点互相错开位置，可以更好地防止线间漏电或短路，如图 2-26 所示。

铝导线虽然也可采用绞合连接，但铝芯线的表面极易氧化，日久将造成线路故障，因此铝导线通常采用紧压连接。

（2）紧压连接

紧压连接是指用铜或铝套管套在被连接的芯线上，再用压接钳或压接模具压紧套管使芯线保持连接。铜导线（一般是较粗的铜导线）和铝导线都可以采用紧压连接，铜导线的连接应采用铜套管，铝导线的连接应采用铝套管。紧压连接前应先清除导线芯线表面和压接套管内壁上的氧化层和粘污物，以确保接触良好。

1）铜导线或铝导线的紧压连接。压接套管截面有圆形和椭圆形两种。圆截面套管内可以穿入一根导线，椭圆截面套管内可以并排穿入两根导线。

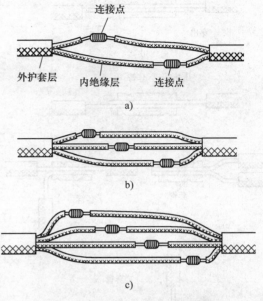

图 2-26 双芯或多芯电线电缆的连接
a）双芯护套线的连接
b）三芯护套线的连接 c）四芯护套线的连接

圆截面套管使用时，将需要连接的两根导线的芯线分别从左右两端插入套管相等长度，以保持两根芯线的线头的连接点位于套管内的中间，如图 2-27 所示。然后用压接钳或压接模具压紧套管，一般情况下只要在每端压一个坑即可满足接触电阻的要求。在对机械强度有要求的场合，可在每端压两个坑，如图 2-27 所示。对于较粗的导线或机械强度要求较高的场合，可适当增加压坑的数目。

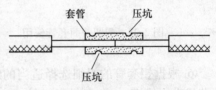

图 2-27 圆截面套管使用

椭圆截面套管使用时，将需要连接的两根导线的芯线分别从左右两端相对插入并穿出套管少许，如图 2-28a 所示，然后压紧套管即可，如图 2-28b 所示。椭圆截面套管不仅可用于导线的直线压接，而且可用于同一方向导线的压接，如图 2-28c 所示，还可用于导线的 T 字分支压接或十字分支压接，如图 2-28d 和图 2-28e 所示。

铝芯多（单）股电线的直线压接操作步骤如图 2-29 所示。

① 根据导线横截面积选择压模和椭圆形铝套管。

② 把连接处的导线绝缘护套剥除，剥除长度应为铝套管长度 1/2 加上 5～10mm（裸铝线无此项），再用钢丝刷去除芯线表面的氧化层（膜）。

③ 用另一洁净的钢丝刷蘸一些凡士林锌粉膏（凡士林锌粉膏有毒，切勿与皮肤接触），均匀地涂抹在芯线上，以防氧化层重生。

④ 用圆条形钢丝刷消除铝套管内壁的氧化层及油垢，最好也在管子内壁涂上凡士林锌粉膏。

⑤ 把两根芯线相对地插入铝套管，使两个线头恰好在铝套管的正中连接。

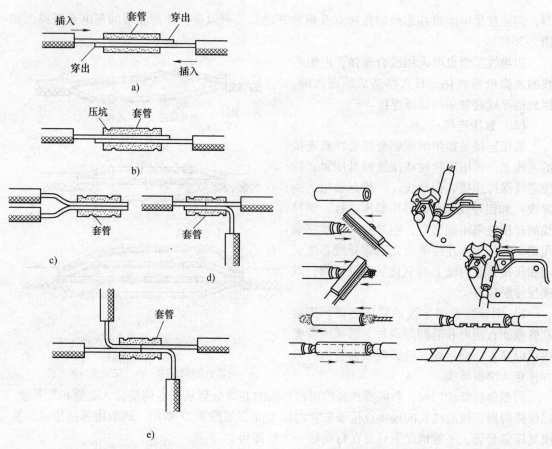

图 2-28 椭圆截面套管使用   图 2-29 铝芯多股电线的直线压接操作步骤

⑥ 根据铝套管的粗细选择适当的线模装在压接钳上，拧紧定位螺钉后，把套有铝套管的芯线嵌入线模。

⑦ 对准铝套管，用力捏夹钳柄，进行压接。先压两端的两个坑，再压中间的两个坑，压坑应在一条直线上。接头压接完毕后要检查铝套管弯曲度不应大于管长的 2%，否则要用木槌校直；铝套管不应有裂纹；铝套管外面的导线不得有"灯笼"形鼓包或"抽筋"形不齐等现象。

⑧ 擦去残余的凡士林锌粉膏，在铝套管两端及合缝处涂刷一层快干的沥青漆。然后在铝套管及裸露导线部分先包两层黄蜡带，再包两层黑胶布，一直包到距绝缘层 20mm 的地方。

2）铜导线与铝导线之间的紧压连接。当需要将铜导线与铝导线进行连接时，必须采取防止电化腐蚀的措施。因为铜和铝的标准电极电位不一样，如果将铜导线与铝导线直接铰接或压接，在其接触面将发生电化腐蚀，引起接触电阻增大而过热，造成线路故障。常用的防止电化腐蚀的连接方法有两种。

① 一种方法是采用铜铝连接套管，如图 2-30 所示。铜铝连接套管的一端是铜质，另一端是铝质，如图 2-30a所示。使用时将铜导线的芯线插入套管的铜端，将铝导线的芯线插

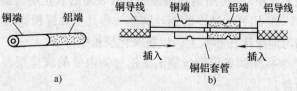

图 2-30 铜、铝导线之间的紧压连接（一）

入套管的铝端，然后压紧套管即可，如图 2-30b 所示。

② 另一种方法是将铜导线镀锡后采用铝套管连接，如图 2-31 所示。由于锡与铝的标准电极电位相差较小，所以在铜与铝之间夹垫一层锡也可以防止电化腐蚀。具体做法是先在铜导线的芯线上镀一层锡，再将镀锡铜芯线插入铝套管的一端，铝导线的芯线插入该套管的另一端，最后压紧套管即可。

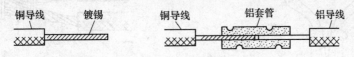

图 2-31　铜、铝导线之间的紧压连接（二）

3. 焊接

焊接是指将金属（焊锡等焊料或导线本身）熔化融合而使导线连接。电工技术中导线连接的焊接种类有锡焊、电阻焊、电弧焊、气焊、钎焊等。

（1）铜导线接头的锡焊　较细的铜导线接头可用大功率（例如 150W）电烙铁进行焊接。焊接前应先清除铜芯线接头部位的氧化层和黏污物。为增加连接可靠性和机械强度，可将待连接的两根芯线先行绞合，再涂上无酸助焊剂，用电烙铁蘸焊锡进行焊接即可，如图 2-32 所示。焊接中应使焊锡充分熔融渗入导线接头缝隙中，焊接完成的接点应牢固光滑。

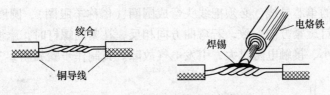

图 2-32　铜导线接头的锡焊

较粗（一般指截面积 16mm² 以上）的铜导线接头可用浇焊法连接。浇焊前同样应先清除铜芯线接头部位的氧化层和黏污物，涂上无酸助焊剂，并将线头绞合。将焊锡放在化锡锅内加热熔化，当熔化的焊锡表面呈磷黄色说明锡液已达符合要求的高温，即可进行浇焊。浇焊时将导线接头置于化锡锅上方，用耐高温勺子盛上锡液从导线接头上面浇下，如图 2-33 所示。刚开始浇焊时因导线接头温度较低，锡液在接头部位不会很好渗入，应反复浇焊，直至完全焊牢为止。浇焊的接头表面也应光洁平滑。

图 2-33　浇焊法

（2）铝导线接头的焊接　铝导线接头的焊接一般采用电阻焊或气焊。电阻焊是指用低电压大电流通过铝导线的连接处，利用其接触电阻产生的高温高热将导线的铝芯线熔接在一起。电阻焊应使用特殊的降压变压器（1kV·A、一次电压 220V、二次电压 6～12V），配以专用焊钳和碳棒电极，如图 2-34 所示。

气焊是指利用气焊枪的高温火焰，将铝芯线的连接点加热，使待连接的铝芯线相互熔融连接。气焊前应将待连接的铝芯线绞合，或用铝丝或铁丝绑扎固定，如图 2-35 所示。

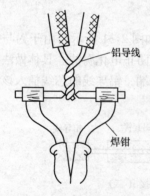

图 2-34　铝导线接头的焊接

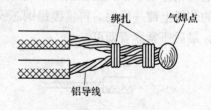

图 2-35　铝导线接头的焊点与绑扎

三、导线与电气设备的连接

电气线路连接到电气设备时，必须与设备可靠的连接起来，电气设备与导线连接的端子种类很多，对应不同的设备与不同的导线，连接方法也是各自不同的，下面介绍几种常用的导线与设备接线端子的连接方法。

1. 线头与平压式接线桩的连接

平压式接线螺钉利用半圆头、圆柱头或六角头螺钉加垫圈将线头压紧，完成连接。例如，常用的开关、插座、普通灯头、吊线盒等。

对于载流量小的单芯导线，必须把线头弯成圆圈（俗称羊眼圈），圆圈弯曲的方向必须是顺时针的，与螺钉旋紧方向一致，若弯曲方向相反，在紧固螺钉时，摩擦力容易将导线推出，造成接触面过小、接触电阻过大，引发电气故障。其制作步骤如图 2-36 所示。

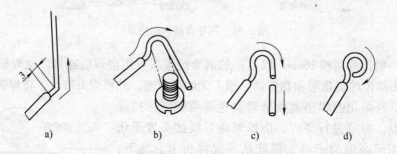

图 2-36　单股导线压接圈的制作步骤

1）尖嘴钳在离导线绝缘层根部约 3mm 处向外侧折角成 90°，如图 2-36a 所示。

2）尖嘴钳夹持导线端口部按略大于螺钉直径弯曲圆弧，如图 2-36b 所示。

3）剪去导线余端，如图 2-36c 所示。

4）圆圈收圆并连接。将圆圈口端收圆，螺钉套上合适的垫圈，再把弯成的圆圈顺着螺钉拧紧方向套在螺钉上，拧紧螺钉，通过垫圈压紧导线，如图 2-36d 所示。

5）层剥切长度为紧固螺钉直径的 3.5 ~ 4 倍。

载流量较小的截面积不超过 $10mm^2$ 的 7 股及以下导线的多股芯线，也可将线头制成压接圈，多股芯线压接圈的制作步骤如图 2-37 所示。

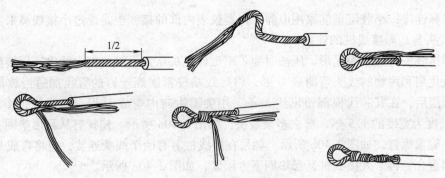

图 2-37　多股导线压接圈的制作步骤

螺钉平压式接线桩的连接工艺要求是压接圈的弯曲方向应与螺钉拧紧方向一致，连接前应清除压接圈、接线桩和垫圈上的氧化层，再将压接圈压在垫圈下面，用适当的力矩将螺钉拧紧，以保证良好的接触。压接时注意不得将导线绝缘层压入垫圈内。

对于载流量较大，截面积超过 10mm^2 或多于 7 股的导线端头，应安装接线端子。

2. 导线通过接线鼻与接线螺钉连接

接线鼻又称为接线耳，俗称线鼻子或接线端子，是铜或铝接线片。对于大载流量的导线，如截面积在 10mm^2 以上的单股线或截面积在 4mm^2 以上的多股线，由于线粗不易弯成压接圈，同时弯成圈的接触面会小于导线本身的截面积，造成接触电阻增大，在传输大电流时产生高热，因而多采用接线鼻进行平压式螺钉连接。接线鼻的外形如图 2-38 所示，从 1A 到几百安培有多种规格。

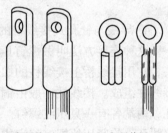

粗导线用　　细导线用

图 2-38　接线鼻的外形

用接线鼻实现平压式螺钉连接的操作步骤如下：

1）根据导线载流量选择相应规格的接线鼻。

2）对没挂锡的接线鼻进行挂锡处理后，对导线线头和接线鼻进行锡焊连接。

3）根据接线鼻的规格选择相应的圆柱头或六角头接线螺钉，穿过垫片、接线鼻、旋紧接线螺钉，将接线鼻固定，完成电连接，如图 2-39 所示。

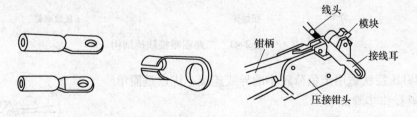

大载流量接线耳和铜铝过渡接线耳　　小载流量接线耳　　　导线与接线耳的压接方法

图 2-39　接线鼻的规格与压接

有的导线与接线鼻的连接还采用锡焊或钎焊。锡焊是将清洁好的铜线头放入铜接线端子的线孔内，然后用焊接的方法用焊料焊接到一起。铝接线端子与线头之间一般用压接钳压接，也可直接进行钎焊。有时为了导线接触性能更好，也常常采用先压接，后焊接的方法。

接线鼻应用较广泛，大载流量的电气设备，如电动机、变压器、电焊机等的引出接线都采用接线鼻连接；小载流量的家用电器、仪器仪表内部的接线也是通过小接线鼻来实现的。

3. 线头与瓦形接线桩的连接

瓦形接线桩的垫圈为瓦形。压按时为了不致使线头从瓦形接线桩内滑出，压接前应先将已去除氧化层和污物的线头弯曲成 U 形，将导线端按紧固螺丝钉的直径加适当放量的长度剥去绝缘层后，在其芯线根部留出约 3mm，用尖嘴钳向内弯成 U 形；然后修正 U 形圆弧，使 U 形长度为宽度的 1.5 倍，剪去多余线头，如图 2-40a 所示。使螺钉从瓦形垫圈下穿过 U 形导线，旋紧螺钉，如图 2-40b 所示。如果在接线桩上有两个线头连接，应将弯成 U 形的两个线头相重合，再卡入接线桩瓦形垫圈下方压紧，如图 2-40c 所示。

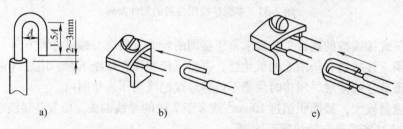

图 2-40　导线头与瓦形接线桩的连接方式

4. 导线与针孔式接线桩的连接

这种连接方法叫做螺钉压接法。使用的是接线桥或接线端子，又称为瓷接头或绝缘接头，它用接线桥上接线柱的螺钉来实现导线的连接。接线桥由电瓷材料制成的外壳和内装的接线柱组成。接线柱一般由铜质或钢质材料制作，又称为针形接线桩，接线桩上有针形接线孔，两端各有一只压线螺钉。使用时，将需连接的铝导线或铜导线接头分别插入两端的针形接线孔，旋紧压线螺钉就完成了导线的连接。图 2-41 所示是二路四眼接线桥结构。

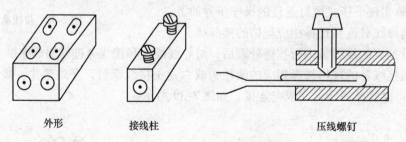

外形　　　　　接线柱　　　　　　　　压线螺钉

图 2-41　二路四眼接线桥结构

螺钉压接法适用于负荷较小的导线连接，优点是简单易行。其操作步骤如下：

1）如是单股芯线，且与接线桩头插线孔大小适宜，则把芯线线头插入针孔并旋紧螺钉即可，如图 2-42 所示。

2）如单股芯线较细，则应把芯线线头折成双根，插入针孔再旋紧螺钉。连接多股芯线时，先用钢丝钳将多股芯线进一步绞紧，以保证压接螺钉顶压时不致松散，如图 2-43 所示。

无论是单股还是多股芯线的线头，在插入针孔时应注

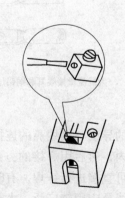

图 2-42　针孔式接线桩的连接

意：一是注意插到底；二是不得使绝缘层进入针孔，针孔外的裸线头的长度不得超过 2mm；三是凡有两个压紧螺钉的，应先拧紧近孔口的一个，再拧紧近孔底的一个，如图 2-44 所示。

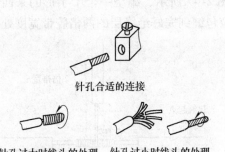

针孔合适的连接

针孔过大时线头的处理 针孔过小时线头的处理

图 2-43 多股芯线与针孔式线桩的连接

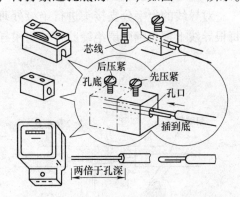

图 2-44 针孔式接线桩连接要求和连接方法

四、导线连接处的绝缘处理

为了进行连接，导线连接处的绝缘层已被去除。导线连接完成后，必须对所有绝缘层已被去除的部位进行绝缘处理，以恢复导线的绝缘性能，恢复后的绝缘强度应不低于导线原有的绝缘强度。

导线连接处的绝缘处理通常采用绝缘胶带进行缠裹包扎。一般电工常用的绝缘带有黄蜡带、涤纶薄膜带、黑胶布带、塑料胶带、橡胶胶带等。绝缘胶带的宽度常用 20mm 的，使用较为方便。

（一）一般导线接头的绝缘处理

一字形连接的导线接头可按图 2-45 所示进行绝缘处理，先包缠一层黄蜡带，再包缠一层黑胶布带。将黄蜡带从接头左边完好的绝缘层上开始包缠，包缠两圈后进入剥除了绝缘层的芯线部分。包缠时黄蜡带应与导线成 55°左右倾斜角，每圈压叠带宽的 1/2，直至包缠到接头右边两圈距离的完好绝缘层处。然后将黑胶布带接在黄蜡带的尾端，按另一斜叠方向从右向左包缠，仍每圈压叠带宽的 1/2，直至将黄蜡带完全包缠住。包缠处理中应用力拉紧胶带，注意不可稀疏，更

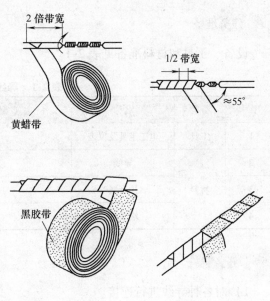

图 2-45 一字形连接的导线接头的绝缘处理

不能露出芯线，以确保绝缘质量和用电安全。对于 220V 线路，也可不用黄蜡带，只用黑胶布带或塑料胶带包缠两层。在潮湿场所应使用聚氯乙烯绝缘胶带或涤纶绝缘胶带。

（二）T 字分支接头的绝缘处理

导线分支接头的绝缘处理基本方法同上，T 字分支接头的绝缘处理如图 2-46 所示，缠绕一个 T 字形的来回，使每根导线上都包缠两层绝缘胶带，每根导线都应包缠到完好绝缘

层的两倍胶带宽度处。

（三）十字分支接头的绝缘处理

对导线的十字分支接头进行绝缘处理时，如图 2-47 所示，缠绕一个十字形的来回，使每根导线上都包缠两层绝缘胶带，每根导线也都应包缠到完好绝缘层的两倍胶带宽度处。

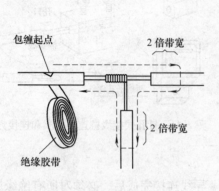

图 2-46　T 字分支接头的绝缘处理

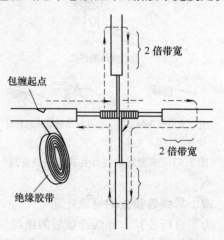

图 2-47　十字分支接头的绝缘处理

 任务准备

设备、工具和材料准备见表 2-1。

表 2-1　导线连接材料

序号	分类	名称	型号规格	数量	单位	备注
1	工具	电工工具及仪表		1	套	
2		导线		若干		
3	材料	护套线		若干		
4		端子排		1	个	

 任务实施

1）对各种导线进行连接。

2）对导线进行绝缘恢复。

3）对导线和电气设备进行连接

 检测与分析

1. 任务检测

任务完成情况检测标准见表 2-2。

2. 问题与分析

针对任务实施中的问题进行分析，并找出解决问题的方法，见表 2-3。

表 2-2 导线连接检测标准

序号	主要内容	评分标准	配分	得分
1	导线连接	1. 连接方法是否正确，扣 20 分 2. 导线连接工艺是否符合要求，每处扣 2 分	40	
2	导线绝缘恢复	1. 导线绝缘恢复方法是否正确，扣 10 分 2. 导线绝缘恢复是否可靠，扣 10 分	20	
3	导线和电气设备连接	1. 连接方法是否正确，扣 10 分 2. 导线连接工艺是否符合要求，每处扣 2 分	20	
备注		合计	80	

表 2-3 导线连接问题分析

序号	问题主要内容	分析问题	解决方法	配分	得分
1					
2				20	
3					
4					

能力训练

一、填空题

1. 电工材料按功能分类可分为 _____、_____、_____ 和 _____ 四大类。

2. 绝缘导线有 _____、_____ 和 _____。

3. 电磁线是 _____ 的绝缘电线，又称为绕组线。

4. 电磁线根据电绝缘层所用的绝缘材料和制造方式分为 _____、_____、_____ 和 _____ 四类。

5. 母线按外形和结构，大致分为以下三类：_____、_____ 和 _____。

6. _____ 电阻率介于导体和绝缘体之间，并有负的电阻温度系数的物质。

二、简答题

1. 什么是母线？

2. 简述导线绝缘恢复的方法。

三、实训题

1. 多股铜导线的直接连接。

2. 单股铜导线的分支连接。

任务二　室内配电线路的安装

知识点

1. 了解室内住宅配电线路的工作原理及其安装方法。
2. 掌握电度表的工作原理及其安装方法。
3. 了解室内配电负载计算方法。
4. 掌握护套线、线管配线规范。
5. 了解常用灯具的种类、结构和工作原理。
6. 掌握单联开关、双联开关白炽灯照明线路的安装方法。
7. 掌握荧光灯照明的安装方法。
8. 掌握插座、开关等器件的安装规范。

技能点

1. 能根据负荷要求正确选用照明装置、护套电路进行敷设。
2. 能安装白炽灯照明线路。
3. 能进行荧光灯照明线路的安装。
4. 能进行线管配线。
5. 能进行开关、插座及灯座、小型断路器的安装。
6. 能安装电度表。

学习任务

图 2-48 为某住宅线路平面图，请你根据此图对小区住宅进行室内配电线路安装。

任务分析

民用配电系统一般是以小区为单位，根据住宅小区的规模设立箱式变压器或变压器房（老式住宅一般采用杆上变压器），然后通过电缆沟，利用电缆向各个楼宇配电，而各个楼宇以单元（楼门）为单位，尽量平衡地将各个住户分配在三相电源的各相上，分配时要考虑各单元的住户数和户型的大小等因素。如果是高层建筑，每个单元的住户较多，也可以将三相电直接引入各个单元，然后以楼层为单位，将各楼层均衡的分配在三相电源的各相上。

供电电源引入各单元后接入电表箱，电表箱内包括电源总开关、各用户的计量电度表，或者还有各用户的控制开关，从电表引出后，电源将直接进入各用户户内的配电箱，由配电箱再引出照明、电源插座等终端设备，这些就构成了民用配电系统的基本框架。

下面就分别就这些部分简单介绍一下住宅的室内配电线路。

知识准备

一、图形符号

建筑线路平面图的图形符号见表 2-4。

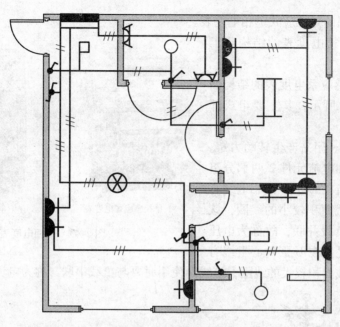

图 2-48　住宅线路平面图

表 2-4　建筑线路平面图的图形符号

图 形 符 号	说　　明
	配电箱
	暗装单极开关
	暗装双控开关
	吊灯
	圆吸顶灯
	方吸顶灯
	矩形吸顶灯
	带地线暗装三孔插座
	防水带地线三孔插座
	双管荧光灯
	三根导线
	两根导线

二、单相电度表

电工通常使用的电度表是用来测量电能的仪表，又称为电能表，俗称火表。

根据电度表所测量的电路的不同，电度表可分为单相电度表和三相电度表。

三相电度表多用来为一些大型的企、事业单位进行电能计量，一般民用建筑用户的电能计量使用的都是单相电度表。

单相电度表可以分为单相感应式电度表和单相电子式电度表两种，如图 2-49 所示。目前，家庭大多数用的是感应式单相电度表。

1. 单相感应式电度表的结构与工作原理

（1）结构 感应系电度表的结构如图 2-50、图 2-51 所示，其主要组成部分有：

1）驱动元件。用来产生转动力矩。它由电压元件 1 和电流元件 2 两部分组成。电压元件是指在 E 字形铁心上绕有匝数多且导线横截面积较小的线圈，该线圈在使用时与负载并联，故称为电压线圈，电流元件是指在 U 形铁心上绕有匝数少且导线横截面积较大的线圈，该线圈使用时要与负载串联，称为电流线圈。

单相感应式电度表　　　　　　单相电子式电度表

图 2-49　单相电度表

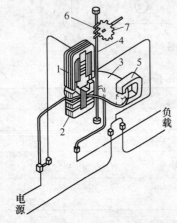

图 2-50　感应系电度表的结构
1—电压元件　2—电流元件　3—铝盘
4—转轴　5—永久磁铁　6—蜗杆　7—蜗轮

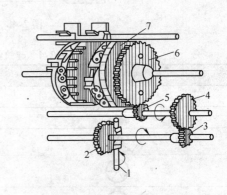

图 2-51　计度器的结构
1—蜗杆　2—蜗轮
3、4、5、6—齿轮　7—滚轮

2）转动元件。由铝盘 3 和转轴 4 组成，转轴上装有传递铝盘转数的蜗杆，仪表工作时，驱动元件产生的转动力矩将驱使铝盘转动。

3）制动元件。由永久磁铁组成，用来在铝盘转动时产生制动力矩，使铝盘的转速与被测功率成正比。

4）计度器（也称为积算机构）。用来计算铝盘的转数，实现累计电能的目的。它包括安装在转轴上的齿轮 6、滚轮 7 以及计数器等，如图 2-51 所示。最终通过计数器直接显示出被测电能的多少。

（2）工作原理 为便于说明铝盘转动力矩的产生，规定磁通的正方向为自上而下穿过铝盘，如图 2-52 所示。由于电流线圈中电流产生的磁通要两次穿过铝盘，所以分别用 Φ_A 和 $-\Phi_A$ 表示，电压线圈中电流产生的磁通用 Φ_U 表示，在某时刻，通过电流线圈的电流 i_A 正在减小，i_A

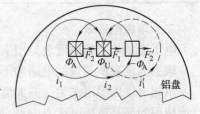

图 2-52　转动力矩的产生

所产生的磁通 $\varPhi_A$ 和 $-\varPhi_A$ 也同时减少，于是在铝盘中感应出涡流，涡流的方向由楞次定律确定，i_1 和 i_1' 这两个涡流在 $\varPhi_U$ 的作用下将产生作用力 F_1，其方向用左手定则可以判定出是指向右边的。而在同一时刻，由于 i_U 正在增大，感应产生的涡流 i_2 在 $\varPhi_A$ 和 $-\varPhi_A$ 的磁场作用下，也产生向右的作用力 F_2 和 F_2'。可见，由于 i_A 和 i_U 的变化，在铝盘中感应出涡流，而各涡流在磁通作用下都产生顺时针方向的转动力矩，使得铝盘顺时针转起来。这样由于用电过程中不断地给电流线圈和电压线圈提供电流和电压，使得铝盘可以不断地产生力矩，从而带动铝盘转动起来，带动起来的铝盘驱动数字计数器计数。经过推算，铝盘所受平均转动力矩与负载的有功功率成正比。

如图 2-53 所示制动力矩的产生，当铝盘以转速 n 按逆时针方向在永久磁铁的磁场中转动时，铝盘切割永久磁铁的磁通 $\varPhi_Z$，并在铝盘中产生感应电动势 e_Z 和感应电流 i_Z，其方向可用楞次定律确定。磁通 $\varPhi_Z$ 与铝盘中的感应电流（涡流）i_Z 相互作用产生作用力矩 M_Z，其方向可用左手定则判断。由于 M_Z 总是和铝盘的转动方向相反，所以又称为制动力。由上述讨论可以看出，铝盘所受制动力矩随铝盘转速的增加而增大。

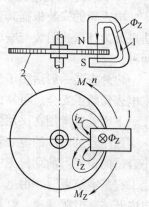

图 2-53　制动力矩的产生
1—永久磁铁　2—铝盘

2. 单相电度表的接线

单相电度表的接线应将电流线圈与负载串联，电压线圈与负载并联，两线圈的发电机端应接电源的同一极性端。为接线方便，单相电度表都有专门的接线盒。盒内有四个端钮，如图 2-54 所示。连线时只要按照 1、3 端接电源，2、4 端接负载即可，而且电度表的接线盒内都绘有接线图。

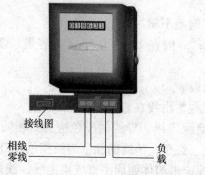

接线图

相线
零线

负载

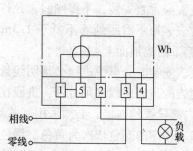

Wh

| 1 | 5 | 2 | | 3 | 4 |

相线
零线

负载

图 2-54　单相电度表的接线

3. 电度表的选择

单相电度表额定电流有 1（2）A、2（4）A、2.5（5）A、5（10）A、20（40）A 等规格，最大可达 100A，括号内的数字为最大额定电流或最大允许通过电流。一般单相电度表允许短时间通过的最大额定电流为额定电流的 2 倍，少数厂家的电度表可达额定电流的 3 倍或 4 倍。

选择电度表时要注意其额定电流和额定电压。电度表的额定电压应大于或等于电路的工作电压，选择电度表时可按其最大额定电流来考虑使用容量，电路的工作电流应大于电度表的标准额定电流，且小于最大额定电流，并留有一定的余量，以便考虑将来电气设备负荷增加的可能。电度表不允许在负荷经常低于额定值5%以下的电路中使用，因为它不能正确计量出所耗电的电能。

当现有电度表额定电流不能满足线路的大电流时，则应经一定电流比的电流互感器，将大电流变为小于5A的小电流，再接入5A电度表。计算耗电电能时，5A电度表耗电度数乘以所选用的电流互感器的电流比，即实际消耗电能的度数。只是这种情况一般出现在一些大型企事业的电能计量时，普通民用负荷是不会出现这样的情况的。

4. 民用电表箱的安装

电表箱的安装根据其安装的位置可分为户外安装和室内安装两种方式。而根据其安装方法可分为挂墙式明装与嵌墙式暗装两种情况；按制作箱体的材料可分为塑料箱体和金属箱体两种。

户外安装一般适用于施工工地、野外作业临时搭建的供电电源等情况。这种安装情况要求电表箱除了安全、可靠的电气性能外，还要求其有一定的防雨、防尘等措施。

下面就以常用在民用住宅中的嵌墙式暗装方式为例，介绍一下电表箱的安装方法。

民用建筑内部的电表箱一般位于楼梯间住户之间的墙体上，建筑工人在施工时会留下大小合适的位置。前期施工中，电表箱的电源进线与至用户的配出线已经预留到位，楼体的土建工程基本结束时，由电工进行楼内电气设施的后期施工，这时开始安装电表箱、配电箱、户内开关、电源插座、灯具等电气设备。

安装时，首先将箱体放入为其预留的位置并摆正，利用砖石等物将箱体暂时固定，再用膨胀螺栓紧固，然后由瓦工配合，利用水泥砂浆将箱体外的空隙填实，搁置几天，待水泥彻底固化、干燥后再进行安装电气设备以及接线。

安装电度表时需要注意以下几点：

1）电度表应垂直安装，不得倾斜，允许偏差不超过1°。

2）电度表表箱下沿距地面不低于1.3m，一般在1.4～1.5m。大容量、多表集中安装时，允许表箱下沿离地面1～1.2m。

3）电度表安装时，电源进线必须明线敷设。

4）电度表的进、出线必须分开，进线在左，出线在右。

电表箱内部导线的连接，必须采用铜芯绝缘导线。导线的颜色应为：相线 L_1（A）、L_2（B）、L_3（C）相序的颜色依次为黄色、绿色、红色；N线的颜色为淡蓝色；PE线的颜色为绿黄双色。导线排列应整齐，相同走向的导线应沿箱体四周平直成束走线，线束应用规格合适的捆扎线绑好。

三、民用配电箱的安装

由于家用电器设备的额定电压都是220V，所以家用配电箱中的电气设备一般都是单相电气设备。家用配电箱中一般包括单相电度表和电源开关这两种设备，以前的配电箱多数是分成两部分，首先每个单元的进户电源为三相电进户，在每个单元的一层设置总电源配电箱，由低压三相空气断路器控制。早期民用建筑也有使用三相开启式负荷开关，配合具有短路保护功能的熔丝进行控制，近些年的民用建筑为了安全、防火等原因，基本已经采用断路器控制。每个楼层设置用户配电箱，配电箱中装有单相电度表为每个用户计算用电量，并设置各用户的总控开关，然后进入各个用户家中。这种配置方法由于不利于供电部门抄表计量，近年来的新建楼盘一般已经不再采用，改为在每个单元的第一层设置总控开关以及电度表构成的电表箱（见图 2-55），然后由电表箱引出的电源线直接配入各个用户的室内，在室内设置配电箱（见图 2-56），这样不但方便供电部门抄表计量，而且各用户内发生的一般故障，在检修时也不会影响其他用户。

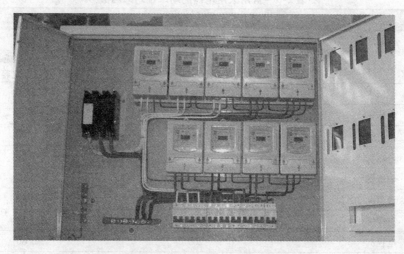

图 2-55　单相九位电表箱内部结构

（一）家用总的负荷电流的确定

在敷设家用配电系统前，必须先确定家用电器负荷的大小，并按照计算出来的负荷电流进行开关、导线的合理选择，这样配电系统才能安全、可靠地工作。

考虑到近期和远期用电发展，每户的用电量应按最有可能同时使用的电器最大功率总和计算，所有家用电器的说明书上都标有最大功率，可以根据其标注的最大功率，计算出总用电量。

图 2-56　家用配电箱

目前市场上的大功率家用电器，大致分为电阻性和电感性两大类。电阻性负载的家用电器以纯电阻为负载参数，电流通过时会转换成光能、热能，如白炽灯、电水壶、电炒锅、电饭煲、电熨斗等。电感性负载的家用电器电能转变为机械能或其他形式的能量，如以电动机作动力的洗衣机、电冰箱、抽油烟机、电风扇、空调器等，还有照明线路中的荧光灯也是一种感性负载。

表 2-5 列出了一些常用家用电器的功率及功率因数，可以帮助我们确定家用负荷的容量。当然，随着人们的生活水平的不断提高，家用电器的种类不断增多，表 2-5 列出的设备不可能囊括所有的设备，其他设备可以参照设备说明书所给出的参数确定其负荷容量。

1. 分支电流的计算

（1）纯阻性负荷计算公式为

$$I = \frac{P}{U}$$

（2）感性负荷计算公式为

$$I = \frac{P}{U\cos\varphi}$$

表 2-5　常用家用电器的功率及功率因数

序号	名称	设备容量/W	功率因数
1	白炽灯	设备标称	1.00
2	荧光灯	设备标称	0.5 ~ 0.6（无补偿） 0.85 ~ 0.9（电容补偿）
3	空调	3000	0.80
4	电冰箱	150	0.60
5	微波炉	1000	0.90
6	电热水器	2000	1.00
7	电饭煲	1000	1.00
8	计算机	300	0.80
9	打印机	250	0.80
10	电视机	200	0.80
11	洗衣机	200	0.60
12	抽油烟机	50	0.80
13	音响	300	0.60
14	饮水机	600	1.00
15	录像机	200	0.90
16	DVD	100	0.90

（3）单相电动机负荷计算公式为

$$I = \frac{P}{U\eta\cos\varphi}$$

式中　η——设备的运行效率。

如果单相电动机负荷的铭牌或电器产品说明书上没有列出功率因数 $\cos\varphi$ 和效率 η 的数据，则这两个参数均可取 0.75。

2. 总的用电负荷计算

由于民用负荷的特殊性，任何一个用户也不可能将所有的电气设备一起起动同时使用，所以在计算总的用电负荷时，并不是简单地将所用的负荷电流加在一起，而是考虑设备的使用情况，引入需用系数（K_X）这个物理量进行计算，这种计算方法称为需用系数法，其计算方法为

$$I_{js} = I_{MAX} + K_X \sum I$$

式中　I_{js}——总的负荷电流；

I_{MAX}——功率最大的用电设备的额定电流；

$\sum I$——除功率最大的用电设备之外的其他设备的额定电流之和。

（二）家用配电箱内断路器的选择

断路器是一种常用的低压保护开关，自身具有短路保护和过载保护功能，配合漏电保护器使用还可以对电气设备的漏电故障进行保护，如图 2-57 所示为常用的断路器。

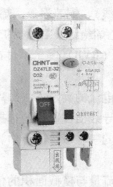

单极断路器　　　　两极断路器　　　双极带漏电保护器的断路器

图 2-57　断路器

断路器在民用配电线路中作为总电源保护开关和分支线路保护开关使用。当用户电气设备、线路发生短路或过载故障时，自动跳闸，切断电源，从而可靠地保护设备、线路。

民用配电开关的选择一般可采用两种方案：一种是选择两极的带漏电保护器的断路器作为电源总开关，选择单极断路器作为分支电路的控制开关，安装在各支路的相线上；另一种方案是，选择两极断路器作为电源总开关，照明支路选择单极断路器控制（也可以选择普通的两极断路器），电源插座支路采用带漏电保护功能的两极断路器。

在选择断路器时，确定断路器的容量至关重要。容量选择小了，电气设备正常工作时，断路器也会无故跳闸，设备无法正常工作；容量选择大了，发生故障时，断路器不能及时跳闸切断电源，会使故障扩大，损伤电气设备，达不到保护目的。

一般的小型断路器的规格主要以额定电流区分，常用的有 6A、10A、16A、20A、25A、32A、40A、50A、63A、80A、100A 等。

选择断路器需要先确定用户的总的负荷电流。方法如前文介绍。

知道了总的负荷电流后，就可以按照这些数据选择总的电源控制开关、分支控制开关的选择，断路器的选择一般按照额定电压和额定电流进行选择。

1. 额定电压的选择

断路器的额定电压应大于或等于被控制电路的额定工作电压。

2. 额定电流的选择

断路器的额定电流应大于或等于被控制电路的计算负荷电流。

在选择电源总开关和各分支控制开关时，考虑将来电气设备有可能增加，其电流选择应留有一定的余量，而余量大小应根据用户的要求进行确定。

（三）导线的选择

断路器的规格选择完毕后，应进行配电箱内的连接导线和连接至各支路的配出线规格的选择。

导线的种类繁多，按构成材料分为铜线和铝线两种，不过由于铝线的机械强度及使用寿命等问题，所以在民用配电线路中一般已经不再采用铝导线布线了。

而铜导线按其规格的不同又分为铜芯聚氯乙烯绝缘电缆（BV 单芯铜导线）、铜芯聚氯乙烯绝缘软电缆（BVR 多芯软铜导线）、铜芯聚氯乙烯绝缘聚氯乙烯护套圆型电缆（BVV 单芯圆型护套铜导线）、铜芯聚氯乙烯绝缘聚氯乙烯护套平型电缆（BVVB 单芯平型护套铜导线）、铜芯聚氯乙烯绝缘聚氯乙烯护套平型连接软电缆（RVV 护套线）、铜芯聚氯乙烯绝缘平型连接软电线（RVB）等，不过在民用配电系统中住宅内布线时比较常用的导线是 BV 单芯铜导线。

在介绍了负荷电流的确定方法，用户负荷电流确定下来后，就可以根据这些数据选择导线的横截面积了。导线横截面积的选择可以根据用户采用的布线方式查表选择，也可以利用经过实践总结出来的一些口诀进行估算。下面介绍一种导线载流量估算口诀，供大家在选择导线时进行参考。

铝芯绝缘线载流量与横截面积的倍数关系的口诀：十下五，百上二，二五、三五，四、三界，七十、九五，两倍半；穿管、温度，八、九折；裸线加一半；铜线升级算。

说明：口诀对各种横截面积的载流量（A）不是直接指出的，而是用横截面积乘以一定的倍数来表示。为此将我国常用导线标称横截面积（mm^2）排列如下：

1、1.5、2.5、4、6、10、16、25、35、50、70、95、120、150、185……

1）第一句口诀指出铝芯绝缘线载流量（A）、可按横截面积的倍数来计算。口诀中的十、百、二五、三五、七十、九五表示导线横截面积（mm^2），汉字数字表示倍数。把口诀的横截面积与倍数关系排列起来见表 2-6。

表 2-6 横截面积与倍数关系

横截面积	1～10	16、25	35、50	70、95	120 以上
倍数	五倍	四倍	三倍	二倍半	二倍

现在再和口诀对照就更清楚了，口诀中"十下五"是指横截面积在 $10mm^2$ 以下，载流量都是横截面积数值的五倍；"百上二"是指横截面积 100 以上的载流量是横截面积数值的两倍；"二五、三五，四、三界"是指横截面积为 25 与 35 是四倍和三倍的分界处；"七十、九五，两倍半"是指横截面积 70、95 则为二点五倍。从上面的排列可以看出：除 10 以下及 100 以上之外，中间的导线横截面积是每两种规格属同一种倍数。

例如，铝芯绝缘线在环境温度不大于 25℃ 时的载流量的计算为：当横截面积为 $6mm^2$ 时，载流量为 30A；当横截面积为 $150mm^2$ 时，载流量为 300A；当横截面积为 $70mm^2$ 时，载流量为 175A。

从上面的排列还可以看出：倍数随横截面积的增大而减小，在倍数转变的交界处，误差稍大些。比如横截面积 25 与 35 是四倍与三倍的分界处，25 属四倍的范围，它按口诀算为 100A，但按手册为 97A；而 35 则相反，按口诀推算为 105A，但查表为 117A。不过这对使用的影响并不大。当然，若能"心中有数"，在选择导线横截面积时，25 的不超过 100A，35 的则可略超过 105A。同样，$2.5mm^2$ 的导线位置在五倍的始端，实际上不止五倍（最大可达到 20A 以上），不过为了减少导线内的电能损耗，通常电流都不用这么大，手册中一般只标 12A。

2）后面三句口诀便是对条件改变的处理。"穿管、温度，八、九折"是指：若是穿管敷设（包括槽板等敷设，即导线加有保护套层，不明露的），计算后，再打八折（再乘以

80%）；若环境温度超过25℃，计算后再乘以90%，若既穿管敷设，温度又超过25℃，则乘以80%后，再乘以90%，或简单按一次乘以70%计算。

关于环境温度，按规定是指夏天最热月的平均最高温度。实际上，温度是变动的，一般情况下，它对导线载流的影响并不很大。因此，只对某些温车间或较热地区超过25℃较多时，才考虑打折扣。

例如，对铝芯绝缘线在不同条件下载流量的计算为：当横截面积为10mm² 穿管时，则载流量为$10 \times 5 \times 0.8A = 40A$；若为高温，则载流量为$10 \times 5 \times 0.9A = 45A$；若是穿管又高温，则载流量为$10 \times 5 \times 0.7A = 35A$。

3）对于裸铝线的载流量，口诀指出"裸线加一半"，即计算后再加1/2。这是指同样横截面积裸铝线与铝芯绝缘线比较，载流量可加大1/2。

例如，对裸铝线载流量的计算为：当横截面积为16mm² 时，则载流量为$16 \times 4 \times 1.5A = 96A$，若在高温下，则载流量为$16 \times 4 \times 1.5 \times 0.9A = 86.4A$。

4）对于铜导线的载流量，口诀指出"铜线升级算"，即将铜导线的横截面积排列顺序提升一级，再按相应的铝线条件计算。

例如，横截面积为35mm² 裸铜线的环境温度为25℃，载流量的计算为：按升级为50mm² 裸铝线计算，即$50 \times 3 \times 1.5A = 225A$。

对于电缆，口诀中没有介绍。一般直接埋地的高压电缆，大体上可直接采用第一句口诀中的有关倍数计算。例如，35mm² 高压铠装铝芯电缆埋地敷设的载流量为$35 \times 3A = 105A$；95mm² 的为$95 \times 2.5A \approx 238A$。

三相四线制中的零线横截面积，通常选为相线横截面积的1/2左右。当然也不得小于按机械强度要求所允许的最小横截面积。在单相线路中，由于零线和相线所通过的负荷电流相同，所以零线横截面积应与相线横截面积相同。

表2-7列出了不同线径、不同布线方式、不同环境温度下的一些导线的载流能力，供用户选择。

表 2-7　BV 铜芯塑料绝缘线的允许载流量　　　　　　（单位：A）

导线横截面积/mm²	导线明敷设				BV 铜芯塑料绝缘导线多根同穿一根管内时的允许负荷电流											
	25℃		30℃		25℃						30℃					
	橡皮	塑料	橡皮	塑料	穿金属管			穿 PVC 管			穿金属管			穿 PVC 管		
					2 根	3 根	4 根	2 根	3 根	4 根	2 根	3 根	4 根	2 根	3 根	4 根
1.0	21	19	20	18	14	13	11	12	11	10	13	12	10	11	10	9
1.5	27	24	25	20	19	17	15	16	15	13	18	16	15	15	14	12
2.5	35	32	33	30	26	24	22	24	21	19	24	22	21	22	20	18
4	45	42	42	39	35	31	28	31	28	25	33	29	26	29	26	23
6	58	55	54	51	47	41	37	41	36	32	44	38	35	38	43	30
10	85	75	79	70	65	57	50	56	49	44	61	53	47	52	46	41
16	110	105	103	98	82	73	65	72	65	57	77	68	61	67	61	53
25	145	138	135	128	107	95	85	95	85	75	100	89	80	89	80	70
35	180	170	168	159	133	115	105	120	105	93	124	107	98	112	98	87

（续）

导线横截面积 /mm²	导线明敷设				BV铜芯塑料绝缘导线多根同穿一根管内时的允许负荷电流												
	25℃		30℃		25℃						30℃						
	橡皮	塑料	橡皮	塑料	穿金属管			穿PVC管			穿金属管			穿PVC管			
					2根	3根	4根	2根	3根	4根	2根	3根	4根	2根	3根	4根
50	230	215	215	201	165	146	130	150	132	117	154	136	121	140	123	109
70	285	265	266	248	205	183	165	185	167	148	192	171	154	173	156	138
95	345	320	322	304	250	225	200	230	205	185	234	210	187	215	192	173
120	400	375	374	350	285	266	230	265	240	215	266	248	215	248	224	201
150	470	430	440	402	320	295	270	305	280	250	299	276	252	285	262	234
185	540	490	504	458	380	340	300	355	375	280	355	317	280	331	289	261

（四）配电箱的安装

1. 配电箱箱体的安装

配电箱的箱体按其制作时采用的材料不同可分为金属箱体和塑料箱体两种。一般的民宅住户多采用塑料箱体的配电箱。

在土建砌砖工程中把配电箱箱体的洞口留出后，且土建打了灰疤或者抹了灰后方可进行箱体的安装，安装箱体时要注意保持箱体口能够与抹灰层平。要用水平尺、水平管确定箱体的平直、垂直度和标高尺寸，然后利用膨胀螺栓或预埋木榫再用螺钉紧固的方法固定箱体，如果预留的洞口间隙过大，需要瓦工配合利用沙石、水泥填充过大间隙，填充完毕需待水泥完全干燥、凝固后再进行下一步工序。PVC管进入箱体内时再撬开箱体预留的对应进线口。

2. 穿线

箱体安装好后，要疏通穿线的管道，保证管路畅通，然后进行穿线。穿线时，需按规范要求进行配色，相线 L_1、L_2、L_3 三相分别为黄、绿、红三种颜色，单相配电箱一般采用红线作为相线，零线为淡蓝色，接地线为黄绿相间的双色线。进入箱体的导线长度为箱体周长的 2/3，电源进线在主开关同侧，可适当短些，根据实际情况而定。每个配电电路的电线进入箱体后，都要用标签注明其名称、用途，接线时才能同每个配电开关一一对应。

3. 接线

穿线完成后，可进行安装接线工作。安装前，先将箱体内垃圾清理干净，将固定开关的安装条安装在箱体底部，断路器挂上，再将零线端子排、地线端子排安装上，然后接线。

接线前，需清楚几个基本的技术问题：第一，开关上零、相线的标志，零线为"N"，相线为"L"，接线时不可接错；第二，零线排和地线排的区别，零线排一般设在左边，且安装在绝缘底座上，地线排一般设在右边，直接安装在箱体的导体底座上。若箱体为金属材质，配电箱外壳必须可靠接地。

图 2-58 介绍了配电箱箱体安装及接线的几个步骤，接线必须按美观大方的原则进行：

1）先将每个配电电路的三根导线头，用标签注明其名称、用途。

2）接着将导线理顺、拉直，不得呈现弯曲的现象。

3）然后分组、分层次布线，即零线、相线、地线分别集中。

4）按横平竖直的原则布线到零线排、分开关、地线排。

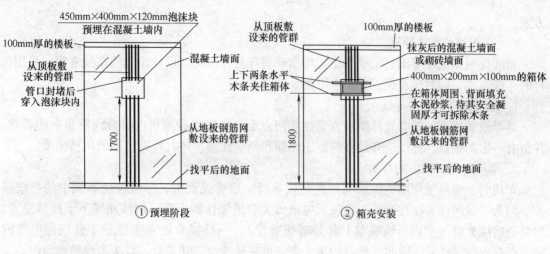

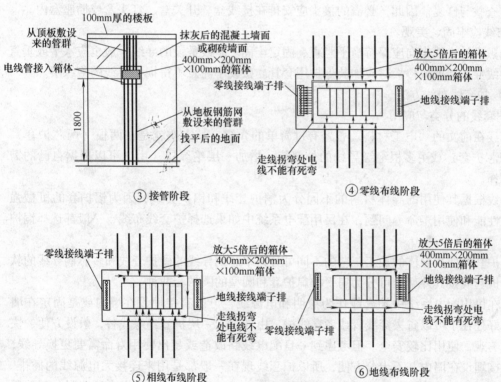

图2-58 配电箱箱体安装与接线的步骤

5）量好到接线位置的长度，剪去多余的导线，剥去接线位置的绝缘层，最后把导线的导体部分插入到接线位置，压紧，但不要压到绝缘层，不能过长的裸露导体。

6）接线时，一个压线孔只压一根线，不得一孔压多线。

四、民用配电系统的常用布线方式

低压配电系统的布线方式按其布设方法的不同可分为明敷与暗敷两种，按其使用的布线材料的不同又可分为管道布线、槽板布线、瓷夹板布线、电缆桥架布线等多种方式。而在普通的民用住宅中，经常采用的布线方式有塑料管道暗敷、塑料槽板明敷、护套线明敷等几种方式。

（一）布线的基本原则

布线应根据电路要求、负载类型、场所环境等具体情况，设计相应的布线方案，采用适合的布线方式，同时应遵循以下基本原则。

1. 选用符合要求的导线

对导线的要求包括电气性能和力学性能两方面。导线的载流量应符合线路负载的要求，并留有一定的余量。导线应有足够的耐压性能和绝缘性能，同时具有足够的机械强度。

2. 尽量避免布线中的接头

布线时，应尽量使用绝缘层完好的整根导线一次敷设到头，尽量避免布线中的导线接头。因为导线的接头往往容易造成接触电阻增大和绝缘性能下降，给线路埋下了故障隐患。如果是暗线敷设（室内布线基本上都是暗线敷设），一旦接头处发生接触不良或漏电等故障，很难查找与修复。因此，必需的接头应安排在接线盒、开关盒、灯头盒或插座盒内。

3. 布线应牢固、美观

明线敷设的导线走向应保持横平竖直、固定牢固。暗线敷设的导线一般也应水平或垂直走线。导线穿过墙壁或楼板时应加装保护用套管。敷设中注意不得损伤导线的绝缘层。

（二）护套线布线方法

1. 护套线的分类与应用

护套线在前文的"电工材料"曾经有过简单的介绍，其实质就是在两根（两芯护套）、三根（三芯护套）或更多根绝缘导线的外部统一增加一层绝缘层，用户可以根据自己的需要进行选择。

护套线根据其使用的导体材料的不同分为铜护套线和铝护套线，因为铝护套的机械强度、导电性能和使用寿命等问题，在民用配电系统中如果选择护套线布线，一般都选择铜护套线。

根据护套线使用导体的加工工艺的不同可分为单芯铜导线的硬护套线和多芯铜导线的软护套线。护套线按其外型又可分为扁平的扁护套和圆型的圆护套两种。

一般在民用配电系统中护套线作为照明和电源线，可以直接埋设在墙内或是固定在墙上。它的好处在于可以省去穿线管或者穿线槽，由外边的一层护套绝缘代替，敷设方便、快捷、外型美观，使用比较安全。但考虑到一旦配电线路改造或超出使用寿命需要更换导线，护套线直接埋设在墙内并不十分方便，所以护套线现在一般都是用来连接无电源线的插排，作为用电设备的电源线来使用，或者室内装修已经完成，但配电线路敷设有所疏漏，而需要另外增补线路，可以采用护套线明敷的方式进行补救。

2. 护套线的明敷

明线敷设是指将导线沿墙壁或天花板走明线进行敷设的布线方法。明线通常采用单股绝缘硬导线或塑料护套硬导线，这样有利于固定和保持布线平直。

护套线配线施工步骤：

（1）定位划线　根据电源进线和用电器的实际位置，确定导线的敷设路径，并用粉笔等划线工具在墙面画出导线的敷设线路，每间隔150～200mm画出导线的固定位置，并根据设计要求标出用电设备、穿墙管、导线分支点及转角位置，并且按照施工工艺要求，在距开关、插座、灯具等元件固定处50mm处设置固定点，如图2-59所示。

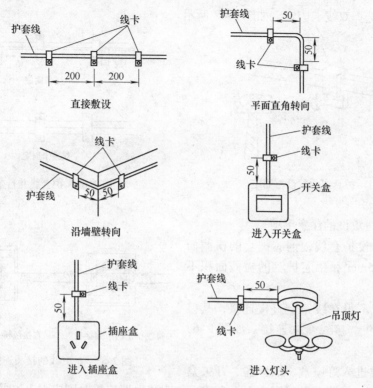

图 2-59　护套线线卡间距

（2）护套线的敷设及固定　护套线的固定方法有利用铝卡片（钢精轧头、铝轧头）固定、利用塑料钢钉电线卡固定，如图 2-60 所示铝卡片固定的施工比较麻烦，而且工艺效果不美观，所以民用住宅布线一般都是采用塑料钢钉电线卡进行护套线的固定。

塑料钢钉电线卡由塑料卡和水泥钢钉组成，外形有圆形和变形两种。配线时，根据敷设的护套线的外形选择线卡的形状。线卡的规格较多，适用于外径 3～20mm 的护套线。常用的线卡的规格有 4、6、8、10、12 等，号码的大小表示线卡卡槽的宽度，10 号及以上规格的线卡为双钢钉线卡。用塑料线卡布线时，所选线卡卡槽要与护套线的外径相适应，护套线嵌入卡槽内不能太紧也不能太松，同一根护套线上固定线卡时，钢钉的位置要在同一方向上。

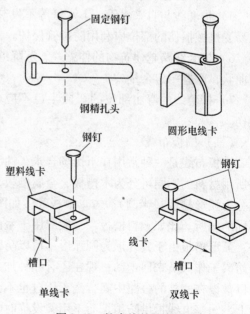

图 2-60　护套线的固定元件

敷设护套线必须横平竖直，将护套线拉直，沿画好的线路敷设，并在固定点上用锤子钉入线卡，如图 2-61 所示。若是两条或两条以上护套线并行敷设，可以利用两个单线卡并排固定，也可以选择双线卡固定，如图 2-62 所示。

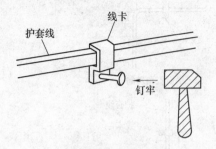

图 2-61　护套线的敷设与固定

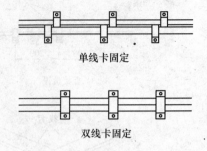

单线卡固定

双线卡固定

图 2-62　护套线并行敷设

（3）护套线敷设的注意事项

1）室内敷设护套线，铜芯护套的横截面积不得小于 0.5mm^2，铝芯护套的横截面积不得小于 1.5mm^2。

2）护套线不得在线路上直接连接，其接头要通过瓷接头、接线盒来连接，如图 2-63 所示。

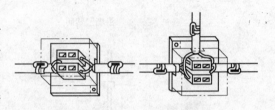

接线桥上的中间接头　　在接线桥上的分支接头

图 2-63　护套线的接头连接方法

3）护套线进入灯座盒、插座盒、开关盒及接线盒连接时，护套线的护套应引入盒内。与明装电器连接时则应引入电器内。

4）不得将塑料护套线或其他导线直接埋设在水泥或石灰粉刷层内。

5）护套线与自来水管、下水管等不发热的管道及接地导线交叉时，应加强绝缘保护，在易受机械损伤的部位应利用防护管保护。

6）护套线跨越建筑物的伸缩缝、沉降缝时，跨越部位，两端一定要可靠固定，并做成弯曲状，留有一定余量。

7）护套线的弯曲部位的弯曲半径不应小于其外径的 3 倍，弯曲处的护套与线芯不得损伤。

（三）槽板布线

槽板布线是一种常用在干燥场合永久性明线敷设的一种布线方式。其敷设所用线槽板根据所用材料的不同可分为木槽板、金属槽板、塑料槽板、橡胶槽板等；根据其外形不同又可以分为弧形槽板（半圆）、方形槽板等，如图 2-64 所示。不同的槽板，根据其特点，适用于不同的场所。比如塑料槽板，一般应用于室内沿墙角或棚线敷设，不得用于地面过道处和室外；弧形槽板由于其外形为圆弧形，可以防踩压，一般可以在室内的地面过道处敷设，而不会妨碍工作人员来回走动；现在还有一种加入金属龙骨的高强度橡胶槽板，如图 2-65 所示，可以敷设在室外的公路中间，汽车压过也不会造成损坏，也可以在室外临时施工时敷设在路面上，为配电线提供防护，而不用架设临时的过街线杆。

民用配电系统，在室内明线布线时，最常采用的是阻燃型塑料槽板进行敷设。

塑料线槽板是由线槽板和盖板组成的，盖板可以卡在线槽板上。采用塑料线槽板布线，需要将线槽板固定在墙壁或天花板表面，然后下入导线，盖上盖板。固定线槽板时要保持横平竖直，力求美观，如图 2-66 所示。

金属槽板

塑料槽板

图 2-64　各种不同材质、规格的线槽板

在导线 90°转向处，应将线槽板裁切成 45°进行拼接，如图 2-67 所示。线槽板与插座盒（开关盒、灯头盒等）的衔接处应探入元件一段，无缝隙，但不能探入过长以免影响接线。

塑料槽板布线时，也是需要先根据布线的要求，利用粉笔定位划线，并标出固定点，线路中的开关、插座、分线盒等元件，可采用明装底盒固定在相应的位置上，接好导线，再将元件用螺钉固定在底盒上。直线敷设的槽板，每 800 ~ 1000mm 设置一个固定点，在转角处或接入接线

图 2-65　橡胶槽板

盒、开关盒、用电器等元件时，固定点应设置在距转角或接入元件 50mm 处，线槽板与接线盒、开关盒、用电器的衔接处应无缝隙。如果是在建筑物表面的水泥或石灰粉墙面上敷设槽板，定位划线完成后，需要在标记出的固定点上用冲击钻打出大小适中的孔洞（一般是 6 ~ 8mm^2），预埋入塑料胀套或木榫，并在槽板底板相应的位置钻孔，用以固定槽板的底板，在大理石、瓷砖等不易打孔的墙面上固定槽板，可以利用强力粘合剂进行粘贴。如果是塑料或木结构的墙体，可以用木螺钉直接将槽板的底板固定在墙体上。

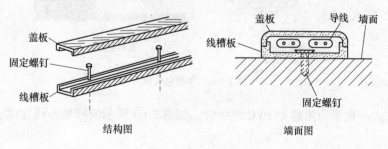

结构图　　　　　　　　端面图

图 2-66　塑料线槽板的固定

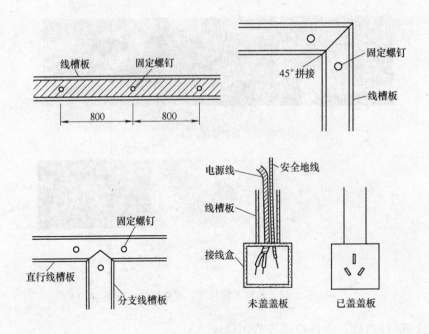

图 2-67　槽板的固定

　　线槽板固定好后,将导线放置于板槽中,再将盖板盖到线槽板上并卡牢,布线结束。塑料线槽板有若干种宽度规格,可根据需要选用。同方向的并行布线可放入一条线槽板内,转向时再分出。

（四）管道布线

　　管道布线是将电线管固定在安装位置上,再将导线穿入电线管中的一种布线方式。根据电线管的材质可分为金属电线管和塑料电线管两类（见图 2-68）,根据敷设方式的不同可分为明敷和暗敷两种。由于暗敷的布线方式是将导线埋设在墙内、天花板内或地板下面,表面上看不到电线,可更好地保持室内的整洁美观,故民用配电线路中最常用的布线方式就是采用塑料电线管暗敷的方法。

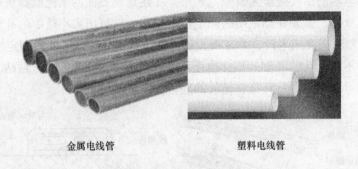

金属电线管　　　　　　塑料电线管

图 2-68　常用电线管

　　民用住宅内一般采用阻燃型 PVC 电线管,如图 2-69 所示的暗敷布线方式。其施工步骤如下:

　　1）施工前应按照实际要求确定各个房间需要安装的电气设备,并画出布线图。

分线盒（司令箱）	直管接头	有盖三通
暗盒	弯头	有盖弯头
暗盒管接头（杯梳）	双联暗盒	

图 2-69 常用 PVC 电线管配件

2）根据草拟的布线图划线，在墙体上或地面上画出布线路径，开关、插座位置，标画处元件具体位置和准确的尺寸。

3）利用电动或手动工具在安装面上开出埋设 PVC 电线管和安装分线盒、开关、插座的暗盒的沟槽，如图 2-70 所示。

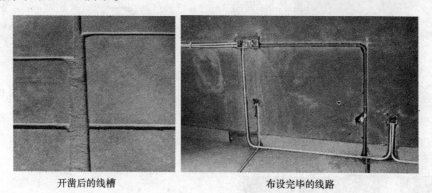

开凿后的线槽　　　　　　布设完毕的线路

图 2-70 暗敷管道布线的开槽与布线效果图

4）敷设 PVC 电线管并固定，埋设暗盒。

5）穿线。

6）安装配电箱、开关、插座、灯具等电气设备。

7）检查线路安装情况，排除隐患。

8）完成最终的布线图；并保存好，为以后电路出现故障时，提供检修的参考依据。

施工方法及注意事项：

1）在设计布线线路时应遵循强电在上（220V 配电线路）、弱电在下（电话线、网线、音响线、报警信号线等），横平竖直，避免交叉，美观实用的基本布线原则。必要时可在安装面上利用墨斗、卷尺等工具，先画出水平辅助线，用以帮助定位。另外，厨房、卫生间等较为潮湿的房间，导线不要敷设在地面上，而应敷设在墙体上或天棚上，避免水管漏水，导致电气线路故障。

2）开槽深度应一致，一般是在 PVC 管的直径基础上再加深 10mm 左右，安装暗盒的位置开槽也应比暗盒的体积大一些，便于固定与填埋。

3）选择导线进行配线时，所选导线的横截面积应满足用电设备的最大输出负荷。

4）暗线敷设必须选择阻燃型 PVC 电线管。当管线长度超过 15m 或有两个直角弯时，应增设分线盒。在天棚上安装的灯具位，必须设置八角盒固定（见图 2-71）。

5）PVC 管应用管卡固定（见图 2-72 和图 2-73），PVC 管长度不足需要连接时，可采用加热直连或使用直连管件连接（见图 2-74），加热连接法工艺比较复杂，现在已经基本不再采用。用直连接头连接时，需要使用 PVC 胶水粘牢，当线路需要改变走向时，电线管的拐弯处不能拐的过急（接近 90°），而是要加工成较缓的弯，弯头可用弹簧穿入线管需要弯曲的位置，配合适当的模具弯曲或直接使用专用弯头进行连接（见图 2-75）。暗盒与 PVC 管连接时应用胀扎管头连接固定（见图 2-76），或使用锁扣（杯梳）再与 PVC 电线管连接（见图 2-77）。直线连接时，每隔 800～1000mm 设置一个固定点钉入管卡。接入暗盒或与电气设备时，距暗盒与电气设备 50mm 位置设置固定点钉入管卡。

图 2-71　天棚八角盒的固定

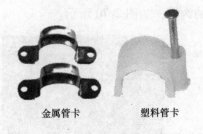

金属管卡　　　　塑料管卡

图 2-72　电线管固定管卡

图 2-73　电线管的固定

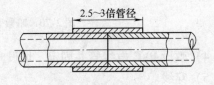

2.5～3倍管径

图 2-74　电线管的直连

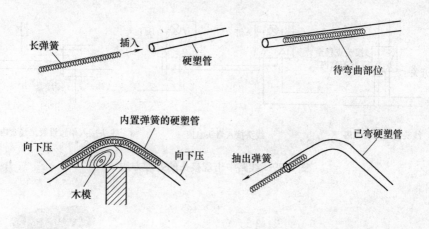

图 2-75　管道布线拐弯处的制作方法

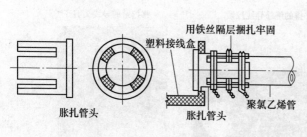

图 2-76　电线管与暗盒连接

图 2-77　暗盒与锁扣（杯梳）连接

6）PVC 管安装好后，统一穿入导线，同一电路电线应穿入同一根电线管内，但电线管内总根数不应超过 8 根，电线总横截面积（包括绝缘外皮）不应超过管内横截面积的 40%。

7）配电线路与通信线不得穿入同一根电线管内。

8）配电线路与暖气、热水、煤气管线之间的平行距离不应小于 300mm，交叉距离不应小于 100mm。

9）电线管穿线时，应使用有弹性的钢丝作为牵引线，将电线绑扎在牵引线上。注意绑扎方法（见图 2-78），不要留有毛刺，以免增加穿线难度。穿入电线管的配电导线不应有接头，导线的接头应就近设在接灯具的八角盒、开关盒、插座盒等元件内，如果近距离内没有八角盒、开关盒、插座盒等元件，而又必须连接接头，则应单独设置一个接线盒连接接线头（见图 2-79）。线头要留有余量 150mm 以上，

双根导线平齐绑法

多根导线错开绑法

图 2-78　穿线时导线的绑扎方法

接头连接应牢固，有条件的可以用电烙铁进行锡焊，或使用压线帽连接（见图 2-80），绝缘带包缠应均匀紧密。

10）布线结束后，应用绝缘电阻表（俗称摇表）进行导线与导线间、导线对地的绝缘电阻测定（见图 2-81），导线之间和导线对地间电阻必须大于 0.5MΩ。

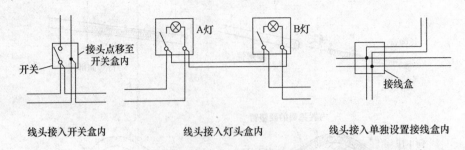

图 2-79　线路中出现接头的处理方法

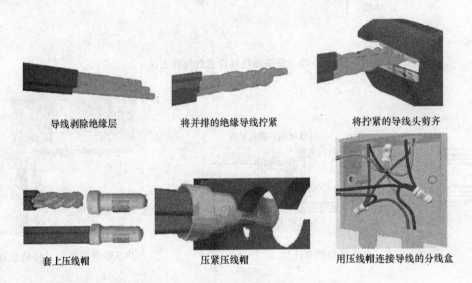

图 2-80　用压线帽连接导线接头示意图

五、常用灯具的安装

（一）白炽灯的安装

1. 白炽灯一灯一控线路基本电路

一灯一控电路由电源、导线、开关、灯具构成，如图 2-82 所示。若灯具是由多个灯泡组成的，则需将各灯泡并联，然后由开关控制引入电源，如图 2-83 所示。但需要注意的是，如果多个灯泡并联，由一个开关统一控制，在选择开关时，开关的额定电流必须大于所有并联灯泡的额定电流之和。

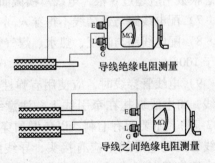

图 2-81　绝缘电阻表测量导线绝缘电阻

另外，连接电路时一定要注意照明电路"控相不控零"的原则，电路开关必须安装在相线与灯具之间。这是因为，一旦电路发生故障需要检修时，如果开关接在零线与灯具之间，关闭开关进行检修时，灯具与相线之间并没有断开，灯具上的电位与相线相等，一旦维修人员碰到灯具的导电部分，就会发生触电事故；若开关安装在相线与灯具之间，检修时，断开开关，灯具与相线断开，而与零线连接，电位为零，就不会发生触电事故，保证了维修人员的安全。

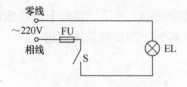

图2-82 一灯一控电路原理

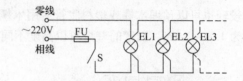

图2-83 多灯并联电路原理

2. 白炽灯双控电路

在一些应用场合，一盏灯由一个开关来控制会十分不方便。例如，卧室内的主照明灯，在房间门口开灯后，已经上床休息，不想下床去关灯；或者面积较大，而且房间门较多的客厅灯，回家进入客厅前开灯，然后进入其他房间，不想再到大门前关灯；复式住宅的楼梯照明灯，在上楼前开灯，到达上一层后，想将楼梯上的灯关上。遇到这种情况，在安装灯具时，可以采用由两个开关控制一盏灯的连接方式，应用起来就可以满足用户的需要。

双控电路的灯具与其他照明电路并无不同，而双控开关是一种双联开关，此开关具有三个接线桩，其中两个分别与开关内的两个静触点连接，另一个与开关内的动触点连接在一起（称公共端），这种开关其实质就是一个单刀双掷开关，如图2-84所示。实际应用中还有三控、四控等多控电路，究其实质就是在两个双控开关之间加入相应数目的双刀双掷开关，其电路构成大家可自行分析。

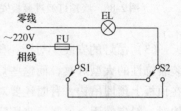

图2-84 双控电路原理

3. 常见的白炽灯灯具的安装方式

白炽灯是一种最为常见的民用照明灯具，因安装位置的不同，经常被加工成各种不同的灯具来使用，常用的民用灯具有吸顶灯、吊灯（花灯）、壁灯等形式。

（1）吸顶灯的安装 吸顶灯一般安装于住宅的卧室、客厅、厨房、卫生间等房间顶棚中间的位置，吸顶灯与屋顶天花板的结合可采用过渡板安装或底盘安装。

1）直接安装：安装时用木螺钉直接将吸顶灯的底盘固定在预埋在天花板（吊棚）内的木砖上，如图2-85所示，或者利用吸顶灯底盘在水泥顶棚上确定安装位置，用冲击钻打孔，预埋膨胀螺栓或木榫（视灯具的重量选择安装方式），再安装吸顶灯的底盘。

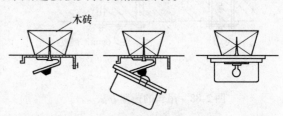

预埋木砖 安装灯泡、灯罩 安装完毕、固定底盘

图2-85 吸顶灯的直接安装

2）过渡板安装：首先要确定吸顶灯的安装位置，必要时可画出简单的辅助线，帮助确定吸顶灯的安装位置，然后用膨胀螺栓将过渡板固定在顶棚预定位置，将底盘元件安装完毕后，再将电源线由引线孔穿出，然后托着底盘对正固定在过渡板上的安装螺栓，拧好螺母。如果因观察不方便而不易对准位置时，可用电线或钢丝作为导杆穿过底盘安装孔，顶在螺栓端部，再慢慢向上托举底盘，沿导杆对准安装螺栓并安装到位，如图2-86所示。

（2）壁灯的安装 壁灯安装时可以预先确定壁灯的位置，如果条件允许，可在砌砖墙时预埋木砖或金属构件。如果墙体已经完工，可以用冲击钻打孔，预埋膨胀螺栓固定，若灯具较轻也可以预埋木榫或塑料胀管后用木螺钉固定,如图 2-87 所示。壁灯下沿距地面的高度为 1.8～2.0m,四壁的壁灯可以高度不同,但是同一墙面上的壁灯高度应该一致。

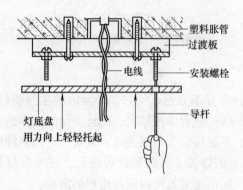

图 2-86 吸顶灯经过渡板安装底盘

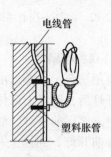

图 2-87 壁灯安装

(3)吊灯的安装 对于一些大户型住宅或别墅,它们一些房间顶棚举架很高,可以安装装饰性的大型灯具,而这些灯具都比较重,在安装时对其安装的牢固性要求很严格,需要在顶板上预埋吊钩,有时还要对顶板进行加固。吊钩的预埋方法如图 2-88 所示。在固定吊钩时一般应使用金属胀管来固定,塑料胀管无法承受长期的向下的拉力,容易使灯具跌落造成事故。如图 2-89 所示就是一个较大的吊灯的安装示意图。

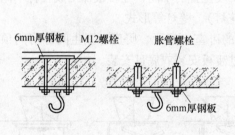

图 2-88 吊钩的预埋方法

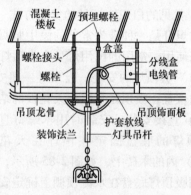

图 2-89 吊灯的安装示意图

(二)荧光灯的安装

1. 荧光灯的结构

荧光灯电路由灯管、镇流器、辉光启动器以及电容器等部件组成(见图 2-90),各部件的结构和工作原理如下:

荧光灯管是一根玻璃管,内壁涂有一层荧光粉(钨酸镁、钨酸钙、硅酸锌等),不同的荧光粉可发出不同

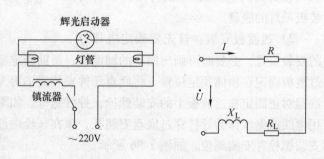

图 2-90 直管形荧光灯电路及等效电路

颜色的光。灯管内充有稀薄的惰性气体（如氩气）和水银蒸汽，灯管两端有由钨制成的灯丝，灯丝涂有受热后易于发射电子的氧化物。

当灯丝有电流通过时，使灯管内灯丝发射电子，还可使管内温度升高，水银蒸发。这时，若在灯管的两端加上足够的电压，就会使管内氩气电离，从而使灯管由氩气放电过渡到水银蒸气放电。放电时发出不可见的紫外光线照射在管壁内的荧光粉上面，使灯管发出各种颜色的可见光线。

镇流器（见图2-91）是与荧光灯管相串联的一个元件，实际上是绕在硅钢片铁心上的电感线圈，其感抗值很大。镇流器的作用是限制灯管的电流；产生足够的自感电动势，使灯管容易放电起燃。镇流器一般有两个引出端，但有些镇流器为了防止在电压不足时起燃，就多绕了一个线圈，因此也有四个引出端的镇流器。

辉光启动器（见图2-92）是一个小型的辉光管，在小玻璃管内充有氖气，并装有两个电极。其中一个电极是用线膨胀系数不同的两种金属组成（通常称为双金属片），冷态时两电极分离，受热时双金属片会因受热而变弯曲，使两电极自动闭合。

图2-91　镇流器

图2-92　辉光启动器

荧光灯电路由于镇流器的电感量大，功率因数很低，通常在0.5~0.6左右。为了改善电路的功率因数，故要求用户在电源处并联一个适当大小的电容器。

2. 荧光灯的启辉过程

当接通电源时，由于荧光灯没有点亮，电源电压全部加在辉光管的两个电极之间，辉光启动器内的氖气发生电离。电离的高温使"U"形电极受热趋于伸直，两电极接触，使电流从电源一端流向镇流器→灯丝→辉光启动器→灯丝→电源的另一端，形成通路并加热灯丝。灯丝因有电流（称为启辉电流或预热电流）通过而发热，使氧化物发射电子。同时，辉光管的两个电极接通时，电极间电压为零，辉光启动器中的电离现象立即停止，"U"形金属片因温度下降而复原，两电极离开。在离开的一瞬间，使镇流器流过的电流发生突然变化（突降至零），由于镇流器铁心线圈的高感作用，产生足够高的自感电动势（800~1500V）作用于灯管两端。这个感应电压连同电源电压一起加在灯管的两端，使灯管内的惰性气体电离而产生弧光放电。随着管内温度的逐渐升高，水银蒸汽游离，碰撞惰性气体分子放电，当水银蒸汽弧光放电时，就会辐射出不可见的紫外线，紫外线激发灯管内壁的荧光粉后发出可见光。

正常工作时，灯管两端的电压较低（40W灯管的两端电压约为110V，20W的灯管约为60V），此电压不足以使辉光启动器再次产生辉光放电。因此，辉光启动器仅在启辉过程中起作用，一旦启辉完成，便处于断开状态。

3. 荧光灯的安装

荧光灯应安装在上灯架（见图2-93），灯架的长短是根据荧光灯灯管长度的要求来购置的。组装灯架第一步就是把两只灯座（见图2-94）根据灯管的长短固定在灯架左右两侧的适当位置，再把辉光启动器座（见图2-95）安装在灯架上；组装灯架第二步是用一根单导线一端连接辉光启动器座的左边另一端连接灯座左边的接线柱，再用另一根单导线一端连接辉光启动器座的右边另一端连接灯座右边的接线柱；组装灯架第三步是将镇流器的任一根引出线与灯座左边的另一个接线柱连接；组装灯架第四步是将电源线的零线与灯座的右边另一个接线柱连接；组装灯架第五步是插入辉光启动器顺时针旋转60°左右。

图 2-93　荧光灯架

图 2-94　荧光灯座

图 2-95　辉光启动器座

　　组装好灯架后要将其固定，固定灯架有吸顶式和悬吊式两种，根据个人爱好而定。开关、熔断器按荧光灯的安装方法进行接线。最后把荧光灯管装入灯座，灯管装入灯座时，先把灯管一端装入有弹簧的一端，往里用力推，不要用力过猛，然后迅速地装入另一端。

六、开关、电源插座的连接、安装

　　民用配电线路中灯具的开关、插接用电设备的电源插座在安装线路前期，划线定位时，就应确定好它们的位置，并在开凿布线槽时，同时开凿暗装暗盒的安装槽。开凿安装槽时，应根据所要安装的开关、插座的规格选用相应的暗盒，如图2-96所示。开凿的安装槽深度、长宽尺寸要稍大于暗盒，方便下盒或抹灰固定。

单联暗盒

双联明盒

四联暗盒

图 2-96　各种规格的暗装暗盒

（一）暗盒的安装

　　布线槽开凿完毕后，开始按照电路图进行布线，开关、插座的暗盒安放在安装槽内，PVC管与暗盒进行连接，必须使用杯梳或胀扎管头连接，连接完毕进行穿线，再将电线管与暗盒同时放入槽内，用水泥砂浆填充、固定。暗盒在安装时应摆放平整，不能偏斜。然后等待水泥砂浆完全凝固、干透再进行下一步开关、插座的面板的安装。面板的安装一般要等到墙体抹灰或刮大白、粉刷乳胶漆全部完成才能进行，如图2-97所示。

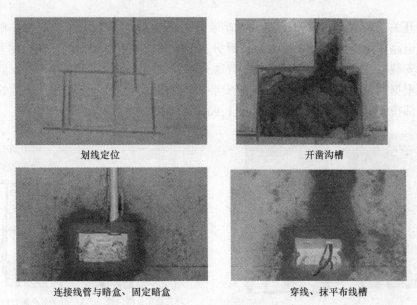

图 2-97　暗盒安装的过程

（二）开关的安装

照明线路常用的灯具开关有拉线式开关、暗扳把式开关、跷板式开关、触摸式开关等，如图 2-98 所示。现在家庭室内装修多选用跷板式开关，触摸式开关多用于酒店等公共场合，而其他两种开关现在已经很少使用。

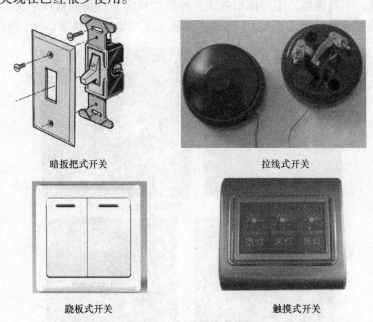

图 2-98　各种开关实物图

开关通常安装在门的旁边或其地便与操控的位置，跷板式开关的安装高度应距地面不小于 1.3m；开关的安装位置与门框的距离应在 150~200mm 之间；同一位置需要安装多个开关时，应尽量选用多联开关，若必须安装多个开关时，并排安装开关的高度应一致；同一墙面上安装的开关，高度差不应大于 2mm；暗装开关的盖板应安装端正、严密；单极开关应安装在相线电路，不得安装在零线电路；厨房、卫生间、浴室等潮湿的房间，尽量不要安装开关，必须安装时，应选择防水开关或在普通开关上加装防水盒（见图 2-99）；跷板式开关安装时，应根据开关上的标志确定开关的安装方向，即跷板下部按下时，开关处于闭合状态，跷板上部按下时，开关处于断开状态（见图 2-100）。

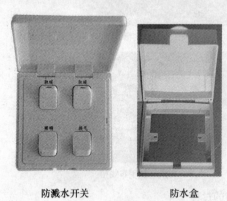

防溅水开关　　　　　防水盒

图 2-99　防水开关与防水盒

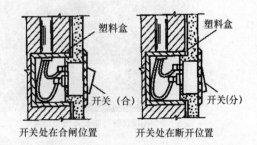

开关处在合闸位置　　　开关处在断开位置

图 2-100　跷板式开关的开、合闸位置

安装开关面板时，应将预留的导线剥除一段绝缘层，剥除长度视面板上的接线端子的规格而定，将导线插入开关面板上的接线桩中，拧紧螺钉，在接线桩与导线连接时，一定要有良好的电气连接，不得虚接，不得漏铜过长。导线连接完毕，将面板用平头螺钉或木螺钉固定在暗盒上（依据暗盒的种类而定），再盖上面板盖或装饰扣，如图 2-101 所示。

将导线拧紧在接线桩上

用螺钉将开关面板固定在暗盒上

扣上面板盖

安装完毕的开关

图 2-101　开关的安装过程

（三）插座的安装

家用配电线路中使用的电源插座，根据所连接电气设备的电源插头的不同，可分为二孔插座与三孔插座，如图2-102所示。

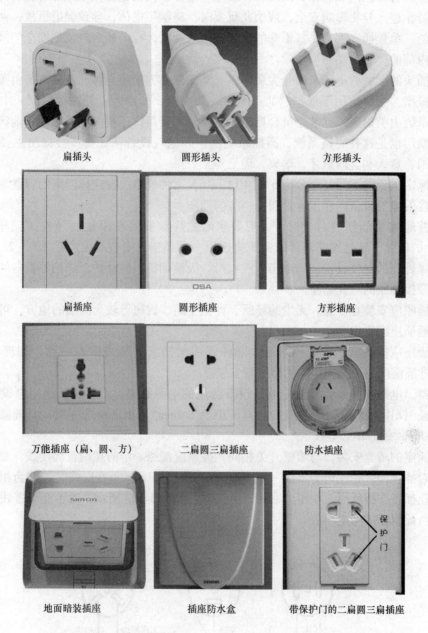

扁插头	圆形插头	方形插头
扁插座	圆形插座	方形插座
万能插座（扁、圆、方）	二扁圆三扁插座	防水插座
地面暗装插座	插座防水盒	带保护门的二扁圆三扁插座

图2-102 各种插座实物图

根据安装方式可分为明装插座、暗装插座和地面暗装插座，明装插座一般用于配电线路已经安装完毕，整体装修结束，但却又疏漏的负荷没有电源插座，而距离现成的电源较远，不方便使用移动式插座的情况下，在墙面敷设明线，作为补充电源。暗装插座适用范围就非常广泛了，在所有的配电系统中都有使用的。地面插座一般用于办公室等公共场合，近些年，由于生活水平的提高，一些户型较大的民用住宅的装修工程中也时有使用，例如，书房内的写字台上的照明、办公设备的电源以及上网接口等（见图 2-102）。

插座分为有保护门和无保护门两种，插座中的保护门就是插孔里边带有塑料片，平时挡住插孔，防止进入异物影响安全，或幼儿玩耍时，碰触带电体，导致触电事故，两个孔的挡片是连锁的，单独插入一个是打不开的，必须同时插入才行。插入时就把安全门推开，拔插头，依靠内部的弹簧自动回位。

根据插头的形状的不同又可分为扁插座、圆插座和方插座三种，扁插系统由美国国家标准委员会提出，主要使用于亚洲、北美地区，如美国、加拿大、韩国等国家，中国属于该组；方插系统由英国国家标准委员会提出，主要使用于英国、澳大利亚、南非地区，中国香港、中国澳门也是这种插座系统；圆插系统由国际电气设备认证委员会提出主要使用于欧洲，如法国、意大利、西班牙、瑞典、瑞士等。

按其额定电流的不同又可分为 6A、10A、16A 三种规格，在选择插座的容量时，需要根据所要连接的电气设备的额定容量选择相应的插座。

安装普通暗装插座的暗盒时，一般要求暗盒应该安装在距地面（施工完毕的地面）0.3m 以上的位置，壁挂式空调器的插座应选用三孔插座，安装高度应在 2.0 ~ 2.1m。还有一些为金属外壳的电气设备，如冰箱、洗衣机、吸油烟机、微波炉、烤箱等设备的电源插座也要选用带接地线的三孔插座。

普通插座应安装在干燥、无尘的场所，在卫生间、厨房等较为潮湿的地方，可选用防水插座或普通插座配防水盒。

安装插座应接线牢固、摆放端正，同种作用的插座安装高度应一致，高度差要小于2mm，成排插座应尽量选择多联插座进行安装。

空调器、电热器等较大容量的电气设备使用的电源插座，不要与其他用电设备共用电源，应单独引出电源线，连接导线应选择不小于 2.5mm^2 的铜芯单芯导线，空调器的电源线应选择 4.0mm^2 铜芯单芯导线。

暗装插座的暗盒安装，与墙壁开关相同，插座应按照一定的规则正确接线，二孔插座横装时，面对插座面板，左边为零线（N），右边为相线（L），竖直安装时，上为相线，下为零线；三孔插座在接线时，左零、右相、上接地，如图 2-103 所示，决不允许零线与地线接反，避免由此引发的触电事故。

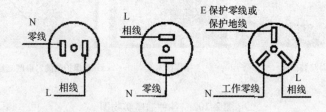

图 2-103　插座的接线方法

任务准备

设备、工具和材料准备见表 2-8。

表 2-8 室内配电线路的设备、工具和材料准备

序号	分类	名称	数量	单位	备注
1	工具	电工工具及仪表	1	套	
2		导线	若干		
3		护套线	若干		
4		带地线暗装三孔插座	10	个	
5		防水带地线三孔插座	2	个	
6		暗装单极开关	5	个	
7		暗装双控开关	2	个	
8	材料	吊灯	1	个	
9		圆吸顶灯	2	个	
10		方吸顶灯	1	个	
11		矩形吸顶灯	1	个	
12		配电箱	1	个	
13		电度表	1	个	
14		断路器	3	个	
15		双管荧光灯	1	个	

 任务实施

一、任务实施步骤

1）熟读图 2-48，熟悉住宅电气线路的工作原理。

2）按表 2-8 配齐所用电器元件，并进行检验。

3）根据图 2-48 所示进行住宅电气线路安装。

4）自检。

5）交验。

二、注意事项

1）应有安全、文明的作业措施。

2）严禁带电作业。

3）断电作业时应有标识牌。

 检测与分析

1. 任务检测

任务完成情况检测标准见表 2-9。

表 2-9 室内配电线路安装检测标准

序号	主要内容	评分标准	配分	得分
1	灯具安装	1. 安装方法是否正确，扣 20 分 2. 安装工艺是否符合要求，每处扣 2 分	40	
2	配电盘安装	1. 安装方法是否正确，扣 10 分 2. 安装完成是否符合要求，扣 10 分	20	

（续）

序号	主要内容	评分标准	配分	得分
3	线路敷设	1. 安装方法是否正确，扣10分 2. 工艺是否符合要求，每处扣2分	20	
备注		合计	80	

2. 问题与分析

针对任务实施中的问题进行分析，并找出解决问题的方法，见表2-10。

表2-10　室内配电线路安装问题与分析

序号	问题主要内容	分析问题	解决方法	配分	得分
1					
2				20	
3					
4					

能力训练

一、填空题

1. 单相电度表可以分为_____单相电度表和_____电度表两种。

2. 护套线根据其使用的导体材料的不同分为_____护套线和_____护套线。

3. 槽板布线是一种常用在_____的一种布线方式。

4. 开关通常安装在门的旁边或其他便与操控的位置，跷板式开关的安装高度应距地面不小于_____。

5. 开关的安装位置与门框的距离应在_____之间。

6. 安装普通暗装插座的暗盒时，一般要求暗盒应该安装在距地面_____以上的位置，壁挂式空调的插座应选用三孔插座，安装高度应在_____之间。

二、简答题

1. 电度表如何接线？

2. 简述民用配电开关的选择（一般可采用两种方案）。

3. 护套线配线施工步骤。

4. 简述白炽灯双控电路的工作原理。

三、实训题

1. 安装荧光灯电路。

2. 安装双控等电路。

任务三　室内弱电线路的安装

知识点

1. 了解室内住宅弱电线路的工作原理及其安装方法。
2. 掌握家用电视系统的工作原理及其安装方法。
3. 了解室内固定电话系统的工作原理及其安装方法。
4. 掌握家庭网络系统的工作原理及其安装方法。

技能点

1. 能正确选用安装家用电视系统线路。
2. 能安装室内固定电话系统线路。
3. 能安装家庭网络系统电路。

学习任务

图 2-104 为某住宅弱电线路平面图，请根据此图对小区住宅进行室内弱电线路安装。

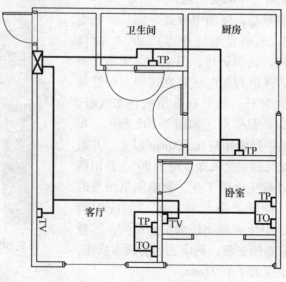

图 2-104　室内弱电线路

任务分析

民用住宅的弱电线路系统一般是对有线电视线路、电话通信线路、网络线路等低压信号传输线路的统称。

 知识准备

一、图形符号

弱电线路平面图的图形符号见表 2-11。

表 2-11　弱电线路平面图的图形符号

图 形 符 号	说 明
⊠	多媒体信息箱
⌐┐TO	网络接口
⌐┐TV	电视接口
⌐┐TP	电话接口

二、弱电线路布线原则

无论是三种线路中的哪一种，在敷设时，都需要按照用户的要求与房间的实际情况，确定各种所需元件、设备、插座的数量和位置，以及与之相配合的线路的走向，也就是定位划线。然后按照设定好的线路走向、元件位置，进行沟槽的开凿，固定、埋设布线管和插座底盒，穿线，抹灰。待墙面施工完毕，再进行各种设备、插座与连接导线的最后连接。

这些过程与施工方法以及施工布线时的一些注意事项在前文（室内配电线路的安装）中已经介绍过，在这里就不再赘述。但是在弱电线路敷设时，有一些需要补充说明的注意要点在这里统一列出，在施工中需要注意。

现在一般的布线原则是，强弱电分离，例如强电走天（天棚）或者墙面，弱电走地（地面），反之亦可，不过在比较潮湿的房间，例如厨房、卫生间，地面是不允许进行线路敷设的。强电与弱电线路在选用布线管敷设时，线管颜色最好区分开，例如强电用橙色布线管，弱电就用蓝色布线管，一目了然，如图 2-105 所示。布线时，强电与弱电线路平行间距应在 500mm 以上，并避免交叉，若无法避免交叉时，交叉角度应为 90°，且用铝箔纸包裹进行屏蔽，以避免电磁干扰，影响弱电信号的质量（见图 2-106）；强电插座与弱电插口间应距离 300mm 以上；在厨房、卫生间等比较潮湿的房间，尽量不要安装弱电插口，若必须安装，则应选用防溅水插座，防止受潮，安装高度也应大于 1300mm。

图 2-105　强电与弱电布线

三、家用电视系统

现在，电视机几乎是每个家庭中必不可少的电器之一，我国的城镇家庭，合法取得电视信号的途径，基本可分为架设普通接收天线、各地有线电视台和架设卫星电视接收天线接收卫星电视信号三种。普通接收天线由于接收的电视节目少，接收效果较差，在城镇中基本已经淘汰。只有比较偏远，有线电视信号没有覆盖的地区还在使用。普通城镇常用的接收方式是在有线电视台申请开通有线服务，将有线信号接入家

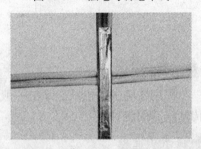

图 2-106　强电与弱电线路交叉

中，然后再利用分配器或有线电视信号放大器（信号衰减较大，影响收视效果时使用）连接至家中的电视机就可以收看有线电视节目，如图 2-107 所示，或者申请开通合法的卫星电视接收权，再由专业人员安装卫星天线、卫星信号接收器，将卫星电视信号接至电视机，就可以在家中收看卫星电视节目，如图 2-108 所示。

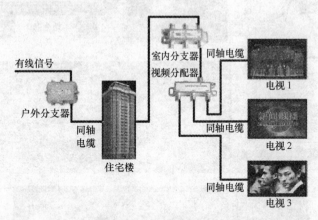

图 2-107　有线电视系统用户端结构

（一）民用卫星电视系统

民用卫星电视系统主要由抛物面天线（俗称"锅"）、馈源、高频头、功分器（多台电视使用）、卫星信号接收器、电视机以及将这些设备连接起来得到视频信号线，如图 2-109 所示。

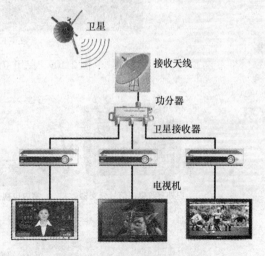

抛物面天线的作用是把空中传输的卫星电磁波信号反射，汇聚成一个焦点。

馈源是在抛物面天线的焦点处设置一个用作高增益聚集卫星天线反射信号的初级辐射器，为抛物面天线提供有效的照射，对经反射面反射而来的电磁波进行整理，使其极化方向一致，提高卫星天线效率。

图 2-108　民用卫星电视系统

高频头是将馈源送来的卫星信号进行降频和信号放大，然后传送至卫星接收机。高频头的噪声度数越低越好。

功分器全称功率分配器，是一种将一路输入信号能量分成两路或多路输出相等或不相等能量的器件，也可反过来将多路信号能量合成一路输出，此时也可称为合路器。

这些设备的接口一般都是英制的，在制作连接设备的信号线时，一定要事先确定接线端子的制式，选择相应制式的 F 头进行连接。

卫星接收机是将高频头输送来的卫星信号进行解调，解调出卫星电视图像信号和伴音信号，传输给电视机。

（二）民用有线电视系统

有线电视系统的用户终端又称为用户分配网络，如图 2-110 所示为有线电视系统用户终

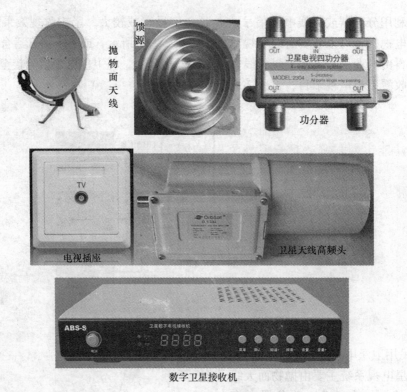

图 2-109 民用卫星电视系统常用设备

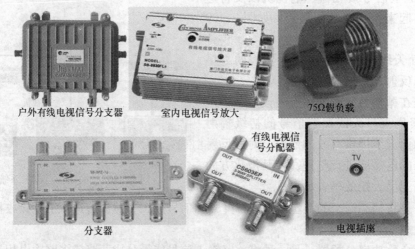

图 2-110 有线电视系统用户终端常用设备及元件

端常用设备及元件，它将干线传输系统输送的信号进行放大和分配，使各用户终端得到规定的电平，然后将信号均匀地分配给各用户终端。用户分配网络确保各用户终端之间具有良好的相互隔离作用互不干扰。

有线电视系统通过干线传输电缆将信号传送至用户聚居的住宅小区，再通过户外分支器接至各单元楼道内的有线信号分线箱内，然后由分线箱内的分支器接至各用户室内的有线电视接入点，用户可以根据自己的需要选择分配器接入有线信号，如一分二、一分三、一分四等，再根据家中电视机的台数和电视的放置位置进行布线，设置电视插座，并接线。

有线电视系统中的分支器，其功能是从所传输的有线电视信号中取出一部分分配给支线或用户终端，其余大部分信号则仍按原方向继续传输。分支器的规格有一分、二分、三分、四分支等，分支器的分支端可以直接接到终端用户的电视插座中。

分配器是有线电视传输系统中分配网络里最常用的器件，它的功能是将一路输入有线电视信号均等地分成几路输出，通常有二分配、四分配、六分配等。随着有线电视网络的频率不断提升，功能不断加强，对分配器的要求也不断提高。工作的频率范围可达到 5 ~ 1000MHz，甚至更宽；有线电视网络中射频的各种接口阻抗均为 75Ω，为实现阻抗匹配，分配器输入端和输出端阻抗均为 75Ω。分配器可以相互组成多路分配器，但分配出的线路不能开路，如果所选分配器有多余的输出端口，应接入 75Ω 的假负载电阻，减小电气损耗以及信号干扰，使分配器等的性能发挥到最佳，改善电视收看效果。

分配器在传输信号时会产生一定的损耗，称为分配损失即插损，在系统中总希望接入分配器的损耗越小越好，分配损失的大小与分配路数是有直接关系的，二分配器的分配损失一般在 3.5dB，四分配器的分配损失一般在 8dB。

无论是分支器还是分配器，在传输信号的过程中都会使电视信号产生一定的衰减，所以在设置分配器时，一般户型的用户不要设置多级分配，最好在有线信号接入点选择具有足够分支的分配器，进行信号配送。如果户型较大，信号经测试衰减较大，已经影响电视收看效果（电视机端的输入电平按规范要求应控制在 60 ~ 80dBmV 之间），可以选择电视信号放大器提高信号强度。

（三）F 头的分类与制作

电视系统中用户终端使用的信号传输电缆一般为 SYV 75-5 宽带同轴电缆，这种电缆由里到外分为五部分，包括中心铜芯线、发泡聚乙烯绝缘层、铝箔层、网状导电层（屏蔽层）和外部护套绝缘层，因为中心铜芯线和网状导电层为同轴关系而得名，如图 2-111 所示。

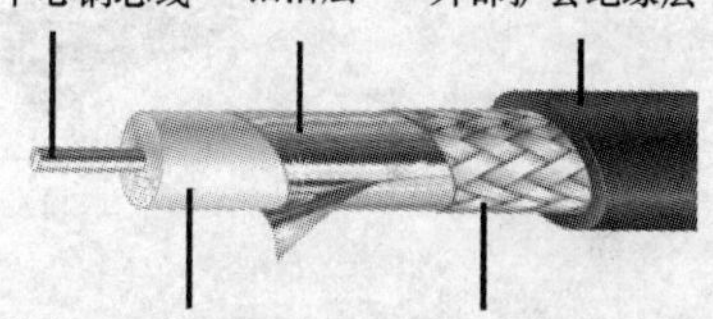

中心铜芯线　铝箔层　外部护套绝缘层

发泡聚乙烯绝缘层　网状导电层（屏蔽层）

图 2-111　宽带同轴电缆

同轴电缆与分配器、电视机等设备连接时需通过 F 头转接头进行连接，如图 2-112 所示。常用的 F 头转接头有公制和英制两种不同的制式，公制为国内的标准，英制为国外的标准，两种螺纹不能拧错，一般进口音像设备的视频接口基本都是英制，还有卫星高频头和接收机基本也是英制。至于国内的面板和分支器、分配器以及放大器则多为公制，但也有英制的，标准比较混乱，由于二者相差不大，目测不容易分辨出来，购买时一定要按照所需选购，使用时可以用卡尺测量 F 头直径来判断，公制直径为 9.7 ~ 9.9mm，英制直径为 9.2 ~ 9.4mm，公制比英制略大，这是 F 母头的外径，不要弄错。不同制式的 F 头可以选择不同的转换头进行转换、连接。

另外，根据常用的 F 头的结构和连接方法又可以分为直插式、自旋紧式、冷压式和挤压式四种，如图 2-113 所示。

连接各种 F 头时，常用的工具有壁纸刀、尖嘴钳、F 头助力工具、冷压钳、挤压钳以及同轴电缆剥线器等，如图 2-114 所示。

下面介绍这几种 F 头与同轴电缆的连接方法。

1. 直插式（插入式）F 头的制作方法

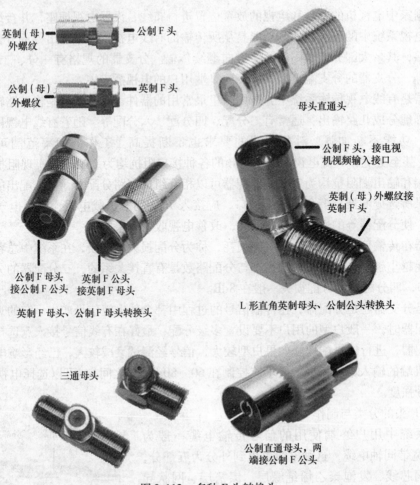

图 2-112 多种 F 头转换头

直插式　　　　自旋紧式　　　　冷压式　　　　挤压式

图 2-113 各种不同安装方式的 F 头

首先选择一条 SYV 75-5 宽带同轴电缆，用壁纸刀或同轴电缆剥线器剥除电缆的外部护套绝缘层，再将露出的屏蔽网向后翻折，对齐外部护套绝缘层的剥除面，切除内部铝箔层，然后要在高于切开的外部护套平面的 2～3mm 处切下发泡聚乙烯绝缘层，露出内部的铜芯线约 10mm，套上紧固环（卡环），将 F 头尽力插入发泡聚乙烯绝缘层与屏蔽网之间，由于 F 头较小，用手将 F 头插在电缆上有些困难，所以这一步骤可以使用 F 头助力工具或先将 F 头拧在一个与之匹配的分配器上，比较方便用力，然后再往同轴电缆上插入，如图 2-115 所

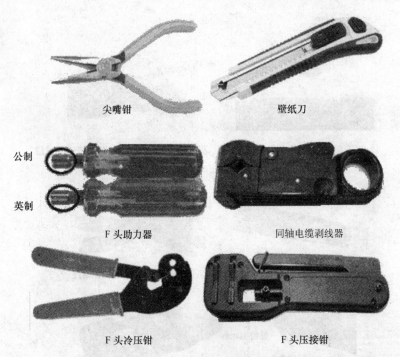

尖嘴钳 壁纸刀

公制

英制

F头助力器 同轴电缆剥线器

F头冷压钳 F头压接钳

图 2-114 F头与同轴电缆连接的常用工具

示。最后用尖嘴钳或者压接钳将紧固环夹紧，固定同轴电缆与F头，连接过程如图 2-116 所示。

需要注意的是，在完成连接后，同轴电缆的铜芯线要露出F头 5mm 左右，不要过长；F头紧固环距F头帽头应为 2~3mm；连接完毕，观察F头里面，F头底面应和发泡聚乙烯绝缘层处在同一平面；连接时一定要注意，屏蔽层与铜芯线一定不要接触在一起，否则会造成短路，从而烧毁前级设备。

将F头拧紧在助力工具上，帮助将F头插入同轴电缆内

图 2-115 F头助力工具的使用

2. 自旋紧式（自紧式）F头的制作方法

在制作自旋紧式F头时，同轴电缆绝缘层的剥除方法与直插式的相同，同轴电缆的绝缘层剥除完毕后，将自旋紧式F头套在电缆上，顺时针向下用力旋紧，直至露出 5mm 左右的铜芯线为止，如图 2-117 所示。

3. 冷压式F头的制作方法

在制作冷压式F头时，电缆绝缘层的剥除方法与前两种F头制作时基本相同，在切除聚乙烯绝缘层后，将屏蔽网向后翻折，套上F头，用力将F头向下压，直至露出足够长的铜芯线，再将F头放入相应口径的冷压钳钳口中，用力压下，将F头的尾部压成六边形，牢牢压接在同轴电缆上，冷压式F头就制作结束，如图 2-118 所示。

4. 挤压式F头的制作方式

制作挤压式F头时，先用壁纸刀削去同轴电缆外部护套绝缘层 18~20mm，再将露出的屏蔽层向后翻折，然后切除发泡聚乙烯绝缘层 10mm 左右，这几个步骤也可以使用专门的同轴电缆剥线器一次完成，剥除绝缘层后，在电缆头上套上挤压式F头，用力向下插紧，露

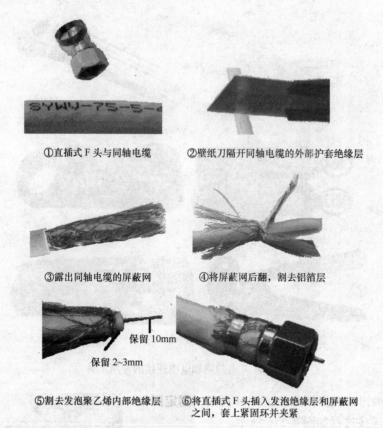

①直插式 F 头与同轴电缆　　②壁纸刀隔开同轴电缆的外部护套绝缘层

③露出同轴电缆的屏蔽网　　④将屏蔽网后翻，割去铝箔层

保留 10mm

保留 2~3mm

⑤割去发泡聚乙烯内部绝缘层　　⑥将直插式 F 头插入发泡绝缘层和屏蔽网之间，套上紧固环并夹紧

图 2-116　直插式 F 头与同轴电缆的连接方法

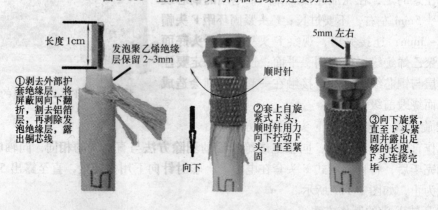

长度 1cm

发泡聚乙烯绝缘层保留 2~3mm

顺时针

5mm 左右

①剥去外部护套绝缘层，将屏蔽网向下翻折，割去铝箔层，再剥除发泡绝缘层，露出铜芯线

向下

②套上自旋紧式 F 头，顺时针用力向下拧动 F 头，直至紧固

③向下旋紧，直至 F 头紧固并露出足够的长度，F 头连接完毕

图 2-117　自旋紧式 F 头与同轴电缆的连接方法

出足够长的铜芯线，最后将挤压式 F 头放在专用的挤压式 F 头压接钳的钳口中，用力压下，挤压式 F 头尾部受压收缩，压紧同轴电缆，F 头就制作完成了，如图 2-119 所示。

（四）电视插座的连接

有线电视信号在住宅电视信号接入点，利用连接上 F 头的同轴电缆与分配器连接在一起（见图 2-120），再将同轴电缆利用布线管暗敷在墙内，配送至室内放置电视机的位置预设的暗盒内，与专用的电视插座相连，再用购置的成品电视视频线（见图 2-121）与电视机连接在一起，或根据插座的接口制式（英制、公制）和电视机视频输入接口的制式（一般都

①剥除同轴电缆的外部绝缘，将屏蔽层的导线盘绕在后面

②切除发泡聚乙烯绝缘层，露出铜芯线

③将F头用力插在已剥除绝缘的同轴电缆上，露出铜芯线

④将F头的尾部放入对应的冷压钳的钳口中，用力压下

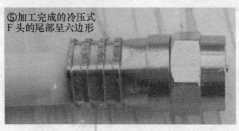
⑤加工完成的冷压式F头的尾部呈六边形

图2-118 冷压式F头与同轴电缆的连接方法

①将同轴电缆插入电缆剥线器中

②顺时针旋转剥线器，剥除电缆绝缘层

③剥除绝缘层的同轴电缆

④在剥除绝缘层的同轴电缆上套上挤压式F头

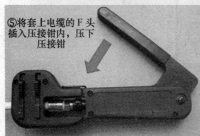
⑤将套上电缆的F头插入压接钳内，压下压接钳

⑥连接完成的F头

图2-119 挤压式F头与同轴电缆的连接方法

是公制母头），自己动手制作一条适用的视频线，将电视信号最终接入电视机，我们就可以收看电视节目了。

下面我们就介绍一下电视插座与同轴电缆的连接方法。

首先，按照直插式 F 头制作方法中介绍的步骤将同轴电缆的绝缘层剥除，屏蔽层向后翻折，露出铜芯线，再将电视插座背后接线桩与压线箍的螺钉拧松，将铜芯线插入接线桩内，用压线箍压住覆盖屏蔽层的同轴电缆，最后将接线桩与压线箍的螺钉拧紧，如图 2-122 所示。注意制作完成后，屏蔽网上

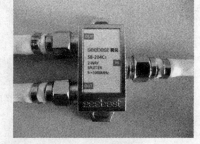

图 2-120　接有 F 头的同轴电缆与分配器

的导线一定不能与接线桩或铜芯线接触，否则会造成短路，容易烧毁前级设备。

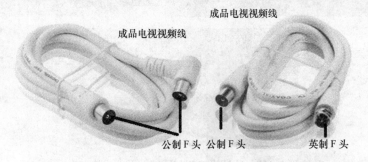

成品电视视频线

成品电视视频线

公制 F 头　公制 F 头　　英制 F 头

图 2-121　不同 F 头的成品电视视频线

①剥除同轴电缆的绝缘层

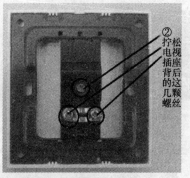

②拧松电视插座背后的这几颗螺丝

③将铜芯线插入接线桩，屏蔽网和外部护套绝缘层插入压线箍内，拧紧螺丝

图 2-122　电视插座与同轴电缆的连接方法

电视插座连接完成后，再将电视插座固定在暗盒上，扣上盖板。至此，家用有线电视系统就敷设完毕了。在敷设电视系统时，一定要注意，选择同轴电缆、F头、分配器等元器件时，应尽量选购厂家信誉好、质量有保证的产品，因为同轴电缆一般是埋设在墙体内的，一旦选择因质量影响电视接收效果的产品，更换就十分困难。

四、家用固定电话系统与家庭网络系统

固定市内电话作为市民的必备通信工具，是各种新建楼盘和居民小区必备的生活配套设施。而网络系统自从走入城镇家庭，至今已经被广泛应用于日常生活之中，如网络通信、娱乐影音、休闲游戏、网上购物等。地球变得越来越"小"，沟通变得越来越方便，无论生活还是工作都离不开计算机网络的影响。

在实际应用中，一般的固定电话服务商同时也提供网络连接的服务，比如网通、电信、铁通等通信公司都提供这样的综合服务。所以很多家庭的固定电话与网络线路的接入线都是由电话线引入的（ADSL）。当然，也有一些家庭的固定电话与网络接入是由不同的服务商提供的，那么在进户时引入两条各自独立的线路，再连接相应的设备就可以了。

（一）常用的家庭宽带网络接入方式

现在的家庭宽带网络连接方式主要有 ADSL、小区宽带、有线通和电力上网这四种。

ADSL 即非对称数字环路，是宽带接入技术中的一种，它利用现有的电话用户线，通过采用先进的复用技术和调制技术，使得高速的数字信息和电话语音信息在一对电话线的不同频段上同时传输，为用户提供宽带接入的同时，维持用户原有的电话业务及质量不变。

ADSL 可直接利用现有的电话线路，通过 ADSL MODEM 调制解调后进行数字信息传输。因此，凡是安装了电话的用户都具备安装 ADSL 的基本条件，接着用户可到当地电信局查询该电话号码是否可以安装 ADSL，得到肯定答复后便可申请安装（一般来讲，判断电话与最近的机房距离是否超过3km，若超过则无法安装，因为 ADSL 将随着增长而减弱）。安装时用户需要自备一款 10/100Mb 自适应网卡（一般计算机上都有安装），而其他诸如 ADSL MODEM 和话音分配器通常由服务商提供，有的地区也可自行购买。

小区宽带是大中城市目前较普及的一种宽带接入方式，网络服务商采用光纤接入到楼，再通过网线接入用户家。小区宽带一般为居民提供的带宽是 10Mbit/s，这要比 ADSL 的 512kbit/s 高，但小区宽带采用的是共享宽带，即所有用户共用一个出口，所以在上网高峰时间小区宽带会比 ADSL 更慢。目前国内有多家公司提供此类宽带接入方式，如长城宽带、歌华有线等。现在，有些城市已经开通，光纤直接入户的服务，使上网速度进一步得到提升。

有线通，有的地方也称为"广电通"，这是与前面两种完全不同的方式，它直接利用现有的有线电视网络，并稍加改造，便可利用闭路线缆的一个频道进行数据传送，而不影响原有的有线电视信号传送，其理论传输速率可达到上行 10Mbit/s、下行 40Mbit/s。接入用户后，再利用专门的调制解调器引入计算机就可以上网漫游了。

所谓电力上网，也就是利用电力配电线路实现电力线通信。它的英文名称为 PLC，其英文全称是 Power Line Communication。它通过利用覆盖面积最为广泛的传输电流的电力线缆作为通信载体，使得 PLC 具有极大的便捷性。此外，除了利用电力上网外，还可将房屋内的电话、电视、音响、冰箱等家电利用 PLC 连接起来，进行集中控制，实现"智能家庭"的梦想。目前，PLC 主要是作为一种新的接入技术，适用于居民小区、学校、酒店、写字楼等

领域。

　　下面我们以 ADSL 这种应用较为广泛的网络接入方式为例，介绍一下家庭固定电话与网络连接的方法。

　　（二）家庭固定电话与网络系统的构成

　　如图 2-123 所示为家庭固定电话系统与网络连接系统，在开通固定电话与 ADSL 网络服务后，就可以在住宅楼道中的通信箱中将电话线引入家中的信息引入点，然后将进线接入话音分配器（见图 2-124）的 LINE 口，将低频 3400Hz 以下的电话信号与高频 3400Hz 以上的网络信号分离，分别从 PHONE（电话）接口和 MODEM（网络）接口引出。

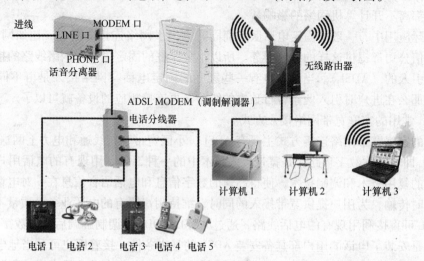

图 2-123　家庭固定电话系统与网络连接系统

1. 固定电话系统的连接

　　固定电话信号从话音分离器引出后，可以根据用户需要设置的分机数选择电话分线器，例如一拖二、一拖三、一拖四、一拖五电话分线器（见图 2-125），或者考虑一些用户在使用电话通话过程中的隐私安全，可以使用电话保密分线器（见图 2-125），这样在一路分机摘机接听通话时，其他分机无法听到通话声。如果的户型较大（比如复

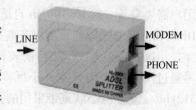

图 2-124　话音分配器

式住宅、别墅等），家庭成员相互呼叫比较麻烦以及家庭成员通话的隐私安全等，可以考虑使用小型程控电话交换机（见图 2-126），将家用的几部电话组成局域电话网，这样，几个分机相互独立，分机之间可以相互呼叫，外线接入时，分机之间各自隔离，无法监听其他分机的通话内容，而且一些功能较全的程控交换机还可以满足多分机之间的同时通信，使用起来又安全、又方便。

　　确定固定电话的分配方式后，就可以按照分机安放位置进行布线了，布线方式选择 PVC 布线管道暗敷的形式，进行定位划线、开槽、敷设线管、埋设暗盒、穿管布线等工序的施工，以上的工序与前文介绍的配电线路布线、电视系统布线方法一样，就不再赘述，在这里我们着重介绍，固定电话系统所使用的导线以及各种设备连接的情况。

　　在固定电话系统中使用的连接导线一般有两种，即二芯导线与四芯导线（见图 2-127）。

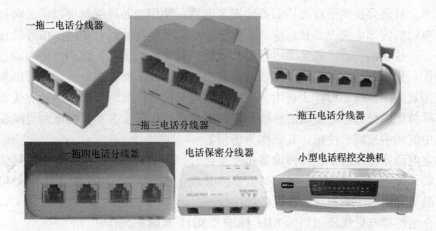

一拖二电话分线器

一拖三电话分线器

一拖五电话分线器

一拖四电话分线器

电话保密分线器

小型电话程控交换机

图 2-125　固定电话系统分配设备

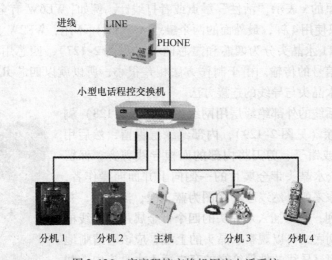

进线　LINE

PHONE

小型电话程控交换机

分机 1　　分机 2　　主机　　分机 3　　分机 4

图 2-126　家庭程控交换机固定电话系统

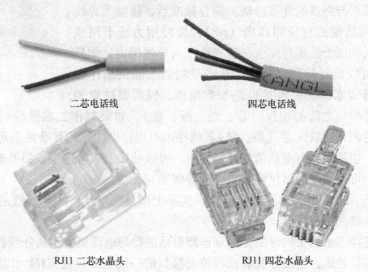

二芯电话线

四芯电话线

RJ11 二芯水晶头

RJ11 四芯水晶头

图 2-127　电话线与 RJ11 水晶头

一般情况下，只需要提供语音通话服务的固定电话，使用二芯导线就可以了，而且不需要考虑线序，电话机内部电路可以自适应。而像程控电话交换机的前台主机、国外的传真机、可视电话等，一些功能电话，需要除语音服务以外的其他数据服务，就必须使用四芯导线才可以实现功能。我国的民用电话线路多数是使用二芯电话线，而四芯导线进线可以兼容二芯导线，没有用到的两根线芯可作为备用，所以在室内布设电话线时，选择四芯导线布设，连接时再视实际情况选择二芯还是四芯导线，现在也有直接布设八芯超五类或六类网线的，连接时选择其中的两根或四根使用，其余作为备用。

在固定电话系统布线中，各种设备相互连接时，除了有些电话模块需要将导线连接在相应的接线端子上以外，多数设备连接时需要将导线接头与 RJ11 水晶头连接在一起，然后将连接了水晶头导线的一端直接插在设备的接线端口上。

下面介绍连接电话线所用到的 RJ11 标准及 RJ11 水晶头。

RJ11 是用于西部电子公司开发的接插件的通用名称。其外形定义为 6 针的连接器件。原名为 WExW，这里的 x 表示"活性"触点或者打线针。例如，WE6W 有全部 6 个触点，编号 1 到 6，WE4W 只使用 4 针，最外面的两个触点（1 和 6）不用，WE2W 只使用中间两针。

家庭常用的 RJ11 水晶头分为四芯和二芯两种（见图 2-127），四芯用于数字信号的传输，二芯用于模拟信号的传输。由于制作方法相差很小，所以就以四芯 RJ11 水晶头为例，介绍固定电话系统水晶头与导线的连接方法。

首先将四芯电话线的外部绝缘层用网线钳（见图 2-128）剥除扁平线的铡刀剥除（见图 2-129），内部绝缘层保留，然后用网线钳的断线铡刀或钳子、剪刀将内部的四根导线剪齐，保留 6～8mm，再将 RJ11 水晶头带金属片的一侧向上并面向操作者，将电话导线按导线原来的自然线序（例图为蓝、绿、黑、棕，并不是固定颜色）排列，用力插入水晶头的四个带金属片的导线槽内，一定要尽力插到底，可以观察水晶头的上端，应该可清晰地看到导线的线芯，而且导线的外部绝缘护套应插入水晶头内，并压紧，避免水晶头与导线的连接松动。符合标准后，将插入导线的水晶头放入网线钳的对应钳口内（6P），缓慢用力压下网线钳，直至水晶头的四个金属片完全、整齐地压入导线槽内，如果不符合标准，可以反复挤压。至此，导线一端的水晶头制作完毕。另一端的导线水晶头的连接也是如此操作，但需要注意的

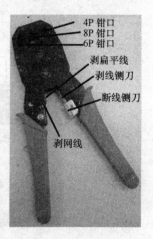

图 2-128　网线钳

（图中标注）
4P 钳口
8P 钳口
6P 钳口
剥扁平线
剥线铡刀
断线铡刀
剥网线

是，导线的线序要与之前的相反（棕、黑、绿、蓝）。如果制作二芯导线的 RJ11 水晶头，只需连接中间的两条导线线芯（黑、绿），线序也不用特别注意，其余两条可作为备用。导线制作完毕后，如果现场有电话信号和电话机，可以插接上拨号连接；如果现场不具备用电话实验的条件，可用网线测试仪将连接好的导线插在相应的 RJ11 测试接口上测试导线（见图 2-130），用万用表的欧姆挡测试也可以，实际上就是测量连接的导线线芯与水晶头的金属片是否可靠连接在一起了。

这条两端连接了水晶头的导线是用来连接电话插口与电话机的，从分线器或程控交换机到电话插座的连接导线，连接分线器或程控交换机的一端也要连接 RJ11 水晶头，另一端通过埋设在墙体内的布线管，引至放置电话机的位置，接在固定在墙面上的电话插座（见

①剥除导线外部绝缘

②内部线芯绝缘保留，按自然线序排列

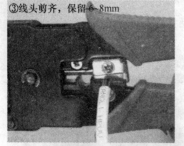
③线头剪齐，保留6~8mm

④将导线用力插入水晶头

⑤将水晶头插入网线钳对应的钳口，用力压紧

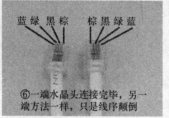
蓝绿黑棕　棕黑绿蓝

⑥一端水晶头连接完毕，另一端方法一样，只是线序颠倒

图 2-129　电话线与 RJ11 水晶头连接的制作方法

图 2-131）上。现在家庭常用的电话插座种类较多，一种是将导线连接在压线的接线桩上，一种是将导线绕接在螺钉垫片下，用螺钉拧紧，还有需要用打线刀连接的电话模块，也有免打线的电话模块，连接的导线也分为二芯和四芯两种。在这里我们介绍前两种，使用打线刀和免打线的电话模块的连接，可参照后面网线插座的连接方法。

　　首先介绍二芯接线桩电话插座的连接，先用螺钉旋具将插座背后接线桩的螺钉拧松，将剥去内部线芯绝缘层的电话线插入接线桩内，再将螺钉重新拧紧，牢固的压住电话线的线芯（见图 2-132），再将电话插座固定在暗盒上，盖上插座面板，完成插座的连接。

图 2-130　利用网线测试仪测试电话线

　　下面介绍四芯电话插座的连接。

　　先将电话插座的压线螺钉拧松，再将电话线的外部绝缘层剥除，然后分别将四根内部线芯的绝缘层剥除，露出铜线芯，将铜线芯顺时针拧成环状，压在压线螺钉下面，拧紧螺钉。注意连接完成后，四根线芯一定不要有接触，以避免短路，影响电话的接听。另外，导线的线序一定要对照水晶头的线序，不能错位，如图 2-133 所示。

图 2-131　电话插座

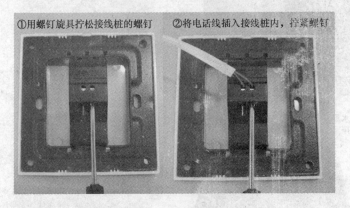

图 2-132　二芯电话插座的连接

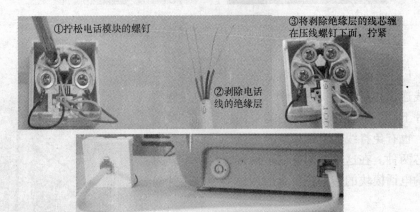

④电话模块与电话机连接

图 2-133　四芯电话插座的连接

2. 网络系统的连接

网络信号从话音分离器引出后，需要与 ADSL MODEM 连接在一起，如果家中只需要一台计算机上网，那么就可以直接将计算机连接在 ADSL MODEM，如果家中需要多台计算机上网，就需要配置一台路由器，将 ADSL MODEM 连接在路由器的 WAN 接口，再将计算机连接在 ADSL MODEM 的 LAN 接口，进行简单的设置后，就可以多台计算机同时上网了。

话音分离器与 ADSL MODEM 连接，使用的是 RJ11 二芯电话线，制作方法前面已经介绍。而 ADSL MODEM 与路由器、路由器与计算机网卡的连接，需要的是 RJ45 八芯网线，现在介绍一下 RJ45 网线的制作方法。

10/100 Base TX RJ45 接口是常用的以太网接口，支持 10MB 和 100MB 自适应的网络连接速度。RJ45 接口通常用于数据传输，最常见的应用为网卡接口。RJ45 型网线插头又称水晶头（见图 2-134），共有八芯构成，广泛应用于局域网和 ADSL 宽带上网用户的网络设备间网线（称为五类线或双绞线）的连接。

现在常用的八芯网线一般是由白橙、橙、白绿、绿、白蓝、蓝、白棕、棕这八种颜色的导线两两绞合构成的，故此又称为双绞线，如图 2-134 所示。

在具体应用时，RJ45 型水晶头和网线有两种连接线序，分别称作 T568A 线序和 T568B 线序，如图 2-135 所示。

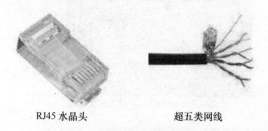

图 2-134　RJ45 水晶头与五类网线

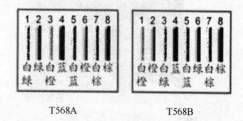

图 2-135　T568A 与 T568B 线序的排列规则

RJ45 型网线插头引脚号的识别方法是：手持水晶头，有 8 个小金属片的一端向上，并且有金属片的这一面对着操作者，从左边第一个小镀金片开始依次是第 1 脚、第 2 脚、…、第 8 脚。

在网络系统中，常用的连接网线可分为直连线互连与交叉线互连。

直连线的连接方法是网线两端的水晶头均按 T568B 连接，如图 2-136 所示。这种连接线适用于不同种类的网络设备之间的连接，如计算机与 ADSL MODEM、ADSL MODEM 与 ADSL 路由器的 WAN 接口、计算机与 ADSL 路由器的 LAN 接口、计算机与集线器或交换机。

交叉线的连接方法是网线两端的水晶头一端按 T568B 连接，另一端按 T568A 连接，如图 2-136 所示。这种连接线适用于相同的网络设

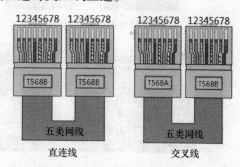

图 2-136　直连线与交叉线的连接规则

备之间的连接，如计算机与计算机（即对等网连接）、集线器与集线器、交换机与交换机、路由器与路由器。

下面就以家庭网络系统常用的直连线的制作为例，介绍一下网线的制作方法。

首先将网线的一端放入网线钳的剥线槽内，捏合钳柄并转动网线钳，把网线的外部绝缘护套剥除，露出内部两两绞合的八根线芯，再将绞合在一起的网线线芯分开并抻直，然后将网线的线芯向上，从左至右按白橙、橙、白绿、蓝、白蓝、绿、白棕、棕（T568B）的线序排列在一起，再用网线钳的断线铡刀将网线线芯剪齐（不必剥除线芯绝缘），线芯保留 10mm 左右，将水晶头的金属压线片向上，并对着操作者，将网线线芯插入水晶头的线芯槽内，确定线序未乱后，再用力插入，保证八根线芯都插到底，在水晶头的金属压线片的一端

可清晰地看到网线的八根线芯，网线的外部绝缘护套也要插入水晶头内。压接时可被压在水晶头内，确定符合要求后，将水晶头放入网线钳对应的钳口中（8P），用力压下钳柄，观察金属压线片是否全部整齐的压入线槽内，如果不符合要求，可再压几次，直至八个金属压线片全部整齐的压入线槽内，网线的这一端就连接完成了。另一端的线序及制作方法与之相同，如图 2-137 所示。当网线两端的水晶头全部接完，要用网线测试仪测试连接是否可靠，如图 2-138 所示。如果没有网线测试仪，也可以使用万用表的欧姆挡逐根线芯测试，若八根线芯与两端的金属压线片全部可靠地连接在一起了，一根网线就可以制作完毕。

①用网线钳剥除网线的外部绝缘外套

②按 T568B 的线序将网线抻直

③用网线钳的断线侧刀将网线线芯剪齐

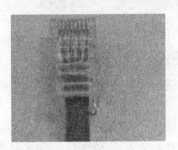
④将网线用力插入水晶头内

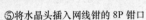
⑤将水晶头插入网线钳的 8P 钳口

⑥制作完成的水晶头

图 2-137　RJ45 水晶头与网线连接的制作过程

　　家用网络系统中，除使用两端都为 RJ45 水晶头连接的网线外，还有从话音分离器引出的网络信号接入线，如果家中只有一台计算机需要上网，那么只需使用电话线，通过埋设在墙内的布线管，引至放置计算机位置的墙壁电话插座，然后使用连接了 RJ11 水晶头的电话线连接 ADSL MODEM，再用连接了 RJ45 水晶头的网线将 ADSL MODEM 于计算机网卡相连，就可以上网了。

　　如果需要多台计算机同时上网，那么网络信号从 ADSL MODEM 引出后，就需要用接有 RJ45 水晶头的网线与一台路由器的 WAN 接口连接，再从路由器的 LAN 口引出，与电脑网卡连接，路由器的 LAN 口的数目，可以根据用户的需求选购，四口、八口都可以，一般家用路由器选择四口的就可以满足要求了。确定需要上网的计算机的台数后，ADSL MODEM 和路由器一般都是放置在网络信号接入点的位置，然后再通过埋设在墙体内的布线管配线，将网络信号引至计算机摆放位置的网络插座上，再用网线与计算机网卡连接，在计算机上进行简单地设置后，就可以实现多台计算机同时上网的目的了。从路由器到网络插座的这条线，连接路由器的这一侧是按照 T568B 线序连接的 RJ45 水晶头，而另一端需要连接在网络插座上，下面就介绍一下常用的网络插座及其接线的方法。

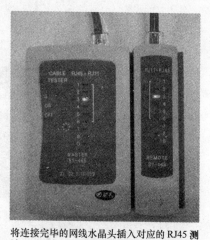

将连接完毕的网线水晶头插入对应的 RJ45 测试口，观察指示灯是否依次对应地亮起来

图 2-138　利用网线测试仪测试连接完毕的网线

　　现在常用的网络插座有两种，一种是需要借助打线刀（见图 2-139）将八根线芯按 T568B 的线序连接在网络插座的金属卡子中的打线式网络模块（见图 2-139），另一种是免打线网络模块（见图 2-139）。电话模块也有打线式模块和免打线模块（见图 2-139）。首先介绍打线式网络模块的连接方法。

　　用网线钳剥除网线外部绝缘护套，露出内部两两绞合的线芯，将网线线芯放在两侧打线桩的中间，将网线绞合在一起的线芯打开，按模块两端的 B 色标（T568B），将对应的线芯压入打线桩的金属卡子中，把打线刀的断线刀头向外侧，压线头向内，打线刀与模块垂直插入槽位，用力冲击，听到"咔嗒"一声，说明工具的凹槽已经将线芯压到位，已经嵌入金属卡子里，金属卡子已经切入绝缘皮咬合铜线芯形成通路。重复上述操作，将八根线芯一一打入对应的金属线卡中，打线完毕后，模块就连接完毕了，如图 2-140 所示。打线式电话模块也是这样制作的（见图 2-141），只是按需要选择打入两根线芯或四根线芯（家庭网络插座与电话插座基本是成对安装的，也就是说放置计算机的位置会同时摆放一部电话）。

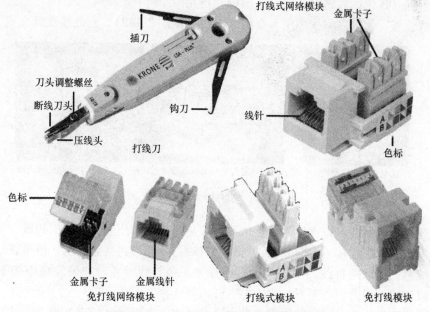

图 2-139　打线刀与打线模块和免打线模块

①剥除网线外部绝缘露出内部线芯　　②将线芯按 B 色标放入金属卡子

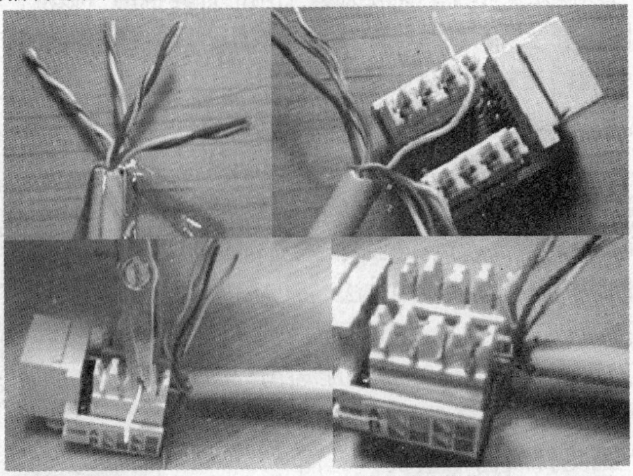

③打线刀断线刀头向外，垂直的将
线芯压入卡子　　④依次将线芯压入

图 2-140　打线式网络模块的连接方法

　　这里需要注意以下两点：使用打线刀打线时，断线刀口必须向外，若忘记变成向内，压入的同时会切断网线进线侧的铜线；垂直插入时，如果打斜，将使金属卡子的卡口撑开，再也没有咬合的能力，并且打线柱也会歪掉，无法修复，模块就报废了。

　　现在还有一种免打线模块，不需借助任何打线工具，只需要将网线的外部绝缘护套剥除后，按模块上所贴色标（B 色标）将线芯压在线槽内，再用

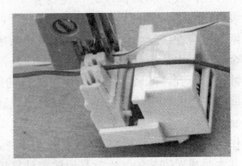

图 2-141　打线式电话模块的连接

力压下压线盖板，就可以将线芯压入金属卡子中（见图 2-142），到此接线就完成了。

①免打线网络模块　　②将网线线芯按 B 色标的线序接入线槽　　③压下压线盖板完成连接

图 2-142　免打线网络模块的连接

　　模块连接完成后，可以连接网线，再用网线测试仪或万用表的欧姆挡测试一下。打线式模块如果发现有线芯连接不符合要求，可以用打线刀的钩刀将线芯勾出，再重新打线；没有插到底的线芯，可以用打线刀的插刀，再次压紧。免打线模块，如果发现连接不可靠的线芯，也可以使用打线刀的钩刀，勾出线芯，并重新连接。

　　如果连接可靠，就可以将网络模块和电话模块安装在模块式插座外框上，然后将连接完

毕的插座用螺钉固定在墙体内的暗盒上，扣上盖板，网络插座与电话插座就可以使用了，如图 2-143 所示。

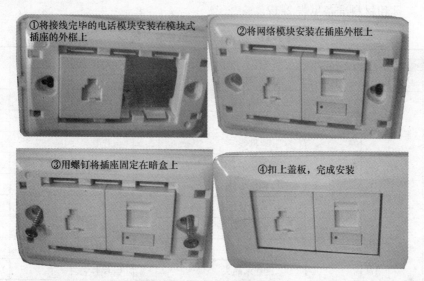

①将接线完毕的电话模块安装在模块式插座的外框上

②将网络模块安装在插座外框上

③用螺钉将插座固定在暗盒上

④扣上盖板，完成安装

图 2-143 模块式插座的安装

五、家用多媒体信息箱

家用多媒体信息箱，又称为弱电箱、多媒体箱，其实质就是整合前文介绍的电视系统、固话系统、网络系统，以及家庭音响系统、安防系统，甚至还包括家用电器自动控制系统，将这些系统通过模块化的设备整合在一起。对家用弱电系统，进行统一规划、统一布线、统一管理，使家庭装修更加规整、美观；使强电与弱电分离，强电电线产生的涡流感应不会影响到弱电信号，弱电部分更稳定；使家用弱电系统控制更加智能化，提升人们的生活质量。

在装修住宅时，可以根据自己的需求，自主选择、配置所需要的模块化设备，安装在多媒体信息箱中，进行统一布线，例如前文分别介绍的三个系统，就可以选择如图 2-144 所示的模块组合，再将 ADSL MODEM 安装在多媒体箱中，最后将固话系统、有线电视系统、网络系统的信号引入信息箱，接至相应的模块上，并将分配出的信号接口通过埋设在墙体内的布线管配送到电视机、电话机、电脑放置的位置的墙壁插座上，与设备连接，就可以完成弱电系统的最终布线了。

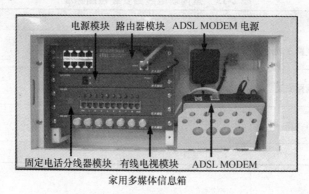

电源模块 路由器模块 ADSL MODEM 电源

固定电话分线器模块 有线电视模块 ADSL MODEM

家用多媒体信息箱

图 2-144 家用多媒体信息箱的构成

任务准备

设备、工具和材料准备见表 2-12。

表 2-12　室内弱电线路安装材料

序号	分类	名　称	数量	单位	备注
1	工具	电工工具及仪表	1	套	
2	材料	同轴电缆	若干		
3		电话线	若干		
4		网线	若干		
5		多媒体信息箱	1	个	
6		网络接口	2	个	
7		电视接口	2	个	
8		电话接口	4	个	
9		电话水晶头	若干		
10		网线水晶头	若干		
11		F 头	若干		

 任务实施

1. 熟读图 2-104，熟悉住宅弱电线路的工作原理。
2. 按表 2-12 配齐所用元件，并进行检验。
3. 根据图 2-104 进行住宅弱电线路安装。
4. 自检。
5. 交验。

 检测与分析

1. 任务检测

任务完成情况检测标准见表 2-13。

表 2-13　室内弱电线路安装检测标准

序号	主要内容	评分标准	配分	得分
1	电视线路安装	1. 安装方法是否正确，扣 20 分 2. 安装工艺是否符合要求，每处扣 2 分	30	
2	电话线路安装	1. 安装方法是否正确，扣 10 分 2. 安装工艺是否符合要求，每处扣 2 分	20	
3	网络线路	1. 方法是否正确，扣 10 分 2. 工艺是否符合要求，每处扣 2 分	30	
备注		合计	80	

2. 问题与分析

针对任务实施中的问题进行分析，并找出解决问题的方法，见表 2-14。

表 2-14　室内配电线路安装问题分析

序号	问题主要内容	分析问题	解决方法	配分	得分
1					
2				20	
3					
4					

 能力训练

一、填空题

1. 功分器全称为功率分配器，是一种将一路输入信号能量分成 _____ 或 _____ 输出相等或不相等能量的器件，也可反过来将多路信号能量合成一路输出。

2. 同轴电缆与分配器、电视机等设备连接时需通过 _____ 进行连接，常用的有 _____ 和 _____ 两种不同的制式，公制为国内标准，英制为国外的标准。

3. 在固定电话系统中使用的连接导线一般有两种，_____ 与 _____ 导线。

4. 八芯网线一般是由 _____、_____、_____、_____、_____、_____、_____ 和 _____ 八种颜色的导线两两绞合构成的，故此又称为双绞线。

二、简答题

1. 同轴电缆由里到外分为哪几部分？

2. F 头与同轴电缆的连接方法。

3. 小型程控电话交换机作用。

4. 打线式网络模块的连接方法。

三、实训题

1. 安装电视线路。

2. 安装电话线路。

3. 安装网络线路。

模块三　电力拖动控制

1. 掌握三相异步电动机的工作原理、拆装与检修技能。
2. 熟练掌握电动机的单向运动、正反转、顺序控制、减压起动和制动等电气控制电路的专业理论知识和操作技能。
3. 能安装和调试一般机械设备的电气控制系统。

任务一　三相异步电动机的拆装

知识点

1. 掌握三相笼型异步电动机和绕线转子异步电动机的主要结构。
2. 掌握三相交流异步电动机的工作原理。
3. 了解钳形电流表的正确使用和注意事项。

技能点

1. 能对三相交流异步电动机进行拆卸操作。
2. 能对三相交流异步电动机进行装配操作。
3. 能熟练运用多种方法来判别三相交流异步电动机的首、尾端。
4. 能用绝缘电阻表测量各相绕组相间及对机壳之间的绝缘电阻，检测绕组的绝缘性能。

学习任务

某生产设备的三相异步电动机因长期工作油垢太多，旋转时转子不够灵活，请对此电动机进行拆卸清理后装配。

任务分析

目前，电动机已成为我国主要的拖动机械，尤其是异步电动机应用范围最广，其中中小型异步电动机占70%以上。在生产上主要用的是交流电动机，特别三相异步电动机，因为它具有结构简单、坚固耐用、运行可靠、价格低廉、维护方便等优点，被广泛地用来驱动各种金属切削机床、起重机、锻压机、传送带、铸造机械、功率不大的通风机及水泵等。为保证电动机安全、可靠地运行，必须对电动机定期进行维护和修理。拆卸装配电动机是电工的基本技能之一。

知识准备

实现电能与机械能相互转换的电工设备总称为电机。把机械能转换成电能的设备称为发电机，而把电能转换成机械能的设备叫做电动机。

一、三相异步电动机的结构

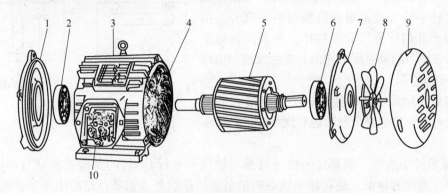

图 3-1　封闭式三相异步电动机的结构
1—端盖　2—轴承　3—机座　4—定子绕组　5—转子
6—轴承　7—端盖　8—风扇　9—风罩　10—接线盒

三相异步电动机的结构可分为定子和转子两大部分。定子就是电机中固定不动的部分，转子是电机的旋转部分。另外，定子、转子之间还必须有一定间隙（称为空气隙），以保证转子的自由转动。异步电动机的空气隙较其他类型的电动机气隙要小，一般为 0.2 ~ 2mm。

三相异步电动机外形有开启式、防护式、封闭式等多种形式，以适应不同的工作需要。在某些特殊场合，还有特殊的外形防护型式，如防爆式、潜水泵式等。不管外形如何，电动机结构基本上是相同的。现以封闭式电动机为例介绍三相异步电动机的结构，如图 3-1 所示是一台封闭式三相异步电动机解体后的结构图。

1. 定子部分

定子部分由机座、定子铁心、定子绕组及端盖、轴承等部件组成。

（1）外壳　机座用来支承定子铁心和固定端盖。中、小型电动机机座一般用铸铁浇成，大型电动机多采用钢板焊接而成。

① 端盖：铸铁件，用来固定转子。

② 接线盒：保护和固定绕组的引出线端子。

③ 吊环：起吊、搬抬三相电动机。

（2）定子铁心　定子铁心是电动机磁路的一部分。为了减小涡流和磁滞损耗，通常用0.5mm 厚的硅钢片叠压成圆筒，硅钢片表面的氧化层（大型电动机要求涂绝缘漆）作为片间绝缘，在铁心的内圆上均匀分布有与轴平行的槽，用以嵌放定子绕组。

（3）定子绕组　定子绕组是电动机的电路部分，也是最重要的部分，一般是由绝缘铜（或铝）导线绕制的绕组连接而成。它的作用就是利用通入的三相交流电产生旋转磁场。通常，绕组是用高强度绝缘漆包线绕制成各种型式的绕组，按一定的排列方式嵌入定子槽内。

绕组的六个出线端都引至接线盒上，首端标为 U_1，V_1，W_1，末端标为 U_2，V_2，W_2。排列如图 3-2，可以接成星形或三角形。

2. 转子部分

转子是电动机中的旋转部分，一般由转轴、转子铁心、转子绕组、风扇等组成。转轴用碳钢制成，两端轴颈与轴承相配合。出轴端铣有键槽，用以固定带轮或联轴器。转轴是输出转矩、带动负载的部件。转子铁心也是电动机磁路的一部分。由 0.5mm 厚的硅钢片叠压成圆柱体，并紧固在转子轴上。转子铁心的外表面有均匀分布的线槽，用以嵌放转子绕组。

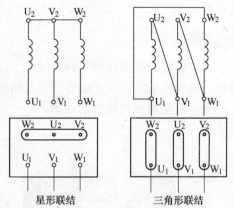

图 3-2　定子绕组连接

三相交流异步电动机按照转子绕组形式的不同，一般可分为笼型异步电动机和绕线转子异步电动机。

1）笼型转子线槽一般都是斜槽（线槽与轴线不平行），目的是改善起动与调速性能。笼型绕组（也称为导条）是在转子铁心的槽里嵌放裸铜条或铝条，然后用两个金属环（称为端环）分别在裸金属导条两端把它们全部接通（短接），即构成转子绕组；小型笼型电动机一般用铸铝转子，这种转子是用熔化的铝液浇在转子铁心上，导条、端环一次浇铸出来。如果去掉铁心，整个绕组形似鼠笼，所以称为笼型绕组，如图 3-3 所示。

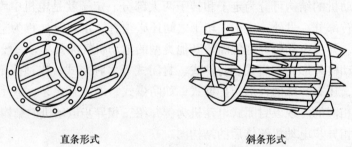

直条形式　　　　　　　　　　　斜条形式

图 3-3　笼型异步电动机的转子绕组形式

2）绕线转子绕组与定子绕组类似，由镶嵌在转子铁心槽中的三相绕组组成。绕组一般采用星形联结，三相绕组的尾端接在一起，首端分别接到转轴上的 3 个铜集电环上，通过电刷把 3 根旋转的线变成固定线，与外部的变阻器连接，构成转子的闭合电路，以便于控制，如图 3-4 所示。有的电动机还装有电刷短路装置，当电动机起动后又不需要调速时，可提起电刷，同时使用 3 个集电环短路，以减少电刷磨损。

两种转子相比较，笼型转子结构简单，造价低廉，并且运行可靠，因而应用十分广泛。绕线转子结构较复杂，造价较高，但是它的起动性能较好，并能利用变阻器阻值的变化，使电动机能在一定范围内调速；在起动频繁、需要较大起动转矩的生产机械中常常被采用。

一般电动机转子上还安装有风扇或风翼，便于电动机运转时通风散热。铸铝转子一般是将风翼和绕组（导条）一起浇铸出来。

轴承是电动机定、转子衔接的部位，轴承有滚动轴承和滑动轴承两类，滚动轴承又有滚

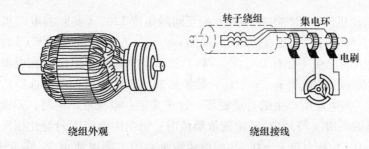

绕组外观   绕组接线

图 3-4 绕线式异步电动机的转子

珠轴承，目前多数电动机都采用滚动轴承。这种轴承的外部有贮存润滑油的油箱，轴承上还装有油环，轴转动时带动油环转动，把油箱中的润滑油带到轴与轴承的接触面上。为使润滑油能分布在整个接触面上，轴承上紧贴轴的一面一般开有油槽。

3. 气隙 δ

所谓气隙就是定子与转子之间的空隙。中小型异步电动机的气隙一般为 $0.2 \sim 1.5\text{mm}$。气隙的大小对电动机性能影响较大，气隙大，则磁阻也大，产生同样大小的磁通，所需的励磁电流 I_m 也越大，电动机的功率因数也就越低。但气隙过小，将给装配造成困难，运行时定子、转子容易发生摩擦，使电动机运行不可靠。

二、三相异步电动机的工作原理

在图 3-5 中，将线圈放入磁场中，线圈中间有一个轴固定。假设磁场的旋转是逆时针的，这相当于永久磁铁，以顺时针方向切割磁力线，线圈中感应电流的方向如图 3-5 中小圆圈里所标的方向。此时的线圈受到磁场作用的产生磁场力，磁场力的方向可由左手定则判断，即图 3-5 中小箭头所指示的方向。线圈的两边受到两个反方向的力 f，它们相对转轴产生电磁转矩（磁力矩），使线圈发生转动，转动方向与磁场旋转方向一致，但永久磁铁旋转的速度 n_o 要比线圈旋转的速度 n 大。

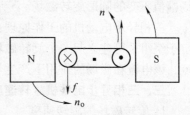

图 3-5 电动机工作原理

三相异步电动机的定子绕组通入三相交流电产生旋转磁场，从而带动转子旋转。三相异步电动机旋转磁场产生原理如图 3-6 所示。

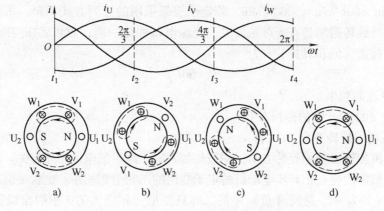

图 3-6 三相交流电产生旋转磁场示意图

三相异步电动机的三相绕组在空间上相互间隔角度120°（实际的电动机中一般都是相差电角度120°），将对称的三相交流电 $i_U = I_m \sin\omega t$、$i_V = I_m \sin(\omega t - 120°)$、$i_W = I_m \sin(\omega t - 240°)$ 从三相绕组的首端（标有 U_1、V_1、W_1）通入。当三相绕组跟三相电源接通后，绕组中便通过三相对称的交流电流 i_U、i_V、i_W，其波形如图3-6所示。现在选择几个特殊的运行时刻，讨论一下三相电流所产生的合成磁场。这里规定：电流取正值时，是由绕组始端流进（符号⊕），由尾端流出（符号⊙）；电流取负值时，绕组中电流方向与此相反。

当 $\omega t = \omega t_1 = 0$，U相电流 $i_U = 0$，V相电流取为负值，即电流由 V_2 端流进，由 V_1 端流出；W相电流 i_W 为正，即电流从 W_1 端流进，从 W_2 端流出。在图3-6的定子绕组中，根据电生磁右手螺旋定则，可以判定出此时电流产生的合成磁场如图3-6a所示，此时好像有一个有形体的永久磁铁的N极放在导体 U_1 的位置上，S极放在导体 U_2 的位置上。

当 $\omega t = \omega t_2 = 2\pi/3$ 时，电流已变化了1/3周期。此时刻 i_U 为正，电流由 U_1 端流入，从 U_2 端流出，i_V 为零；i_W 为负，电流从 W_2 端流入，从 W_1 端流出。这一时刻的磁场如图3-6b所示。磁场方向较 $\omega t = \omega t_1$ 时沿顺时针方向在空间转了120°。

用同样的方法，继续分析电流在 $\omega t = \omega t_3$、$\omega t = \omega t_4$ 时的瞬时情况，便可得这两个时刻的磁场，如图3-6c、图3-6d所示。在 $\omega t = \omega t_3 = 4\pi/3$ 时，合成磁场方向较 ωt_2 时又顺时针转过120°。在 $\omega t = \omega t_4 = 2\pi$ 时，磁场较 ωt_3 时再转过120°，即自 t_1 至 t_4，电流变化了一个周期，磁场在空间也旋转了一周。电流继续变化，磁场也不断地旋转。从上述分析可知，三相对称的交变电流通过对称分布的三组绕组产生的合成磁场，是在空间旋转的磁场，而且是一种磁场幅值不变的圆形旋转磁场。

三相异步电动机的工作原理：即把对称的三相交流电通入彼此间隔120°电角度的三相定子绕组，可建立起一个旋转磁场。根据电磁感应定律可知，转子导体中必然会产生感应电流，该电流在磁场的作用下产生与旋转磁场同方向的电磁转矩，并随磁场同方向转动。

三、三相异步电动机旋转速度

1. 旋转磁场的旋转速度

旋转磁场的速度也称为"同步转速"，用 n_1 表示，其单位是"r/min"。它的大小由交流电源的频率及磁场的磁极对数决定。图3-6所举的例子是只能产生一对磁极的电动机，电流变化一个周期，旋转磁场转一圈；若电源电流的频率为 $f(\text{Hz})$，则一对磁极的旋转速度应为 $n_1 = 60f(\text{r/min})$；我国电网供电电流的频率（即工频）为 $f = 50\text{Hz}$，则一对旋转磁场的转速就是 $50\text{r/min} \times 60\text{r/min} = 3000\text{r/min}$。若定子绕组采用的排列方式不同，那么产生的磁极对数也不同。当旋转磁场具有 p 对磁极时，交流电每变化一周，磁场就在空间转过 $1/p$ 转。故旋转磁场的转速（同步转速）n 为

$$n_1 = 60f/p$$

式中　f——电流的频率；

　　　p——定子绕组产生的磁极对数。

2. 旋转磁场的旋转方向

交流电动机旋转磁场的旋转方向，一般与接入定子绕组的电流相序有关。若要改变磁场的旋转方向，只需改变三相异步电动机的定子绕组的三相电源相序。也就是说通入三相绕组的电流相序为 $i_U - i_V - i_W$ 是反（负）序的，即只要把三相绕组的3根引出线头任意调换两根后再接电源就可实现，如图3-7所示。从图中可以明确看到，旋转磁场的旋转方向是逆时

针的。

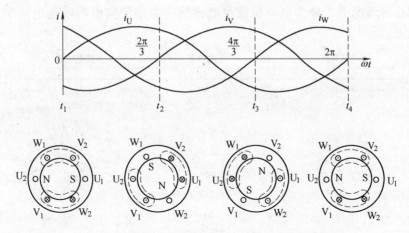

图3-7　三相绕组通入反（负）序电流时的旋转磁场

3. 转子的旋转速度

转子的旋转速度一般称为电动机的转速，用 n 表示。根据前面的工作原理可知，转子是被旋转磁场拖动而运行的，在异步电动机处于电动状态时，它的转速恒小于同步转速 n_1，这是因为转子转动与磁场旋转是同方向的，转子比磁场转得慢，转子绕组才可能切割磁力线，从而产生感应电流，转子也才能受到磁力矩的作用。因此，异步电动机正常运行时，总是 $n < n_1$，这也正是此类电动机被称作"异步"电动机的由来。又因为转子中的电流不是由电源供给的，而是由电磁感应产生的，所以这类电动机也称为感应电动机。

4. 转差率

旋转磁场的同步转速与转子转速之差和同步转速的比值，称为异步电动机的转差率，即

$$s = (n_1 - n)/n_1$$

式中，s 为转差率。当异步电动机刚要起动时，$n = 0$，$s = 1$；当 $n = n_1$ 时，$s = 0$。异步电动机正常使用时，电动机转速略小于但接近同步转速，额定转差率一般小于5%。

5. 三相异步电动机的转速与运行状态

如果作用在异步电动机转子的外转矩使转子逆着旋转磁场的方向旋转，即 $n < 0$，$s > 1$ 如图3-8所示。此时转子导条中的电动势与电流方向仍和电动机时一样，电磁转矩方向仍与旋转磁场方向一致，但与外转矩方向相反。即电磁转矩是制动性质，在这种情况下，一方面电动机吸取机械功率，另一方面因转子导条中电流方向并未改变，对定子来说，电磁关系和电动机状态一样，定子绕组中电流方向仍和电动机状态相同。也就是说，电网还对电动机输送电功率，因此异步电动机在这种情况下，同时从转子输入机械功率、从定子输入电功率，两部分功率一起变为电动机内部的损耗。异步电动机的这种运行状态称为"电磁制动"状态，又称为"反接制动"状态。

如果用一原动机，或者由其他转矩（如惯性转矩、重力所形成的转矩）拖动异步电动机，使它的转速超过同步转速，这时在异步电动机中的电磁情况有所改变。因为 $n > n_1$，$s < 0$，所以旋转磁场切割转子导条的方向相反，导条中的电动势与电流方向都反向。根据左手定则所决定的电磁力及电磁转矩方向都是与旋转磁场及转子的旋转方向相反。

这种电磁转矩是一种制动性质的转矩，如图 3-8 所示，这时原动机就对异步电动机输入机械功率。在这种情况下，异步电动机通过电磁感应由定子向电网输送电功率，电动机就处在发电状态。

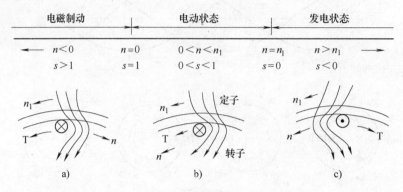

图 3-8　异步电动机的 3 种运行状态

四、三相异步电动机的铭牌数据

三相异步电动机在出厂时，机座上都固定着一块铭牌，铭牌上标注着额定数据。主要的额定数据为：

1）额定功率 P_N（kW）：指电动机额定工作状态时，电动机轴上输出的机械功率。

$$P_N = \sqrt{3} I_N U_N \cos\varphi_N \eta_N$$

2）额定电压 U_N（V）：指电动机额定工作状态时，电源加在定子绕组上的线电压。

3）额定电流 I_N（A）：指电动机额定工作状态时，电源供给定子绕组上的线电流。

4）额定转速 n_N（r/min）：指电动机额定工作状态时，转轴上的转速。

5）额定频率 f_N（Hz）：指电动机所接交流电源的频率。

此外，铭牌上还标明绕组的相数与接法（接成星形或三角形）、绝缘等级及温升等。对绕线转子异步电动机，还应标明转子的额定电动势及额定电流。

五、电动机的拆装过程

在拆卸前，应准备好各种工具，作好拆卸前记录和检查工作，在线头、端盖、刷握等处做好标记，以便于修复后的装配。拆卸步骤见表 3-1。

表 3-1　三相异步电动机拆卸步骤

步　骤	图　示	说　明
切断电源，卸下传动带、带轮		在联轴器的轴伸端做好装配时的复原标记
卸下风叶罩		用旋具将风罩的螺栓拧下，用力将风罩往外拔

（续）

步　骤	图　示	说　明
卸下风叶	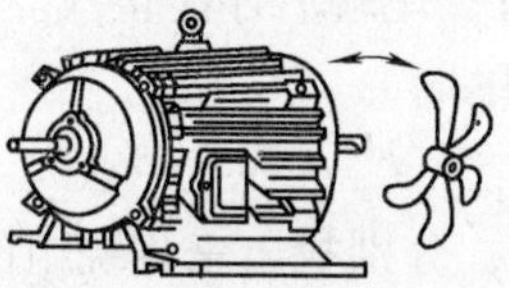	用尖嘴钳取下转子轴端风扇上的定位销子，用锤子均匀敲风扇四周并取下风扇
拆卸前轴承外盖		
拆卸前端盖	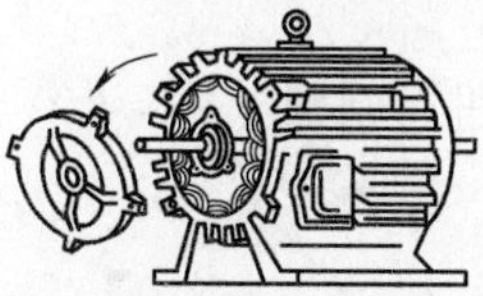	拆卸端盖前，应在机壳与端盖接缝处做好标记，然后旋下固定端盖的螺钉，逐步将端盖顶出来
将转子和后端盖一起拆卸	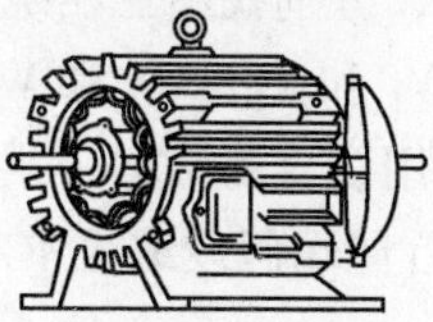	当后端盖连同转子一起抬出时，注意不可擦伤定子绕组
取下后端盖	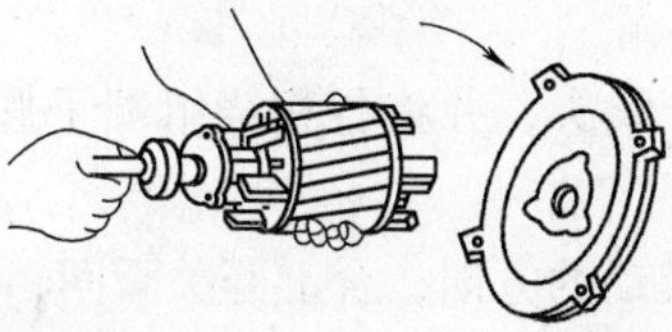	用木槌均匀敲打后端盖四周，即可取下后端盖

六、电动机的装配过程

电动机的装配过程与拆装过程相反。在装配前应先清洗电动机内部的灰尘。

七、装配后的检查

1. 机械检查

1）紧固螺钉是否拧紧。

2）用手转动出轴，转子转动是否灵活，有无扫膛、松动；轴承是否有杂声等。

2. 电气性能检查

1）直流电阻三相平衡。

2）测量绕组的绝缘电阻。检测三相绕组每相对地的绝缘电阻和相间绝缘电阻，其阻值不得小于 $0.5M\Omega$。

3）按铭牌要求接好电源线，在机壳上接好保护接地线，接通电源，用钳形电流表检测三相空载电流，看是否符合允许值。

查看电动机温升是否正常，运转中有无异响。

八、三相异步电动机定子绕组首、尾端的判别方法

当电动机接线板损坏，定子绕组的6个线头分不清楚时，不可盲目接线，以免引起电动机内部故障，因此必须分清6个线头的首、尾端后才能接线。

1. 用36V交流电源和灯泡判别首、尾端

判别时的接线方式的判别步骤如下：

1）用绝缘电阻表或万用表的电阻挡，分别找出三相绕组的各相两个线头。

2）先任意给三相绕组的线头分别编号为 U_1 和 U_2、V_1 和 V_2、W_1 和 W_2。并把 V_1、U_2 连接起来，使两相绕组串联。

3）U_1、V_2 线头上接一只灯泡。

4）W_1、W_2 两个线头上接通36V交流电源，如果灯泡发亮，说明线头 U_1、U_2 和 V_1、V_2 的编号正确。如果灯泡不亮，则把 U_1、U_2 或 V_1、V_2 中任意两个线头的编号对调一下即可。

5）再按上述方法对 W_1、W_2 两线头进行判别。

2. 用万用表或微安表判别首、尾端

（1）方法一

① 先用绝缘电阻表或万用表的电阻挡，分别找出三相绕组的各相两个线头。

② 给各相绕组假设编号为 U_1 和 U_2、V_1 和 V_2、W_1 和 W_2。

③ 接线后用手转动电动机转子，如万用表（微安挡）指针不动，则证明假设的编号是正确的；若指针有偏转，说明其中有一相首尾端假设编号不对。应逐相对调重测，直至正确为止。

（2）方法二

① 首先分清三相绕组各相的两个线头，并将各相绕组端子假设为 U_1 和 U_2、V_1 和 V_2、W_1 和 W_2。

② 观察万用表（微安挡）指针摆动的方向，合上开关瞬间，若指针摆向大于零的一边，则接电池正极的线头与万用表负极所接的线头同为首端或尾端；若指针反向摆动，则接电池正极的线头与万用表正极所接的线头同为首端或尾端。

③ 再将电池和开关接另一相两个线头，并进行测试，就可正确判别各相的首、尾端。

 任务准备

设备、工具和材料准备见表3-2。

表3-2 三相异步电动机拆卸设备

序号	分类	名称	型号规格	数量	单位	备注
1	工具	电工常用工具		1	套	
2	器材	三相异步电动机	自选	1	台	

 任务实施

1）对三相异步电动机进行拆卸，注意拆装标准件的规范。要求：观察对应部件的名

称，定子绕组的连接形式，前后端部的形状，引线连接形式，绝缘材料的放置等。

2）对三相异步电动机进行装配。

 检测与分析

1. 任务检测

任务完成情况检测标准见表3-3。

表3-3 三相异步电动机拆装检测标准

序号	主要内容	考核要求	评分标准	配分	得分
1	拆卸步骤	拆卸步骤是否正确	拆卸错误每处扣20分	40	
2	装配步骤	装配步骤是否正确	不正确扣30分	30	
3	工具使用	工具使用熟练、正确	不会正确熟练使用工具，扣5分	5	
4	安全与文明生产	遵守国家相关专业安全文明生产规程	违反安全文明生产规程，扣5~15分	15	
备注	考试时间为20min。每超时2min扣10分，超时10min不记分		合计	90	

2. 问题与分析

针对任务实施中的问题进行分析，并找出解决问题的方法，见表3-4。

表3-4 三相异步电动机的问题与分析

序号	问题主要内容	分析问题	解决方法	配分	得分
1					
2				10	
3					
4					

能力训练

一、填空

1. 定子部分由 _____、_____、_____、_____和_____等部件组成。

2. 三相异步电动机的定子绕组通入三相交流电产生_____磁场。

3. 三相异步电动机定子绕组的连接方式有_____、_____。

二、简答题

1. 三相异步电动机定子绕组首、尾端的判别方法。

2. 简述三相异步电动机拆卸步骤。

3. 如何改变三相异步电动机的选择方向？

三、实训题

对三相异步电动机进行拆卸。

任务二　三相异步电动机单向起动控制电气电路

知识点

　　1. 学习正确识别、选用、安装、使用组合开关，熟悉它们的功能、结构、工作原理、型号。

　　2. 学习正确识别、选用、安装、使用按钮、接触器，熟悉它们的功能、结构、工作原理、型号。

　　3. 掌握点动控制电路的构成、工作原理及特点。

　　4. 了解电气控制电路电路图、布置图和接线图的特点。

　　5. 掌握电气控制电路图的绘制、识读的原则。

技能点

　　1. 能识读电路图、接线图和布置图。

　　2. 能识别、选用、安装与使用按钮、接触器。

　　3. 能安装与检修点动正转控制电路。

学习任务

　　车床溜板箱快速移动由三相异步电动机进行点动控制。请对此设备进行接触器点动控制，绘制原理图、接线图，并进行电路安装以完成车床溜板箱快速移动。

任务分析

　　所谓点动控制是指按下按钮，电动机得电运转；松开按钮，电动机失电停转。这种控制方法常用于电动葫芦的起重电动机控制和车床溜板箱快速移动电动机控制。要实现电动机点动运行控制，可以通过按钮、接触器等低压元件进行控制。在安装三相异步电动机点动控制电路时，要遵守电动机基本控制电路图的绘制与安装要求。

知识准备

一、电动机基本控制电路图的绘制及电路安装步骤

　　由于各种生产机械的工作性质和加工工艺不同，使得它们对电动机的控制要求不同。要使电动机按照生产机械的要求正常安全地运转，必须配备一定的电器，组成一定的控制电路才能达到目的。在生产实践中，一台生产机械的控制电路可以比较简单，也可能相当复杂，但任何复杂的控制电路总是由一些基本控制电路有机地组合起来的。

　　电动机常见的基本控制电路有以下几种：点动控制电路、正转控制电路、正反转控制电路、位置控制电路、顺序控制电路、多地控制电路、减压起动控制电路、调速控制电路和制动控制电路等。

　　（一）绘制、识读电气控制电路图的原则

　　生产机械电气控制电路常用电路图、接线图和布置图来表示。

1. 电路图

电路图是根据生产机械运动形式对电气控制系统的要求，采用国家统一规定的电气图形符号和文字符号，按照电气设备和电器的工作顺序，详细表示电路、设备或成套装置的全部基本组成和连接关系，而不考虑其实际位置的一种简图。

电路图能充分表达电气设备和电器的用途、作用和工作原理，是电气电路安装、调试和维修的理论依据。

绘制、识读电路图时应遵循以下原则：

1) 电路图一般分电源电路、主电路和辅助电路三部分绘制。

① 电源电路画成水平线，三相交流电源相序 L_1、L_2、L_3 自上而下依次画出，中性线 N 和保护地线 PE 依次画在相线之下。直流电源的"＋"端画在上边，"－"端在下边画出。电源开关要水平画出。

② 主电路是指受电的动力装置及控制、保护电器的支路等，它是由主熔断器、接触器的主触头、热继电器的热元件以及电动机等组成。主电路通过的电流是电动机的工作电流，电流较大。主电路图要画在电路图的左侧并垂直电源电路。

③ 辅助电路一般包括控制主电路工作状态的控制电路，显示主电路工作状态的指示电路，提供机床设备局部照明的照明电路等。它是由主令电器的触头、接触器线圈及辅助触头、继电器线圈及触头、指示灯和照明灯等组成的。辅助电路通过的电流都较小，一般不超过 5A。画辅助电路图时，辅助电路要跨接在两相电源线之间，一般按照控制电路、指示电路和照明电路的顺序依次垂直画在主电路图的右侧，且电路中与下边电源线相连的耗能元件（如接触器和继电器的线圈、指示灯、照明灯等）要画在电路图的下方，而电器的触头要画在耗能元件与上边电源线之间。为读图方便，一般应按照自左至右、自上而下的排列来表示操作顺序。

2) 电路图中，各电器的触头位置都按电路未通电或电器未受外力作用时的常态位置画出。分析原理时，应从触头的常态位置出发。

3) 电路图中，不画各电器元件实际的外形，而采用国家统一规定的电气图形符号画出。

4) 电路图中，同一电器的各元件不按它们的实际位置画在一起，而是按其在电路中所起的作用分画在不同电路中，但它们的动作却是相互关联的，因此，必须标注相同的文字符号，若图中相同的电器较多时，需要在电器文字符号后面加注不同的数字，以示区别，如 KM1、KM2 等。

5) 画电路图时，应尽可能减少线条和避免线条交叉。对有直接电联系的交叉导线连接点，要用小黑圆点表示；无直接电联系的交叉导线则不画小黑圆点。

6) 电路图采用电路编号法，即对电路中的各个接点用字母或数字编号。

① 主电路在电源开关的出线端按相序依次编号为 U_{11}、V_{11}、W_{11}。然后按从上至下、从左至右的顺序，每经过一个电器元件后，编号要递增，如 U_{12}、V_{12}、W_{12}；U_{13}、V_{13}、W_{13} ……单台三相交流电动机（或设备）的三根引出线按相序依次编号为 U、V、W。对于多台电动机引出线的编号，为了不致引起误解和混淆，可在字母前用不同的数字加以区分，如 1U、1V、1W；2U、2V、2W……

② 辅助电路编号按"等电位"原则从上至下、从左至右的顺序用数字依次编号，每经

过一个电器元件后，编号要依次递增。控制电路编号的起始数字必须是 1，其他辅助电路编号的起始数字依次递增 100，如照明电路编号从 101 开始，指示电路编号从 201 开始等。

2. 接线图

接线图是根据电气设备和电器元件的实际位置和安装情况绘制的，只用来表示电气设备和电器元件的位置、配线方式和接线方式，而不明显表示电气动作原理。它主要用于安装接线，电路的检查维修和故障处理。

绘制、识读接线图应遵循以下原则：

1）接线图中一般表示出如下内容：电气设备和电器元件的相对位置、文字符号、端子号、导线号、导线类型、导线横截面积、屏蔽和导线绞合等。

2）所有的电气设备和电器元件都按其所在的实际位置绘制在图纸上，且同一电器的各元件根据其实际结构，使用与电路图相同的图形符号画在一起，并用点画线框上，其文字符号以及接线端子的编号应与电路图中的标注一致，以便对照检查接线。

3）接线图中的导线有单根导线、导线组（或线扎）、电缆等之分，可用连续线和中断线来表示。凡导线走向相同的可以合并，用线束来表示，到达接线端子板或电器元件的连接点时再分别画出。在用线束来表示导线组、电缆等时可用加粗的线条表示，在不引起误解的情况下也可采用部分加粗。另外，导线及管子的型号、根数和规格应标注清楚。

3. 布置图

布置图是根据电器元件在控制板上的实际安装位置，采用简化的外形符号（如正方形、矩形、圆形等）而绘制的一种简图。它不表达各电器的具体结构、作用、接线情况以及工作原理，主要用于电器元件的布置和安装。图中各电器的文字符号必须与电路图和接线图的标注相一致。

在实际中，电路图、接线图和布置图要结合起来使用。

（二）电动机基本控制电路的安装步骤

电动机基本控制电路的安装，一般应按以下步骤进行：

1）识读电路图，明确电路所用电器元件及其作用，熟悉电路的工作原理。

2）根据电路图或元件明细配齐电器元件，并进行检验。

3）根据电器元件选配安装工具和控制板。

4）根据电路图绘制布置图和接线图，然后按要求在控制板上安装电器元件（电动机除外），并贴上醒目的文字符号（若条件允许，也可以自行设计、安装电控柜进行实训）。

5）根据电动机容量选配主电路导线的横截面积。控制电路导线一般采用横截面积为 $1mm^2$ 的铜芯线（BVR）；按钮线一般采用横截面积为 $0.75mm^2$ 的铜芯线（BVR）；接地线一般采用横截面积不小于 $1.5mm^2$ 的铜芯线（BVR）。

6）根据接线图布线，同时将剥去绝缘层的两端线头套上标有与电路图相一致编号的编码套管。

7）安装电动机。

8）连接电动机和所有电器元件金属外壳的保护接地线。

9）连接电源、电动机等控制板外部的导线。

10）自检。

11）交验。

12）通电试车。

二、三相异步电动机点动正转控制电路图

点动正转控制电路是用按钮、接触器来控制电动机运转的最简单的正转控制电路，如图 3-9 所示。

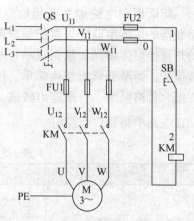

如图 3-9 所示电路图中，按照电路图的绘制原则，三相交流电源线 L_1、L_2、L_3 依次水平地画在图的上方，电源开关 QS 水平画出；由熔断器 FU1、接触器 KM 的三对主触头和电动机 M 组成的主电路，垂直电源线画在图的左侧；由起动按钮 SB、接触器 KM 线圈组成的控制电路跨接在 L_1 和 L_2 两条电源线之间，垂直画在主电路的右侧，且耗能元件 KM 的线圈与下边电源线 L_2 相连画在电路的下方，起动按钮 SB 则画在 KM 线圈与上边电源线 L_1 之间。图中接触器 KM 采用了分开表示法，其三对主触头画在主电路中，而线圈则画在控制电路中，为表示

图 3-9 点动正转控制电路原理

它们是同一电器，在它们的图形符号旁边标注了相同的文字符号 KM。

电路按规定在各接点进行了编号，图中没有专门的指示电路和照明电路。

三、低压电器元件

（一）组合开关

组合开关又称为转换开关，控制容量比较小，结构紧凑，常用于空间比较狭小的场所，如机床和配电箱等。组合开关一般用于电气设备的非频繁操作、切换电源和负载以及控制小容量感应电动机和小型电器。

组合开关由动触头、静触头、绝缘连杆转轴、手柄、定位机构及外壳等部分组成。其动、静触头分别叠装于数层绝缘壳内，当转动手柄时，每层的动触片随转轴一起转动。常用的产品有 HZ5、HZ10 和 HZ15 系列。HZ5 系列是类似万能转换开关的产品，其结构与一般转换开关有所不同；组合开关有单极、双极和多极之分。

组合开关的结构示意图及实物图如图 3-10 所示，其图形符号如图 3-11 所示。

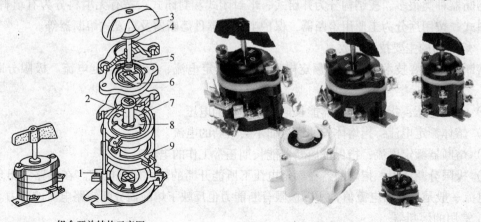

组合开关结构示意图　　　　　　组合开关实物图

图 3-10 组合开关

1—接线柱　2—绝缘杆　3—手柄　4—转轴　5—弹簧　6—凸轮　7—绝缘垫板　8—动触头　9—静触头

组合开关的常见故障及处理方法见表3-5所示。

（二）熔断器

熔断器在电路中主要起短路保护作用，用于保护电路。熔断器的熔体串联于被保护的电路中，熔断器以其自身产生的热量使熔体熔断，从而自动切断电路，实现短路保护及过载保护。熔断器具有结构简单、体积小、重量轻、使用维护方便、价格低廉、分断能力较强、限流能力良好等优点，因此在电路中得到广泛应用。

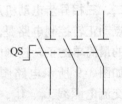

图 3-11　组合开关图形符号

表 3-5　组合开关的常见故障及处理方法

故障现象	可能原因	处理方法
手柄转动后，内部触头未动	1. 手柄上的轴孔磨损变形 2. 绝缘方轴变形 3. 手柄与方轴或轴与绝缘杆配合松动 4. 操作机构损坏	1. 调换手柄 2. 更换绝缘方轴 3. 紧固松动部件 4. 修理更换操作机构
手柄转动后，动、静触头不能按要求动作	1. 组合开关型号选择不正确 2. 触头角度装配不正确 3. 触头失去弹性或接触不良	1. 更换开关 2. 重新装配 3. 更换触头或清除尘污
接线柱间短路	因切屑或油污等附着接线柱，绝缘层损坏	更换开关

1. 熔断器工作原理及分类

熔断器由熔体和安装熔体的绝缘底座（或称熔管）组成。熔体由易熔金属材料铅、锌、锡、铜、银及其合金制成，形状常为丝状或网状。由铅锡合金和锌等低熔点金属制成的熔体，因不易灭弧，多用于小电流电路；由铜、银等高熔点金属制成的熔体，易于灭弧，多用于大电流电路。熔断器串联于被保护电路中，电流通过熔体时产生的热量与电流平方和电流通过的时间成正比，电流越大，则熔体熔断时间越短，这种特性称为熔断器的反时限保护特性或安秒特性。

熔断器种类很多，按结构分为开启式、半封闭式和封闭式；按有无填料分为有填料式、无填料式；按用途分为工业用熔断器、保护半导体器件熔断器及自复式熔断器等。

2. 熔断器的主要技术参数

熔断器的主要技术参数包括额定电压、熔体额定电流、熔断器额定电流、极限分断能力等。

1）额定电压：指保证熔断器能长期正常工作的电压。

2）熔体额定电流：指熔体长期通过而不会熔断的电流。

3）熔断器额定电流：指保证熔断器能长期正常工作的电流。

4）极限分断能力：指熔断器在额定电压下所能开断的最大短路电流。在电路中出现的最大电流一般是指短路电流值，所以极限分断能力也反映了熔断器分断短路电流的能力。

3. 常用的熔断器

1）RC1型瓷插式熔断器（见图3-12a）：常用的产品有RC1A系列，主要用于低压分支电路的短路保护，因其分断能力较小，多用于照明电路和小型动力电路中。

2）RL1 型螺旋式熔断器（见图 3-12b）：熔芯内装有熔丝，并填充硅砂，用于熄灭电弧，分断能力强。熔体上的上端盖有一熔断指示器，一旦熔体熔断，指示器马上弹出，可透过瓷帽上的玻璃孔观察到。常用产品有 RL6、RL7 和 RLS2 等系列，其中 RL6 和 RL7 多用于机床配电电路中；RLS2 为快速熔断器，主要用于保护半导体元件。

3）RM10 型密封管式熔断器为无填料管式熔断器，如图 3-12c 所示，主要用于供配电系统作为电路的短路保护及过载保护，它采用变横截面积片状熔体和密封纤维管。由于熔体较窄处的电阻小，在短路电流通过时产生的热量最大，则先熔断，因而可产生多个熔断点使电弧分散，以利于灭弧。短路时其电弧燃烧密封纤维管产生高压气体，以便将电弧迅速熄灭。

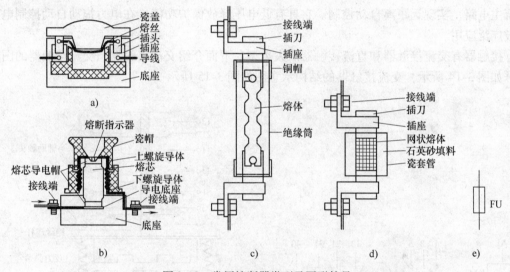

图 3-12 常用熔断器类型及图形符号
a）RC1 型瓷插式熔断器 b）RL1 型螺旋式熔断器 c）RM10 型密封管式熔断器
d）RT0 型有填料密封管式熔断器 e）熔断器的图形符号

4）RT 型有填料密封管式熔断器如图 3-12d 所示。熔断器中装有硅砂，用来冷却和熄灭电弧，熔体为网状，短路时可使电弧分散，由硅砂将电弧冷却熄灭，可将电弧在短路电流达到最大值之前迅速熄灭，以限制短路电流。此为限流式熔断器，常用于大容量电力网或配电设备中。常用产品有 RT12、RT14、RT15 和 RS3 等系列，RS2 系列为快速熔断器，主要用于保护半导体元件。

熔断器的图形符号如图 3-12e 所示，熔断器的实物如图 3-13 所示。

图 3-13 常用熔断器实物

4. 熔断器的常见故障及处理方法

熔断器的常见故障及处理方法见表 3-6。

表 3-6 熔断器的常见故障及处理方法

故障现象	原　因	处理方法
电路接通瞬间，熔体熔断	1. 熔体电流等级过小 2. 熔体安装时受机械损伤	1. 重新选择合适熔体 2. 更换熔体
熔体未熔断，但电路不通	熔体或接线座接触不良	重新连接

（三）交流接触器

接触器主要用于控制电动机、电热设备、电焊机、电容器组等，能频繁地接通或断开交直流主电路，实现远距离自动控制。它具有低电压释放保护功能，在电力拖动自动控制电路中被广泛应用。

接触器有交流接触器和直流接触器两大类型。下面介绍交流接触器，交流接触器的图形符号如图 3-14 所示，交流接触器的结构示意图如图 3-15 所示。

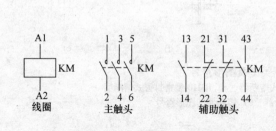

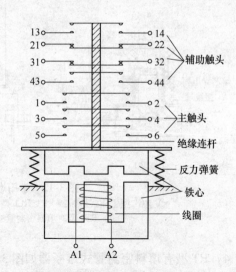

图 3-14　交流接触器的图形符号　　　　　图 3-15　交流接触器的结构示意图

1. 交流接触器的组成部分

1）电磁机构：电磁机构由线圈、动铁心（衔铁）和静铁心组成。

2）触头系统：交流接触器的触头系统包括主触头和辅助触头。主触头用于通断主电路，有 3 对或 4 对常开触头；辅助触头用于控制电路，起电气联锁或控制作用，通常有两对常开两对常闭触头。

3）灭弧装置：容量在 10A 以上的接触器都有灭弧装置。对于小容量的接触器，常采用双断口桥形触头以利于灭弧；对于大容量的接触器，常采用纵缝灭弧罩及栅片灭弧结构。

4）其他部件：包括反作用弹簧、缓冲弹簧、触头压力弹簧、传动机构及外壳等。

接触器上标有端子标号，线圈为 A1、A2，主触头 1、3、5 接电源侧，2、4、6 接负荷侧。辅助触头用两位数表示，前一位为辅助触头顺序号，后一位的 3、4 表示常开触头，1、

2 表示常闭触头。

接触器的控制原理很简单，当线圈接通额定电压时，产生电磁力，克服弹簧反力，吸引动铁心向下运动，动铁心带动绝缘连杆和动触头向下运动使常开触头闭合，常闭触头断开。当线圈失电或电压低于释放电压时，电磁力小于弹簧反力，常开触头断开，常闭触头闭合。

常用的交流接触器有 CJ10、CJ12、CJ10X、CJ20、CJX1、CJX2、3TB 和 3TD 等系列，如图 3-16 所示。

图 3-16　常用的交流接触器

2. 接触器的主要技术参数和类型

1）额定电压：接触器的额定电压是指主触头的额定电压。交流有 220V、380V 和 660V，在特殊场合应用的额定电压高达 1140V，直流主要有 110V、220V 和 440V。

2）额定电流：接触器的额定电流是指主触头的额定工作电流。它是在一定的条件（额定电压、使用类别和操作频率等）下规定的，目前常用的电流等级为 10～800A。

3）吸引线圈的额定电压：交流有 36V、127V、220V 和 380V，直流有 24V、48V、220V 和 440V。

4）机械使用寿命和电气使用寿命：接触器是频繁操作电器，应有较高的机械和电气使用寿命，该指标是产品质量的重要指标之一。

5）额定操作频率：接触器的额定操作频率是指每小时允许的操作次数，一般为 300 次/h、600 次/h 和 1200 次/h。

6）动作值：动作值是指接触器的吸合电压和释放电压。规定接触器的吸合电压大于线圈额定电压的 85% 时应可靠吸合，释放电压不高于线圈额定电压的 70%。

3. 接触器的选择

1）根据负载性质选择接触器的类型。

2）额定电压应大于或等于主电路工作电压。

3）额定电流应大于或等于被控电路的额定电流。对于电动机负载，还应根据其运行方式适当增大或减小。

4）吸引线圈的额定电压与频率要与所在控制电路的选用电压和频率相一致。

4. 接触器的常见故障及处理方法

接触器的常见故障及处理方法见表 3-7。

表 3-7 接触器的常见故障及处理方法

故障现象	原 因	处理方法
不能吸合或不完全吸合	1. 电源电压过低 2. 操作电路电源容量不足或断线 3. 线圈参数与使用条件不符 4. 触头弹簧压力过大 5. 接触器线圈断路	1. 调高电源电压 2. 增加电源容量，更换电路 3. 选择符合条件接触器 4. 调整触头参数 5. 更换接触器
不释放或释放缓慢	1. 触头弹簧压力过小 2. 触头熔焊 3. 机械部分卡住 4. 反力弹簧损坏 5. 铁心磨损或有油污	1. 调整触头参数 2. 更换触头 3. 排除卡住现象 4. 更换反力弹簧 5. 更换铁心或清理铁心
电磁铁噪声大	1. 电源电压过低 2. 触头弹簧压力大 3. 短路环断裂 4. 铁心不平或有污垢 5. 电磁系统歪斜或卡住	1. 提高操作电路电源 2. 调整触头参数 3. 更换端短路环 4. 更换铁心或清理铁心 5. 排除电磁系统故障
线圈过热或烧坏	1. 电源电压过高 2. 线圈参数与实际条件不符 3. 操作频率过高 4. 短路	1. 调整电源电压 2. 选择符合条件接触器 3. 选择合适接触器 4. 排除短路故障，更换线圈
触头灼伤或熔焊	1. 触头压力过小 2. 触头表面有金属异物 3. 操作频率过大或工作电流过高 4. 长期过载 5. 负载短路	1. 调整触头参数 2. 清理异物 3. 更换接触器 4. 更换接触器 5. 排除故障并更换接触器

（四）按钮

按钮是一种最常用的主令电器，其结构简单，控制方便。

1. 按钮的结构、种类及常用型号

按钮由按钮帽、复位弹簧、桥式触头和外壳等组成，其结构示意图及图形符号如图 3-17 所示。触点采用桥式触头，额定电流在 5A 以下。触头又分常开触头（动断触头）和常闭触头（动合触头）两种。

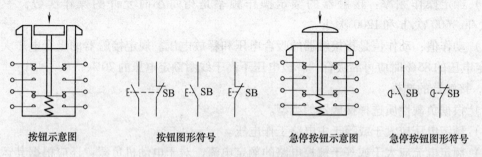

按钮示意图　　　按钮图形符号　　　急停按钮示意图　　急停按钮图形符号

图 3-17　按钮结构示意图及图形符号

按钮从外形和操作方式上可以分为平钮和急停按钮，急停按钮如图 3-17 所示，除此之外还有钥匙钮、旋钮、拉式钮、万向操纵杆式、带灯式等多种类型。

按钮一般为复位式，也有自锁式按钮，最常用的按钮为复位式平按钮，如图 3-17 所示，其按钮与外壳平齐，可防止异物误碰。按钮的实物图如图 3-18 所示。

图 3-18 按钮的实物图

2. 按钮的颜色

红色按钮用于"停止"、"断电"或"事故"。绿色按钮优先用于"起动"或"通电"，但也允许选用黑色、白色或灰色按钮。一钮双用的"起动"与"停止"或"通电"与"断电"，即交替按压后改变功能的，不能用红色按钮，也不能用绿色按钮，而应用黑色、白色或灰色按钮。按压时运动，抬起时停止运动（如点动、微动），应用黑色、白色、灰或绿色按钮，最好是黑色按钮，而不能用红色按钮。

用于单一复位功能的，用蓝色、黑色、白色或灰色按钮。同时有"复位"、"停止"与"断电"功能的用红色按钮。灯光按钮不得用作"事故"按钮。

3. 按钮的选择原则

1）根据使用场合，选择控制按钮的种类，如开启式、防水式、防腐式等。

2）根据用途，选用合适的型式，如钥匙式、紧急式、带灯式等。

3）按控制电路的需要，确定不同的按钮数，如单钮、双钮、三钮、多钮等。

4）按工作状态指示和工作情况的要求，选择按钮及指示灯的颜色。

4. 按钮的常见故障及处理方法

按钮的常见故障及处理方法见表 3-8 所示。

表 3-8 按钮的常见故障及处理方法

故障现象	原　　因	处理方法
触头接触不良	1. 触头烧坏 2. 触头表面有污垢 3. 触头弹簧失效	1. 更换按钮或修理触头 2. 清理污垢 3. 更换产品
触头间短路	1. 塑料变形导致接线螺钉短路 2. 触头间有杂物	1. 查明原因并更换产品 2. 清理污垢

（五）端子板

接线用的螺钉、卡子等零件叫做端子，端子板实际上就是把若干个端子集中在一处，排列在一个平板上，这个板就叫做端子板，如图 3-19 所示。

图 3-19　端子板实物图

在生产现场，并不是所有的设备、元件都是集中在一起的，而是根据设备元件的作用，安放在不同的地方，例如机床电路中的接触器、继电器等电器元件是安放在机床床体的侧后方或下部比较隐蔽的地方，而电动机则是安装在生产机械（主轴、工作台等）附近，按钮等主令电器则安放在操作者方便操作的位置，端子板的作用就是把这些安装在不同的位置的电气设备、电器元件的引出线整理在一起，并与安装在其他位置的设备、元件连接起来。

四、三相异步电动机单向点动控制电路的工作原理

点动控制电路中，组合开关 QS 作电源隔离开关；熔断器 FU1、FU2 分别作主电路、控制电路的短路保护；起动按钮 SB 控制接触器 KM 的线圈得电、失电；接触器 KM 的主触头控制电动机 M 的起动与停止。

电路的工作原理如下：

当电动机 M 需要点动时，先合上组合开关 QS，此时电动机 M 尚未接通电源。按下起动按钮 SB，接触器 KM 的线圈得电，使衔铁吸合，同时带动接触器 KM 的三对主触头闭合，电动机 M 便接通电源起动运转；当电动机需要停转时，只要松开起动按钮 SB，使接触器 KM 的线圈失电，衔铁在复位弹簧作用下复位，带动接触器 KM 的三对主触头恢复分断，电动机 M 失电停转。

在分析各种控制电路的原理时，为了简单明了，常用电器文字符号和箭头配以少量文字说明来表达电路的工作原理。如点动正转控制电路的工作原理如下：

先合上电源开关 QS，

起动：按下 SB →KM 线圈得电→KM 主触头闭合电动机 M 起动运转。

停止：松开 SB→KM 线圈失电→KM 主触头分电动机 M 失电停转。

停止使用时，断开电源开关 QS。

 任务准备

设备、工具和材料准备见表 3-9。

表 3-9　电动机点动控制设备

序号	分类	名称	型号规格	数量	单位	备注
1	工具	电工工具及仪表		1	套	

（续）

序号	分类	名称	型号规格	数量	单位	备注
2	材料	三相异步电动机	Y112M-4	1	台	
3		空气断路器	Multi9 C65N D20 或自选	1	只	
4		熔断器	RT28-32	5	只	
5		安装绝缘板	600mm×900mm	1	块	
6		接触器	NC3-09/220 或自选	1	只	
7		按钮	LA4-3H	1	只	
8		端子	D-20	1	排	
9		导线及护套线		若干		

导线规格：主电路采用 BV1.5mm^2 和 BVR1.5mm^2（黑色）；控制电路采用 BV1mm^2（红色）；按钮线采用 BVR0.75mm^2（红色）；接地线采用 BVR1.5mm^2（黄绿双色）。导线数量由教师根据实际情况确定。

对导线的颜色在初级阶段训练时，除接地线外，可不必强求，但应使主电路与控制电路有明显区别。

紧固体和编码套管按实际需要发给，简单电路可不用编码套管。

 任务实施

一、任务实施步骤

1）识读点动正转控制电路，明确电路所用电器元件及作用，熟悉电路的工作原理。

2）按表3-9配齐所用电器元件，并进行检验。

① 电器元件的技术数据（如型号、规格、额定电压、额定电流等）应完整并符合要求，外观无损伤，备件、附件齐全完好。

② 电器元件的电磁机构动作是否灵活，有无衔铁卡阻等不正常现象。用万用表检查电磁线圈的通断情况以及各触头的分合情况。

③ 接触器线圈额定电压与电源电压是否一致。

④ 对电动机的质量进行常规检查。

3）在控制板上按布置图（见图3-20）安装电器元件，并贴上醒目的文字符号。其工艺要求如下：

① 组合开关、熔断器的受电端子应安装在控制板的外侧，并使熔断器的受电端为底座的中心端。

② 各元器件的安装位置应整齐、匀称，间距合理，便于元器件的更换。

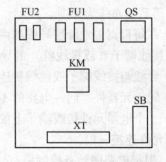

图 3-20　点动正转控制电路

③ 紧固各元器件时要用力均匀，紧固程度适当。在紧固熔断器、接触器等易碎裂元器件时，应用手按住元器件一边轻轻摇动，一边用旋具轮换旋紧对角线上的螺钉，直到手摇不动后再适当旋紧些即可。

4）按接线图（见图 3-21）的布线方法进行板前明线布线和套编码套管。

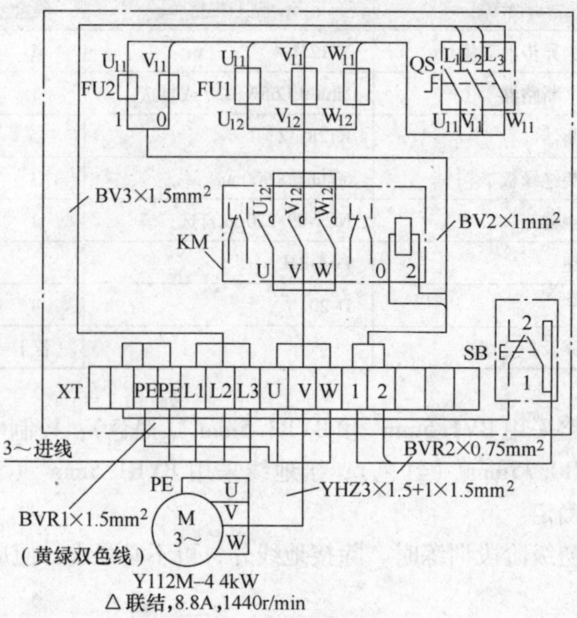

图 3-21　点动正转控制电路接线

板前明线布线的工艺要求是：

① 布线通道尽可能少，同路并行导线按主、控电路分类集中，单层密排，紧贴安装面布线。

② 同一平面的导线应高低一致或前后一致，不能交叉。非交叉不可时，该根导线应在接线端子引出时，就水平架空跨越，但必须布线合理。

③ 布线应横平竖直，分布均匀。变换走向时应垂直。

④ 布线时严禁损伤线芯和导线绝缘层。

⑤ 布线顺序一般以接触器为中心，由里向外、由低至高、先控制电路、后主电路进行，以不妨碍后续布线为原则。

⑥ 在每根剥去绝缘层导线的两端套上编码套管。所有从一个接线端子（或接线桩）到另一个接线端子（或接线桩）的导线必须连续，中间无接头。

⑦ 导线与接线端子或接线桩连接时，不得压绝缘层、不反圈及不露铜过长。

⑧ 同一元器件、同一电路的不同接点的导线间距离应保持一致。

⑨ 一个电器元件接线端子上的连接导线不得多于两根，每节接线端子板上的连接导线一般只允许连接一根。

5）根据电路图检查控制板布线的正确性。

6）安装电动机。

7）连接电动机和按钮金属外壳的保护接地线。

8）连接电源、电动机等控制板外部的导线。

9）自检。安装完毕的控制电路板，必须经过认真检查以后，才允许通电试车，以防止错接、漏接造成不能正常运转或短路事故。

① 按电路图或接线图从电源端开始，逐段核对接线及接线端子处线号是否正确，有无漏接、错接之处。检查导线接点是否符合要求，压接是否牢固。接触应良好，以免带负载运行时产生闪弧现象。

② 用万用表检查电路的通断情况。检查时，应选用倍率适当的电阻挡，并进行校零，以防短路故障的发生。对控制电路的检查（可断开主电路），可将表笔分别搭在 U_{11}、V_{11} 线端上，读数应为"∞"。按下按钮 SB 时，读数应为接触器线圈的直流电阻值，然后断开控制电路再检查主电路有无开路或短路现象，此时可用手动来代替接触器通电进行检查。

③ 用绝缘电阻表检查电路的绝缘电阻应不得小于 $1M\Omega$。

10）交验。

11）通电试车。为保证人身安全，在通电试车时，要认真执行安全操作规程的有关规定，一人监护，一人操作。试车前应检查与通电试车有关的电气设备是否有不安全的因素存在，若查出应立即改正，然后方能通电试车。

① 通电试车前，必须征得教师同意，并由教师接通三相电源 L_1、L_2、L_3，同时在现场监督。学生合上电源开关 QS 后，用测电笔检查熔断器出线端，氖管亮说明电源接通。按下按钮 SB，观察接触器的情况是否正常，是否符合电路功能要求；观察电器元件动作是否灵活，有无卡阻及噪声过大等现象；观察电动机运行是否正常等。但不得对电路接线是否正确进行带电检查。观察过程中，若有异常现象应马上停机。当电动机运转平稳后，用钳形电流表测量三相电流是否平衡。

② 试车成功率以通电后第一次按下按钮时计算。

③ 出现故障后，学生应独立进行检修。若需带电进行检查时，教师必须在现场监护。检修完毕后，如需再次试车，也应该有教师监护，并做好时间记录。

④ 通电试车完毕，停转，切断电源。先拆除三相电源线，再拆除电动机线。

二、注意事项

1）电动机及按钮的金属外壳必须可靠接地。接至电动机的导线必须穿在导线通道内加以保护，或采用坚韧的四芯橡皮线或塑料护套线进行临时通电校验。

2）电源进线应接在螺旋式熔断器的下接线座上，出线则应接在上接线座上。

3）按钮内接线时，用力不可过猛，以防螺钉打滑。

4）训练应在规定定额时间内完成。训练结束后，安装的控制板留用。

 检测与分析

1. **任务检测**

任务完成情况检测标准见表 3-10。

表3-10 电动机点动控制检测标准

序号	主要内容	评分标准	配分	得分
1	安装前检查	电气元件遗漏或出错，每处扣1分	15	
2	安装元器件	1. 不按布置图安装，扣5分 2. 元器件安装不牢固，每处扣2分 3. 元器件安装不整齐、不合理，每处扣2分 4. 损坏元器件，每处扣5分	15	

（续）

序号	主要内容	评分标准	配分	得分
3	布线	1. 不按电路图布线，扣10分 2. 布线不符合要求，每项扣4分 3. 接点松动，漏铜过长、反圈等，每处扣1分 4. 损伤导线绝缘层或线芯，每处扣3分 5. 编码套管套装不正确，每处扣1分 6. 漏接接地线，扣5分	25	
4	通电试车	一次试运行不成功扣10分；二次试运行不成功扣20分；三次试运行不成功扣30分	30	
5	安全与文明生产	违反安全文明生产规程，扣5分	5	
6	额定时间：3h	每超时1min，扣5分		
备注		合计	90	

2. 问题与分析

针对任务实施中的问题进行分析，并找出解决问题的方法，见表3-11。

表3-11　电动机点动控制的问题与分析

序号	问题主要内容	分析问题	解决方法	配分	得分
1					
2				10	
3					
4					

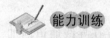 能力训练

一、填空题

1. 电路图中，各电器的触头位置都按_____画出。分析原理时，应从触头的常态位置出发。

2. 辅助电路编号按_____原则从上至下、从左至右的顺序用数字依次编号，每经过一个电器元件后，编号要依次递增。

3. 熔断器由_____和_____（或称熔管）组成。

4. 红色按钮用于_____。

5. 接触器有_____和_____两大类型。

二、简答题

1. 布置图和接线图的定义各是什么？

2. 按钮由哪几部分组成？它是接在主电路中还是接在控制电路中？并画出按钮的图形符号。

3. 简述接触器的组成及控制原理，并画出接触器的图形符号。

4. 什么是点动控制？如何实现点动控制？

5. 简述电动机基本控制电路的一般安装步骤。

三、实训题

1. 拆装接触器。
2. 拆装按钮。

任务三　三相异步电动机单向连续运行控制电路的安装

知识点

1. 掌握热继电器的功能、结构、工作原理、型号意义。
2. 掌握正确识别、选用、安装、使用热继电器的方法。
3. 掌握具有过载保护的自锁正转控制电路的构成、特点和工作原理。

技能点

1. 能正确识别、选用、安装、使用热继电器。
2. 能安装有过载保护的自锁正转控制电路。

 学习任务

生产线传送带由三相异步电动机进行控制，三相异步电动机单向连续运行。按下起动按钮，三相异步电动机运行带动传送带传送工料；按下停止按钮，三相异步电动机停止运行，传送带停止传送工料。绘制三相异步电动机单向连续运行原理图、接线图，并对电路进行安装。

任务分析

三相异步电动机单向连续运行控制可在点动控制电路上加以改造，即在控制电路部分加接触器自锁环节。接触器自锁，使得电动机在松开按钮的时候，由于接触器触头自身的作用，电动机仍然得电连续运行。要实现电动机的连续运行还要有一定的过载保护等措施，过载保护一般采用热继电器。

知识准备

在要求电动机起动后能连续运转时，采用点动正转控制电路显然是不行的。为实现电动机的连续运转，可采用如图 3-22 所示的三相异步电动机单向连续运行控制电路。这种电路的主电路和点动控制电路的主电路不同之处在于，单向连续运行控制电路的主电路中串入了热继电器的热元件，在控制电路中又串接了热继电器的常闭触头和一个停止按钮 SB2，在起动按钮 SB1 的两端并接了接触器 KM 的一对常开辅助触头。

一、任务所需低压电器元件——热继电器

热继电器主要是用于电气设备（主要是电动机）的过负荷保护。热继电器是一种利用电流热效应原理工作的电器，它具有与电动机容许过载特性相近的反时限动作特性，主要与接触器配合使用，用于对三相异步电动机的过负荷和断相保护。

三相异步电动机在实际运行中，常会遇到因电气或机械原因等引起的过电流（过载和

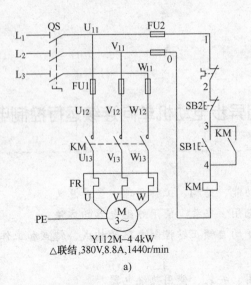

Y112M-4 4kW
△联结,380V,8.8A,1440r/min

a)

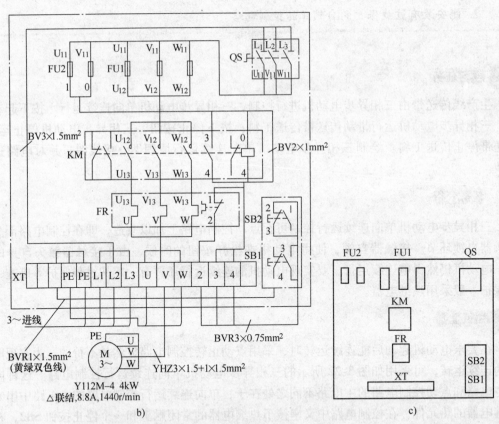

b)

c)

图 3-22　三相异步电动机单向连续运行控制电路
a）电路原理图　b）电路接线图　c）布置图

断相）现象。如果过电流不严重，持续时间短，绕组不超过允许温升，这种过电流是允许的；如果过电流情况严重，持续时间较长，则会加快电动机绝缘结构老化，甚至烧毁电动机，因此，在电动机电路中应设置电动机保护装置。常用的电动机保护装置种类很多，使用最多、最普遍的是双金属片式热继电器。目前，双金属片式热继电器均为三相式，有带断相保护和不带断相保护两种。

在任务二中，由于点动控制电路中，电动机只是短时运行，即使出现过负载现象，也是在允许范围内的，而连续运行电路中，电动机有可能需要长期连续运行，运行期间可能出现长期过负载现象，因此电路中需要加入过负载保护。

（一）热继电器的工作原理

图 3-23 是双金属片式热继电器的结构示意图，图 3-24 所示是其图形符号。由图可见，热继电器主要由双金属片、热元件、复位按钮、传动杆、拉簧、调节旋钮、复位螺钉、触头和接线端子等组成。热继电器的实物图如图 3-25 所示。

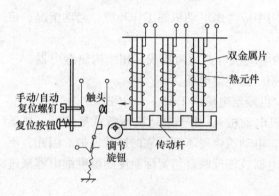

图 3-23 热继电器结构示意图

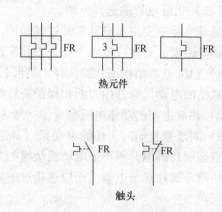

图 3-24 热继电器图形符号

图 3-25 热继电器实物图

双金属片是一种将两种线膨胀系数不同的金属用机械辗压方法使之形成一体的金属片。膨胀系数大的（如铁镍铬合金、铜合金或高铝合金等）称为主动层，膨胀系数小的（如铁镍类合金）称为被动层。由于两种线膨胀系数不同的金属紧密地贴合在一起，当产生热效应时，使得双金属片向膨胀系数小的一侧弯曲，由弯曲产生的位移带动触头动作。

热元件一般由铜镍合金、镍铬铁合金或铁铬铝等合金电阻材料制成，其形状有圆丝、扁丝、片状和带材等几种。热元件串联于电动机的定子电路中，通过热元件的电流就是电动机的工作电流（大容量的热继电器装有速饱和互感器，热元件串联在其二次电路中）。当电动机正常运行时，其工作电流通过热元件产生的热量不足以使双金属片变形，热继电器不会动作。当电动机发生过电流且超过整定值时，双金属片的热量增大而发生弯曲，经过一定时间后，双金属片带动传动杆，传动杆推动触头，使触头动作，通过控制电路切断电动机的工作电源。同时，热元件也因失电而逐渐降温，经过一段时间的冷却，双金属片恢复到原来状态。热继电器动作电流的调节是通过旋转调节旋钮来实现的。调节旋钮为一个偏心轮，旋转调节旋钮可以改变传动杆和动触头之间的传动距离，距离越长动作电流就越大；反之，动作电流就越小。热继电器复位方式有自动复位和手动复位两种，将复位螺钉旋入，使常开的静触头向动触头靠近，这样动触头在闭合时处于不稳定状态，在双金属片冷却后动触头也返回，为自动复位方式。如将复位螺钉旋出，触头不能自动复位，为手动复位置方式。在手动复位置方式下，需在双金属片恢复状时按下复位按钮才能使触头复位。

（二）热继电器的选择原则

热继电器主要用于电动机的过载保护，使用中应考虑电动机的工作环境、起动情况、负载性质等因素，具体应按以下几个方面来选择：

1）热继电器结构型式的选择：星形联结的电动机可选用两相或三相结构热继电器，三角形联结的电动机应选用带断相保护装置的三相结构热继电器。

2）热继电器的动作电流整定值一般为电动机额定电流的 1.05 ~ 1.1 倍。

3）对于重复短时工作的电动机（如起重机电动机），由于电动机不断重复升温，热继电器双金属片的温升跟不上电动机绕组的温升，电动机将得不到可靠的过载保护。因此，不宜选用双金属片热继电器，而应选用过电流继电器或能反映绕组实际温度的温度继电器来进行保护。

（三）热继电器的常见故障及处理方法（见表 3-12）

表 3-12　热继电器的常见故障及处理方法

故障现象	可能原因	处理方法
热元件烧断	1. 负载侧短路，电流过大 2. 操作频率过高	1. 排除故障，更换热继电器 2. 更换合适参数的热继电器
热继电器不动作	1. 热继电器的额定电流值选用不合适 2. 整定电流偏大 3. 动作触头接触不良 4. 热元件烧断或脱焊 5. 动作机构卡阻 6. 导板脱出	1. 按保护容量合理选用 2. 合理调整整定电流值 3. 更换触头或清除尘污 4. 更换热继电器 5. 消除卡阻 6. 重新放入导板并调试
热继电器动作不稳定，时快时慢	1. 热继电器内部机构某些部件松动 2. 双金属片弯折 3. 通电电流波动太大，或接线螺钉松动	1. 紧固松动部件 2. 消除弯折或更换双金属片 3. 检查电源电压或拧紧接线螺钉
热继电器动作太快	1. 整定值偏小 2. 电动机起动时间过长 3. 操作频率过高 4. 使用场合有强烈冲击和振动 5. 安装热继电器处温度与电动机环境温度温差太大 6. 连接导线太细	1. 合理调整整定值 2. 重选合适的热继电器 3. 更换合适的热继电器 4. 采用防震热继电器 5. 改用其他保护方式 6. 选择合适导线
主电路不通	1. 热元件烧断 2. 接线螺钉松动	1. 更换元件 2. 紧固接线螺钉

（续）

故障现象	可能原因	处理方法
控制电路不通	1. 触头烧坏或动触头弹性消失 2. 可调整式旋钮转到不合适位置 3. 热继电器动作后未复位	1. 更换触头或弹簧片 2. 调整旋钮 3. 按动复位按钮

二、三相异步电动机单向连续运行控制电路工作原理

电路的工作原理如下：先合上电源开关 QS，

起动：按下 SB1 → KM 线圈得电 → KM 主触头闭合 ────→ 电动机 M 起动连续运行
└─→ KM 常开辅助触头闭合 ─┘

停止：按下 SB1 → KM 线圈断电 → KM 主触头断开 ────→ 电动机 M 启动停止运行
└─→ KM 常开辅助触头断开 ─┘

当松开 SB1，其常开触头恢复分断后，因为接触器 KM 的常开辅助触头闭合时已将 SB1 短接，控制电路仍保持接通，所以接触器 KM 继续得电，电动机 M 实现连续运转。像这种当松开起动按钮 SB1 后，接触器 KM 通过自身常开辅助触头而使线圈保持得电的作用叫做自锁，与起动按钮 SB1 并联起自锁作用的常开辅助触头叫做自锁触头。

当松开 SB2，其常闭触头恢复闭合后，因接触器 KM 的自锁触头在切断控制电路时已分断，解除了自锁，SB1 也是分断的，所以接触器 KM 不能得电，电动机 M 也不会转动。

三、三相异步电动机单向连续运行控制电路中的保护功能

接触器自锁控制电路不但能使电动机连续运转，而且还有一个重要的特点，三相异步电动机单向连续运行控制电路具有非常完善的保护功能。

（一）短路保护

三相异步电动机单向连续运行控制电路的主电路与控制电路都采用了熔断器（FU1、FU2）对电路进行短路保护，电路在起动及运行过程中，一旦出现了短路故障，熔断器就会迅速熔断，切断相应的电路，避免设备、元器件长时间受到短路电流的冲击。

（二）欠电压保护

欠电压是指电路电压低于电动机应加的额定电压。欠电压保护是指当电路电压下降到某一数值时，电动机能自动脱离电源停转，避免电动机在欠电压下运行的一种保护。采用接触器自锁控制电路就可避免电动机欠电压运行。因为当电路电压下降到一定值（一般指低于额定电压85%以下）时，接触器线圈两端的电压也同样下降到此值，从而使接触器线圈磁通减弱，产生的电磁吸力减小。当电磁吸力减小到小于反作用弹簧的拉力时，动铁心被迫释放，主触头、自锁触头同时分断，自动切断主电路和控制电路，电动机失电停转，达到了欠电压保护的目的。

（三）失电压（或零电压）保护

失电压保护是指电动机在正常运行中，由于外界某种原因引起突然断电时，能自动切断电动机电源；当重新供电时，保证电动机不能自行起动的一种保护。接触器自锁控制电路也可实现失电压保护。因为接触器自锁触头和主触头在电源断电时已经断开，使控制电路和主电路都不能接通，所以在电源恢复供电时，电动机就不会自行起动运转，保证了人身和设备的安全。

(四) 过负载保护

在单向连续运行控制电路中，由熔断器 FU 作短路保护，由接触器 KM 作欠电压和失电压保护，但还不够。因为电动机在运行过程中，如果长期负载过大，或起动操作频繁，或者断相运行等原因，都可能使电动机定子绕组的电流增大超过其额定值。而在这种情况下，熔断器往往并不熔断，从而引起定子绕组过热，使温度升高，若温度超过允许温升就会使绝缘结构损坏，缩短电动机的使用寿命，严重时甚至会使电动机的定子绕组烧毁。因此，对电动机还必须采取过载保护措施。过载保护是指当电动机出现过载时能自动切断电动机电源，使电动机停转的一种保护。最常用的过载保护是由热继电器来实现的。

如果电动机在运行过程中，由于过载或其他原因使电流超过额定值，那么经过一定时间，串联在主电路中热继电器的热元件因受热发生弯曲，通过动作机构使串联在控制电路中的常闭触头分断，切断控制电路，接触器 KM 的线圈失电，其主触头、自锁触头分断，电动机 M 失电停转，达到了过载保护之目的。

在照明、电加热等电路中，熔断器 FU 既可以作短路保护，也可以作过载保护。但对三相异步电动机控制电路来说，熔断器只能用作短路保护。因为三相异步电动机的起动电流很大（全压起动时的起动电流能达到额定电流的 4～7 倍），若用熔断器作过载保护，则选择熔断器的额定电流就应等于或略大于电动机的额定电流，这样电动机在起动时，由于起动电流大大超过了熔断器的额定电流，使熔断器在很短的时间内熔断，造成电动机无法起动。所以熔断器只能作短路保护，熔体额定电流应取电动机额定电流的 1.5～2.5 倍。

热继电器在三相异步电动机控制电路中也只能作过载保护，不能作短路保护。因为热继电器的热惯性大，即热继电器的双金属片受热膨胀弯曲需要一定的时间。当电动机发生短路时，由于短路电流很大，热继电器还没来得及动作，所以供电路和电源设备可能已经损坏。而在电动机起动时，由于起动时间很短，热继电器还未动作，电动机已起动完毕。总之，热继电器与熔断器两者所起的作用不同，不能相互代替。

✍ **任务准备**

设备、工具和材料准备见表 3-13。

表 3-13　电动机单向连续控制设备

序号	分类	名称	型号规格	数量	单位	备注
1	工具	电工工具及仪表		1	套	
2		三相异步电动机	Y112M-4	1	台	
3		空气断路器	Multi9 C65N D20 或自选	1	只	
4		熔断器	RT28-32	5	只	
5		热继电器	JR36-20 或自选	1	只	
6	材料	安装绝缘板	600mm×900mm	1	块	
7		接触器	NC3-09/220 或自选	1	只	
8		按钮	LA4-3H	2	只	
9		端子	D-20	1	排	
10		导线及护套线		若干		

参照本书前面章节对电机控制电路的工艺要求，要求学生在电路板上根据三相异步电动机单向连续运行控制电路（见图3-22）安装、紧固电器元件，并完成单向连续运行控制电路的安装。其注意事项如下：

1）电动机及按钮的金属外壳必须可靠接地。接至电动机的导线必须穿在导线通道内加以保护，或采用坚韧的四芯橡皮线或塑料护套线进行临时通电校验。

2）电源进线应接在螺旋式熔断器的下接线座上，出线则应接在上接线座上。

3）按钮内接线时，用力不可过猛，以防螺钉打滑。

4）接触器KM的自锁触头应并联在起动按钮SB1两端；停止按钮SB2应串联在控制电路中。

5）热继电器的热元件应串联在主电路中，其常闭触头应串联在控制电路中。

6）热继电器的整定电流应按电动机的额定电流自行调整。绝对不允许弯折双金属片。

7）在一般情况下，热继电器应置于手动复位的位置上。若需要自动复位时，可将复位调节螺钉沿顺时针方向向里旋足。

8）热继电器因电动机过载动作后，若需再次起动电动机，必须待热元件冷却后，才能使热继电器复位。一般自动复位时间不大于5min；手动复位时间不大于2min。

9）编码套管套装要正确。

10）电动机起动时，在按下起动按钮SB1的同时，还必须按住停止按钮SB2，以保证万一出现故障时可立即按下SB2停机，以防止事故的扩大。

11）训练应在规定定额时间内完成。

检测与分析

1. 任务检测

任务完成情况检测标准见表3-14。

表3-14　电动机单向连续控制检测标准

序号	主要内容	评分标准	配分	得分
1	安装前检查	电气元件遗漏或搞错，每处扣1分	15	
2	安装元器件	1. 不按布置图安装，扣5分 2. 元器件安装不牢固，每处扣2分 3. 元器件安装不整齐、不合理，每处扣2分 4. 损坏元器件，每处扣5分	15	
3	布线	1. 不按电路图布线，扣10分 2. 布线不符合要求，每项扣4分 3. 接点松动，漏铜过长、反圈等，每处扣1分 4. 损伤导线绝缘层或线芯，每处扣3分 5. 编码套管套装不正确，每处扣1分 6. 漏接接地线，扣5分	25	
4	通电试车	一次试运行不成功扣10分；二次试运行不成功扣20分；三次试运行不成功扣30分	30	

（续）

序号	主要内容	评分标准	配分	得分
5	安全与文明生产	违反安全文明生产规程，扣5分	5	
6	额定时间：3h	每超时1min，扣5分		
备注		合计	90	

2. 问题与分析

针对任务实施中的问题进行分析，并找出解决问题的方法，见表3-15。

表3-15　电动机单向连续控制

序号	问题主要内容	分析问题	解决方法	配分	得分
1					
2				10	
3					
4					

能力训练

一、填空题

1. 热继电器主要是用于电气设备（主要是电动机）的_____。

2. 双金属片是一种将两种_____系数不同的金属用机械辗压方法使之形成一体的金属片。

3. _____是电路电压低于电动机应加的额定电压。

4. 热继电器在三相异步电动机控制电路_____作短路保护。

二、简答题

1. 热继电器和熔断器的作用能否相互替代？为什么？

2. 什么叫自锁？

3. 什么是"失电压"保护？什么是"欠电压"保护？为什么说接触器自锁控制电路中具有"失电压"和"欠电压"保护？

4. 什么是过载保护？为何要采用过载保护？

三、实训题

拆装热继电器。

任务四　三相异步电动机点动、连续混合控制电路的安装与维修

知识点

1. 掌握点动与连续混合正转控制电路的构成。

2. 掌握点动与连续混合正转控制电路的工作原理及特点。

3. 掌握电动机基本控制电路故障检修方法。

技能点

1. 能正确安装点动与连续混合控制正转控制电路。
2. 能正确检修点动与连续混合控制正转控制电路。

学习任务

某自动生产线控制系统中，传送带的控制既要求能够点动控制又要求能够连续控制，绘制一台三相异步电动机点动、连续混合控制电路的原理图，且进行安装，并能够对其电路的故障进行排查。

任务分析

机床设备在正常工作时，一般需要电动机处在连续运转状态。但在试车或调整刀具与工件的相对位置时，又需要电动机能点动控制，实现这种工艺要求的电路是连续与点动混合正转控制电路。要完成三相异步电动机点动与连续混合控制电路的故障排查任务，要掌握电动机基本电路故障排查的方法。

知识准备

一、点动、连续混合控制电路及其工作原理

如图 3-26 所示电路是在接触器自锁正转控制电路的基础上，把手动开关 SA 串联在自锁电路中。显然，当把 SA 闭合或打开时，就可实现电动机的连续或点动控制。

如图 3-27 所示电路是在自锁正转控制电路的基础上，增加了一个复合按钮 SB3，来实现连续与点动混合正转控制的。SB3 的常闭触头应与 KM 自锁触头串联。

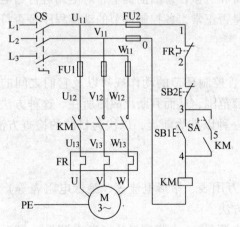

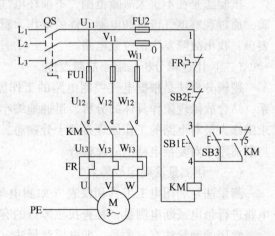

图 3-26　手动转换点动、连续混合控制电路　　　图 3-27　三相异步电动机点动、连续混合控制电路

电路的工作原理如下：先合上电源开关 QS，

1. 连续控制

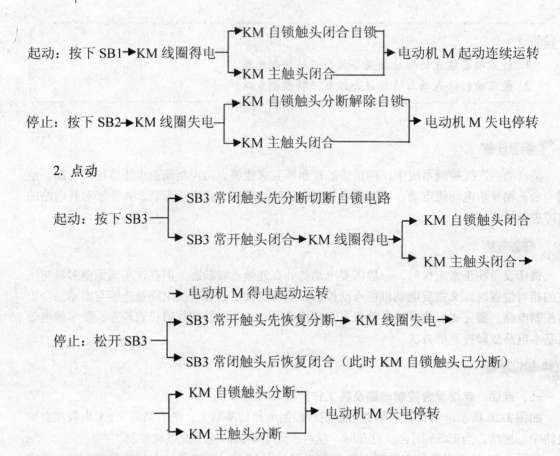

二、电动机基本控制电路故障检修的一般步骤和方法

（一）用试验法观察故障现象，初步判定故障范围

试验法是在不扩大故障范围，不损坏电气设备和机械设备的前提下，对电路进行通电试验，通过观察电气设备和电器元件的动作，看它是否正常，各控制环节的动作程序是否符合要求，找出故障发生部位或电路。

（二）用逻辑分析法缩小故障范围

逻辑分析法是根据电气控制电路的工作原理、控制环节的动作规律以及它们之间的联系，结合故障现象作具体的分析，迅速地缩小故障范围，从而判断出故障所在。这种方法要求维修人员对电路的工作原理必须十分熟悉，是一种以准为前提，以快为目的的检查方法，特别适用于对复杂电路的故障检查。

（三）用测量法确定故障点

测量法是利用电工工具和仪表（如测电笔、万用表、钳形电流表、绝缘电阻表等）对电路进行带电或断电测量，是查找故障点的有效方法。

常用的测量法有三大类，即电压测量法（带电测量）、电阻测量法（断电测量）和短接法（通电测试）。电压测量法又分为电压分阶测量法和电压分段测量法。电阻测量法可分为电阻分阶测量法和电阻分段测量法。短接法分别介绍这几种电动机基本控制电路常用的故障检修方法。

1. 电压分阶测量法

电压分阶测量法测量检查时，首先把万用表的转换开关位置于交流电压 500V 的挡位上，然后按如图 3-28 所示方法进行测量。

断开主电路，接通控制电路的电源。若按下起动按钮 SB1 时，接触器 KM 不吸合，则说明控制电路有故障。

检测时，需要两人配合进行。一人先用万用表测量 0 和 1 两点之间的电压，若电压为 380V，则说明控制电路的电源电压正常。然后由另一人按下 SB1 不放（或用导线短接在 3、4 之间），一人把黑表笔接到 0 点上，红表笔依次接到 2、3、4 各点上，分别测量出 0—2、0—3、0—4 两点间的电压。根据其测量结果即可找出故障点，见表 3-16。

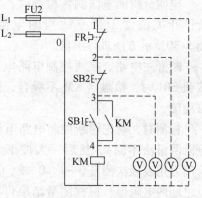

图 3-28　电压分阶测量法

表 3-16　电压分阶测量法查找故障点

故障现象	测试状态	0—2	0—3	0—4	故障点
按下 SB1 时，KM 不吸合	按下 SB1 不放（或用导线短接在 SB1 常开点两端）	0	0	0	FR 常闭触头接触不良或连接导线断开
		380V	0	0	SB2 常闭触头接触不良或连接导线断开
		380V	380V	0	SB1 常开触头接触不良或连接导线断开
		380V	380V	380V	KM 线圈断线或连接导线断开

这种测量方法像下（或上）台阶一样依次测量电压，所以叫做电压分阶测量法。

2. 电压分段测量法

电压分段测量法如图 3-29 所示，首先把万用表的转换开关置于交流电压 500V 的挡位上，然后按如下方法进行测量。

先用万用表测量如图 3-29 所示 0—1 两点间的电压，若为 380 V，则说明电源电压正常。然后一人按下启动按钮 SB2，若接触器 KM1 不吸合，则说明电路有故障。这时另一人可用万用表的红、黑两根表笔逐段测量相邻两点 1—2、2—3、3—4、4—5、5—6、6—0 之间的电压，根据其测量结果即可找出故障点，见表 3-17。

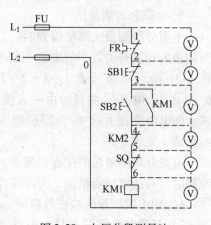

图 3-29　电压分段测量法

表 3-17　电压分段测量法所测电压值及故障点

故障现象	测试状态	1—2	2—3	3—4	4—5	5—6	6—0	故障点
按下 SB2 时，KM1 不吸合	按下 SB2 不放	380V	0	0	0	0	0	FR 常闭触头接触不良
		0	380V	0	0	0	0	SB1 常闭触头接触不良
		0	0	380V	0	0	0	SB2 触头接触不良
		0	0	0	380V	0	0	KM2 常闭触头接触不良
		0	0	0	0	380V	0	SQ 常闭触头接触不良
		0	0	0	0	0	380V	KM1 线圈断路

3. 电阻分阶测量法

电阻分阶测量法测量检查时，首先把万用表的转换开关位置于倍率适当的电阻挡，然后按如图3-30所示方法进行测量。

断开主电路，接通控制电路电源。若按下起动按钮SB1时，接触器KM不吸合，则说明控制电路有故障。

检测时，首先切断控制电路电源（这点与电压分阶测量法不同），然后一人按下SB1不放，另一人用万用表依次测量0—1、0—2、0—3、0—4各两点之间的电阻值，根据测量结果可找出故障点，见表3-18。

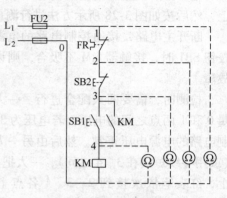

图3-30 电阻分阶测量法

表3-18 电阻分阶测量法查找故障点

故障现象	测试状态	0—1	0—2	0—3	0—4	故障点
按下 SB1 时，KM 不吸合	按下 SB1 不放（或用导线短接在 SB1 常开点两端）	∞	R	R	R	FR 常闭触头接触不良
		∞	∞	R	R	SB2 常闭触头接触不良
		∞	∞	∞	R	SB1 触头接触不良
		∞	∞	∞	∞	KM 线圈断路

注：R 为 KM 线圈电阻值。

4. 电阻分段测量法

电阻分段测量法测量检查时，首先切断电源，然后把万用表的转换开关置于倍率适当的电阻挡，并逐段测量如图3-31所示相邻号点 1—2、2—3、3—4、4—5、5—6、6—0 之间的电阻（测量时由一人按下SB2）。如果测得某两点间电阻值很大（∞），即说明该两点间接触不良或导线断路，见表3-19。

电阻分段测量法的优点是安全，缺点是测量电阻值不准确时，易造成判断错误，为此应注意以下几点：

1）用电阻测量法检查故障时，一定要先切断电源。

2）所测量电路若与其他电路并联，必须将该电路与其他电路断开，否则所测电阻值不准确。

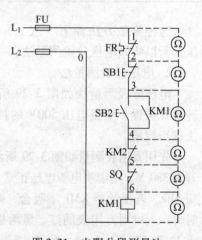

图3-31 电阻分段测量法

表3-19 电阻分段测量法查找故障点

故障现象	测量点	电阻值	故障点
按下 SB2 时，KM1 不吸合	1—2	∞	FR 常闭触头接触不良或热继电器误动作
	2—3	∞	SB1 常闭触头接触不良
	3—4	∞	SB2 常开触头接触不良
	4—5	∞	KM2 常闭触头接触不良
	5—6	∞	SQ 常闭触头接触不良
	6—0	∞	KM1 线圈断路

3）测量高电阻电器元件时，要将万用表的电阻挡转换到适当挡位。

5. 短接法

电气设备较为常见的故障为断路故障，如导线断路、虚连、虚焊、触头接触不良、熔断器熔断等。对于这类故障，除用电压法和电阻法检查外，还有一种更为简便可靠的方法，就是短接法。检查时，用一根绝缘性能良好的导线，将所怀疑的断路部位短接，若短接到某处电路接通，则说明该处断路。

（1）局部短接法 检查前，先用万用表测量如图 3-32 所示中 1—0 两点间的电压，若电压正常，可一人按下起动按钮 SB2 不放，然后另一人用一根绝缘良好的导线，分别短接标号相邻的两点 1—2、2—3、3—4、4—5、5—6（注意不要短接 6—0 两点，否则造成短路），当短接到某两点时，接触器 KM1 吸合，即说明断路故障就在该两点之间，见表 3-20。

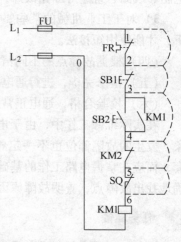

图 3-32 局部短接法

表 3-20 局部短接法查找故障点

故障现象	短接点标号	KM1 动作	故障点
按下 SB2 时，KM1 不吸合	1—2	KM1 吸合	FR 常闭触头接触不良或误动作
	2—3	KM1 吸合	SB1 的常闭触头接触不良
	3—4	KM1 吸合	SB2 的常开触头接触不良
	4—5	KM1 吸合	KM2 的常闭触头接触不良
	5—6	KM1 吸合	SQ 的常闭触头接触不良

（2）长短接法 长短接法是指一次短接两个或多个触头来检查故障的方法。

当 FR 的常闭触头和 SB1 的常闭触头同时接触不良时，若用局部短接法短接，如图 3-33 所示中的 1—2 两点，按下 SB2，KM1 仍不能吸合，则可能造成判断错误；而用长短接法将 1—6 两点短接，如果 KM1 吸合，则说明 1—6 这段电路上有断路故障；然后再用局部短接法逐段找出故障点。

长短接法的另一个作用是可把故障点缩小到一个较小的范围。例如，第一次先短接 3—6 两点，KM1 不吸合，再短接 1—3 两点，KM1 吸合，说明故障在 1—3 范围内。可见，如果长短接法和局部短接法能结合使用，很快就可找出故障点。

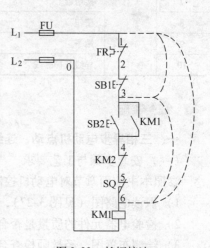

图 3-33 长短接法

用短接法检查故障时必须注意以下几点：

1）用短接法检测时，是用手拿绝缘导线带电操作的，所以一定要注意安全，避免触电事故。

2）短接法只适用于压降极小的导线及触头之类的断路故障。对于压降较大的电器，如电阻、线圈、绕组等断路故障，不能采用短接法，否则会出现短路故障。

3）对于工业机械的某些要害部位，必须保证电气设备或机械部件不会出现事故的情况下，才能使用短接法。

（四）根据故障点的不同情况，采取正确的维修方法排除故障。

（五）检修完毕，进行通电空载校验或局部空载校验。

（六）校验合格，通电正常运行。

在实际维修工作中，由于电动机控制电路的故障不是千篇一律的，就是同一种故障现象，发生的故障部位也不一定相同。因此，采用以上故障检修步骤和方法时，不要生搬硬套，而应在掌握电路工作的基础上，按不同的故障情况灵活运用，妥善处理，力求迅速、准确地找出故障点，查明故障原因，及时正确地排除故障。

 任务准备

设备、工具和材料准备见表3-21。

表3-21　电动机点动、连续混合控制设备

序号	分类	名称	型号规格	数量	单位	备注
1	工具	电工工具及仪表		1	套	
2		三相异步电动机	Y112M-4	1	台	
3		空气断路器	Multi9 C65N D20 或自选	1	只	
4		熔断器	RT28-32	5	只	
5		热继电器	JR36-20 或自选	1	只	
6	材料	安装绝缘板	600mm×900mm	1	块	
7		接触器	NC3-09/220 或自选	1	只	
8		按钮	LA4-3H	3	只	
9		端子	D-20	1	排	
10		导线及护套线		若干		

 任务实施

一、三相异步电动机点动、连续混合控制电路的安装

（一）安装步骤与工艺要求

参照本书前面章节对电动机控制电路的工艺要求，其安装步骤如下：

1）识读电路图（见图3-27），熟悉电路所用电器元件及作用和电路的工作原理。

2）检验电器元件的质量是否合格。

3）绘制布置图，经教师检查合格后，在控制板上按布置图固装电器元件，并贴上醒目的文字符号。

4）绘制接线图，经教师检查合格后，在控制板上按接线图的布线方法进行板前明线布线和套编码套管。

5）根据电路图（见图3-27）检查控制板布线的正确性。

6）安装电动机。

7）连接电动机和按钮金属外壳的保护接地线。

8）连接电源、电动机等控制板外部的导线。

9）自检：安装完毕的控制电路板，必须经过认真检查以后，才允许通电试运行，以防止错接、漏接造成不能正常运转或短路事故。

10）交验。

11）通电试车。

（二）注意事项

1）电动机及按钮的金属外壳必须可靠接地。

2）电源进线应接在螺旋式熔断器的下接线座上，出线则应接在上接线座上。

3）热继电器的整定电流应按电动机规格进行调整。

4）如果点动采用复合按钮，其常闭触头必须与自锁触头串接。

5）填写所选用的电器元件及器材的型号、规格时，要做到字迹工整，书写正确、清楚、完整。

二、三相异步电动机点动、连续混合控制电路维修

（一）由教师在学生接好的电路中，人为设置若干故障（初学，可设置一到两个故障）。

按照前面介绍的电动机基本控制电路故障检修的一般步骤和方法进行检修。一般先检修控制电路，后检修主电路。

1）用试验法观察故障现象，初步判定故障范围。在利用万用表等测量仪表确定电路中没有短路故障的前提下，给电路通电（应断开电动机的电源导线），并按下起动按钮起动电路，观察电路的故障现象，记录下来。

2）用逻辑分析法缩小故障范围。在熟练掌握电路工作原理的前提下，根据电路的故障现象，分析可能产生该故障的原因，确定故障范围。

3）用测量法确定故障点。根据电路的实际情况，选择适当的测量方法，并最终确定故障点。在学生刚开始练习测量法排除故障时，若练习通电检修的测量方法，如电压测量法、短接法，必须有教师在身边指导的情况下，测量才能进行。

4）根据故障点的不同情况，采取正确的维修方法排除故障。

5）检修完毕，进行通电空载校验或局部空载校验。

6）校验合格，通电正常运行。

（二）注意事项

1）在排除故障的过程中，故障分析、排除故障的思路和方法要正确。

2）用测电笔检测故障时，必须检查测电笔是否符合使用要求。

3）不能随意更改电路和带电触摸电器元件。

4）仪表使用要正确，以防止引起错误判断。

5）带电检修故障时，必须有教师在现场监护，并要确保用电安全。

检测与分析

1. 任务检测

任务完成情况检测标准见表 3-22。

表 3-22　电动机点动、连续混合控制检测标准

序号	主要内容	评分标准	配分	得分
1	安装前检查	电气元件遗漏或搞错，每处扣 1 分	3	
2	安装元器件	1. 不按布置图安装，扣 2 分 2. 元器件安装不牢固，每处扣 1 分 3. 元器件安装不整齐、不合理，每处扣 1 分 4. 损坏元器件，每处扣 2 分	10	
3	布线	1. 不按电路图布线，扣 5 分 2. 布线不符合要求，每项扣 4 分 3. 接点松动，漏铜过长、反圈等，每处扣 1 分 4. 损伤导线绝缘层或线芯，每处扣 2 分 5. 编码套管套装不正确，每处扣 1 分 6. 漏接接地线，扣 5 分	22	
4	通电试运行	一次试运行不成功扣 5 分；二次试运行不成功扣 10 分；三次试运行不成功扣 15 分	15	
5	故障分析	1. 故障分析和排除故障的思路不正确，每处扣 2 分 2. 错标电路故障范围，每处扣 2 分	5	
6	故障排除	1. 断电不验电，扣 2 分 2. 工具和仪表使用不当，扣 2 分 3. 排除故障的顺序不对，扣 2 分 4. 不能查出故障点，扣 2 分 5. 查出故障点但不能排除，扣 2 分 6. 产生新的故障，扣 2 分 7. 损坏元件，扣 2 分	15	
7	通电试运行	一次试运行不成功扣 5 分；二次试运行不成功扣 10 分；三次试运行不成功扣 15 分	15	
8	安全与文明生产	违反安全文明生产规程，扣 5 分	5	
9	额定时间：3h	每超时 1min，扣 5 分		
备注		合　计	90	

2. 问题与分析

针对任务实施中的问题进行分析，并找出解决问题的方法，见表 3-23。

表 3-23　电动机点动、连续混合控制的问题与分析

序号	问题主要内容	分析问题	解决方法	配分	得分
1					
2				10	
3					
4					

 能力训练

一、填空题

1. 把手动开关 SA 串联在＿＿＿＿＿＿中，可实现手动点动、连续混合控制。

2. 试验法是在_____，不损坏电气设备和机械设备的前提下，对电路进行通电试验。

3. 故障检测法有_____、_____、_____、_____和_____。

二、简答题

1. 电动机基本控制电路故障检修的一般步骤。

2. 用短接法检查故障时的注意事项。

3. 用电阻法检查故障时的注意事项。

4. 什么是电压分阶测量法？

三、实训题

对点动、连续混合控制电路进行只能连续运行，不能点动运行的故障设置并进行检测。

任务五　三相异步电动机正、反转控制电路的安装与维修

知识点

1. 熟悉倒顺开关正反转控制电路。

2. 掌握接触器联锁正、反转控制电路的构成、工作原理和特点。

3. 掌握按钮、接触器双重联锁的正、反转控制电路的构成、工作原理和特点。

技能点

1. 能正确安装三相异步电动机正、反转控制电路。

2. 能正确检修三相异步电动机正、反转控制电路。

学习任务

正转控制电路只能使电动机朝一个方向旋转运动。但许多生产机械往往要求运动部件能向前后、左右、上下等不同的方向运动，如万能铣床主轴的正转与反转、起重机的上升与下降等，这些生产机械要求电动机能实现在正、反两个方向运动的控制。对三相异步电动机双重连锁正、反转控制电路进行安装并维修。

任务分析

在一个控制电路中，既能实现电动机的正转控制又能实现电动机的反转控制电路，称为电动机正、反转控制电路。三相异步电动机的正、反转控制是将电动机正转连续运行控制和反转连续运行控制相结合，并加以必要的互锁保护即可。三相异步电动机正、反转控制典型电路有三种，即倒顺开关正、反转控制，接触器联锁正、反转控制和双重联锁正、反转控制。

知识准备

当改变通入电动机定子绕组的三相电源相序，即把接入电动机三相电源进线中的任意两相对调接线时，电动机就可以实现反转。下面介绍几种常用的正、反转控制电路。

一、倒顺开关正、反转控制电路

倒顺开关正、反转控制电路如图 3-34 所示。万能铣床主轴电动机的正、反转控制就是采用倒顺开关来实现的。

（一）倒顺开关

1. 倒顺开关的结构和原理

在组合开关中，有一类是专为控制小容量三相异步电动机的正、反转而设计生产的，如图 3-35 所示的组合开关，俗称倒顺开关或可逆转换开关，其结构如图 3-36 所示。开关的两边各装有三副静触头，右边标有符号 L_1、L_2 和 W，左边标有符号 U、V 和 L_3，如图 3-36a 所示。转轴上固定着六副不同形状的动触头，其中 I_1、I_2、I_3 和 II_1 是同一形状，而 II_2、II_3 为另一形状，六副动触头分成两组，I_1、I_2 和 I_3 为一组，II_1、II_2 和 II_3 为另一组。开关的手柄有"倒"、"停"和"顺"三个位置，手柄只能从"停"位置左转 45° 或右转 45°。当手柄位于"停"位置时，两组动触头都不与静触头接触（见图 3-36b）；手柄位于"顺"位置时，动触头 I_1、I_2、I_3 与静触头接通；而手柄处于"倒"位置时，动触头 II_1、II_2、II_3 与静触头接通，如图 3-36c 所示。触头 L_1、L_2、L_3 与 U、V、W 的通断情况见表 3-24。表中"×"表示触头断开。倒顺开关在电路图中的符号如图 3-36d 所示。

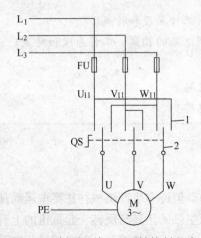

图 3-34　倒顺开关正、反转控制电路
1—静触头　2—动触头

图 3-35　倒顺开关实物图

表 3-24　倒顺开关触头分合

触头	手柄位置		
	倒	停	顺
L_1	U	×	U
L_2	W	×	V
L_3	V	×	W

2. 倒顺开关的选用

倒顺开关应根据电源种类、电压等级和负载容量进行选用。用于直接控制异步电动机的起动和正、反转时，开关的额定电流一般取电动机额定电流的 1.5 ~ 2.5 倍。

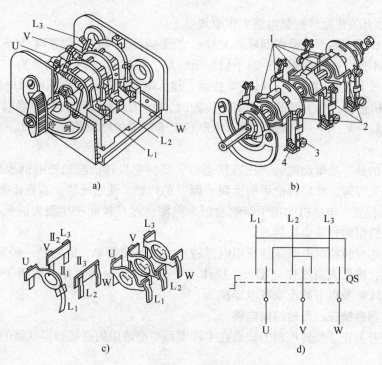

图 3-36　倒顺开关
a）外形　b）结构　c）触头　d）符号
1—动触头　2—静触头　3—调节螺钉　4—触头压力弹簧

3. 倒顺开关的安装与使用

1）倒顺开关应安装在控制箱（或壳体）内，其操作手柄最好在控制箱的前面或侧面。金属外壳的倒顺开关外壳上的接地螺钉必须可靠接地。

2）若需在箱内操作，开关最好装在箱内右上方，并且在它的上方不安装其他电器，否则应采取隔离或绝缘措施。

3）倒顺开关的通断能力较低，不能用来分断故障电流。用于控制异步电动机的正、反转时，必须在电动机完全停止转动后才能反向起动，且每小时的接通次数不能超过 15 ～ 20 次。

4）当操作频率过高或负载功率因数较低时，应降低开关的容量使用，以延长其使用寿命。

5）倒顺开关接线时，应将开关两侧进出线中的一相互换，并看清开关接线端标记，切忌接错，以免产生电源两相短路故障。

4. 倒顺开关正、反转控制电路的常见故障与检修（见表 3-25）

表 3-25　倒顺开关正、反转控制电路的常见故障及处理方法

常见故障	故障原因	处理方法
电动机不起动	1. 熔断器熔体熔断 2. 倒顺开关操作失控 3. 倒顺开关动、静触头接触不良	1. 查明原因，排除后更换熔体 2. 修复或更换倒顺开关 3. 对触头进行修整

（二）倒顺开关正反转控制电路工作原理

电路的工作原理如下：操作倒顺开关 QS，当手柄处于"停"位置时，QS 的动、静触头不接触，电路不通，电动机不转；当手柄扳至"顺"位置时，QS 的动触头和左边的静触头相接触，电路按 L_1—U、L_2—V、L_3—W 接通，输入电动机定子绕组的电源电压相序为 L_1—L_2—L_3，电动机正转；当手柄扳至"倒"位置时，QS 的动触头和右边的静触头相接触，电路按 L_1—W、L_2—V、L_3—U 接通，输入电动机定子绕组的电源相序变为 L_3—L_2—L_1，电动机反转。

必须注意的是，当电动机处于正转状态时，要使它反转，应先把手柄扳到"停"的位置，使电动机先停转，然后再把手柄扳到"倒"的位置，使它反转。若直接把手柄由"顺"扳至"倒"的位置，电动机的定子绕组会因为电源突然反接而产生很大的反接电流，容易使电动机定子绕组因过热而损坏。

倒顺开关正反转控制电路虽然所用电器较少，电路较简单，但它是一种手动控制电路，在频繁换向时，操作人员操作强度大，操作不安全，所以这种电路一般用于控制额定电流 10A、功率在 3kW 及以下的小功率电动机。

二、接触器联锁正、反转控制电路

由于倒顺开关正、反转控制的缺点在生产实践中更常用的是接触器联锁的正、反转控制电路。

接触器联锁的正、反转控制电路原理图如图 3-37 所示。其元件布置图如图 3-38 所示。电路中采用了两个接触器，即正转用的接触器 KM1 和反转用的接触器 KM2，它们分别由正转按钮 SB1 和反转按钮 SB2 控制。从主电路图中可以看出，这两个接触器的主触头所接通的电源相序不同，KM1 按 L_1—L_2—L_3 相序接线，KM2 则按 L_3—L_2—L_1 相序接线。相应地控制电路有两条，一条是由按钮 SB1 和 KM1 线圈等组成的正转控制电路；另一条是由按钮 SB2 和 KM2 线圈等组成的反转控制电路。

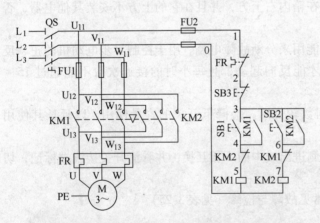

图 3-37　接触器联锁正、反转控制电路原理图

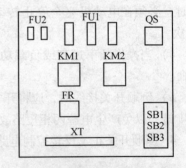

图 3-38　接触器联锁正、反转
控制电路元件布置图

必须指出，接触器 KM1 和 KM2 的主触头绝不允许同时闭合，否则将造成电源（例如：L_1 相和 L_3 相）短路事故。为了避免两个接触器 KM1 和 KM2 同时得电动作，就在正、反转控制电路中分别串联了对方接触器的一对常闭辅助触头。这样，当一个接触器得电动作时，

通过其常闭辅助触头使另一个接触器不能得电动作，接触器间这种相互制约的作用叫接触器联锁（或互锁）。实现联锁作用的常闭辅助触头称为联锁触头（或互锁触头），联锁符号用"▽"表示。

接触器联锁控制电路的工作原理如下：首先闭合电源开关 QS，

1. 正转控制

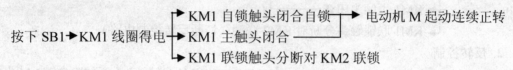

按下 SB1 → KM1 线圈得电 →
- KM1 自锁触头闭合自锁 → 电动机 M 起动连续正转
- KM1 主触头闭合
- KM1 联锁触头分断对 KM2 联锁

2. 反转控制

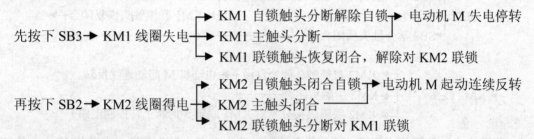

先按下 SB3 → KM1 线圈失电 →
- KM1 自锁触头分断解除自锁 → 电动机 M 失电停转
- KM1 主触头分断
- KM1 联锁触头恢复闭合，解除对 KM2 联锁

再按下 SB2 → KM2 线圈得电 →
- KM2 自锁触头闭合自锁 → 电动机 M 起动连续反转
- KM2 主触头闭合
- KM2 联锁触头分断对 KM1 联锁

从以上分析可见，接触器联锁正、反转控制电路的优点是工作安全可靠，缺点是操作不便。因电动机从正转变为反转时，必须先按下停止按钮后，才能按反转起动按钮，否则由于接触器的联锁作用，不能直接实现正、反转切换。在实际工作中，经常采用按钮、接触器双重联锁的正、反转控制电路。

三、接触器-按钮双重联锁正、反转控制电路

为了克服接触器联锁正、反转控制电路在安全、操作等不足，在接触器联锁的基础上，电路再增加接触器联锁，构成了接触器-按钮双重联锁正、反转控制电路，如图 3-39 所示。该电路兼有操作方便，工作安全可靠等优点。

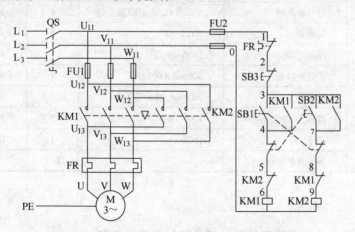

图 3-39 双重联锁正、反转控制线路电路原理图

双重联锁正、反转控制电路的工作原理如下：先闭合电源开关 QS，

1. 正转控制

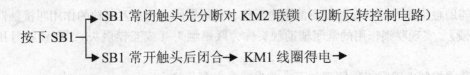

按下 SB1
- SB1 常闭触头先分断对 KM2 联锁（切断反转控制电路）
- SB1 常开触头后闭合 → KM1 线圈得电 →

- KM1 自锁触头闭合自锁 → 电动机 M 起动连续正转
- KM1 主触头闭合
- KM1 联锁触头分断对 KM2 联锁（切断反转控制电路）

2. 反转控制

按下 SB2
- SB2 常闭触头先分断 → KM1 线圈失电
  - KM1 自锁触头分断解除自锁 → M 失电
  - KM1 主触头分断
  - KM1 联锁触头恢复闭合 →
- SB2 常开触头后闭合

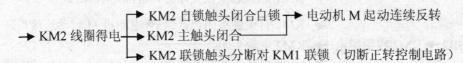

→ KM2 线圈得电
- KM2 自锁触头闭合自锁 → 电动机 M 起动连续反转
- KM2 主触头闭合
- KM2 联锁触头分断对 KM1 联锁（切断正转控制电路）

若需停止，按下停止按钮 SB3，整个控制电路失电，主触头分断，电动机 M 失电停转。

任务准备

设备、工具和材料准备见表 3-26。

表 3-26　电动机正、反转控制设备

序号	分类	名称	型号规格	数量	单位	备注
1	工具	电工工具及仪表		1	套	
2	材料	三相异步电动机	Y112M-4	1	台	
3		空气断路器	Multi9 C65N D20 或自选	1	只	
4		熔断器	RT28-32	5	只	
5		热继电器	JR36-20 或自选	1	只	
6		安装绝缘板	600mm×900mm	1	块	
7		接触器	NC3-09/220 或自选	2	只	
8		按钮	LA4-3H	3	只	
9		端子	D-20	1	排	
10		导线及护套线		若干		

任务实施

一、三相异步电动机双重联锁正、反转控制电路的安装

（一）安装步骤与工艺要求

参照本书前面章节对电机控制电路的工艺要求，其安装步骤如下：

1）识读电路图，熟悉电路所用电器元件及作用和电路的工作原理。

2）检验电器元件的质量是否合格。

3）绘制布置图，经教师检查合格后，在控制板上按布置图固装电器元件，并贴上醒目的文字符号。

4）绘制接线图，经教师检查合格后，在控制板上按接线图的布线方法进行板前明线布线和套编码套管。

5）根据电路图检查控制板布线的正确性。

6）安装电动机。

7）连接电动机和按钮金属外壳的保护接地线。

8）连接电源、电动机等控制板外部的导线。

9）自检：安装完毕的控制电路板，必须经过认真检查以后，才允许通电试运行，以防止错接、漏接造成不能正常运转或短路事故。

10）交验。

11）通电试运行。

（二）注意事项

1）电动机及按钮的金属外壳必须可靠接地。

2）电源进线应接在螺旋式熔断器的下接线座上，出线则应接在上接线座上。

3）热继电器的整定电流应按电动机规格进行调整。

4）填写所选用的电器元件及器材的型号、规格时，要做到字迹工整，书写正确、清楚、完整。

二、三相异步电动机双重联锁正、反转控制电路维修

（一）由教师在学生接好的电路中人为设置若干故障

按照前面介绍的电动机基本控制电路故障检修的一般步骤和方法进行检修。一般先检修控制电路，后检修主电路。

1）用试验法观察故障现象，初步判定故障范围。在利用万用表等测量仪表确定电路中没有短路故障的前提下，给电路通电（应断开电动机的电源导线），并按下起动按钮起动电路，观察电路的故障现象，记录下来。

2）用逻辑分析法缩小故障范围。在熟练掌握电路工作原理的前提下，根据电路的故障现象，分析可能产生该故障的原因，确定故障范围。

3）用测量法确定故障点。根据电路的实际情况，选择适当的测量方法，并最终确定故障点。在学生刚开始练习测量法排除故障时，若练习通电检修的测量方法，如电压测量法、短接法，必须有教师在身边指导的情况下，测量才能进行。

4）根据故障点的不同情况，采取正确的维修方法排除故障。

5）检修完毕，进行通电空载校验或局部空载校验。

6）校验合格，通电正常运行。

（二）注意事项

1）在排除故障的过程中，故障分析、排除故障的思路和方法要正确。

2）用测电笔检测故障时，必须检查测电笔是否符合使用要求。

3）不能随意更改电路和带电触摸电器元件。

4）仪表使用要正确，以防止引起错误判断。

5）带电检修故障时，必须有教师在现场监护，并要确保用电安全。

 检测与分析

1. 任务检测

任务完成情况检测标准见表 3-27。

表 3-27　电动机双重联锁正、反转控制检测标准

序号	主要内容	评分标准	配分	得分
1	安装前检查	电气元件遗漏或搞错，每处扣 1 分	3	
2	安装元器件	1. 不按布置图安装，扣 2 分 2. 元器件安装不牢固，每处扣 1 分 3. 元器件安装不整齐、不合理，每处扣 1 分 4. 损坏元器件，每处扣 2 分	10	
3	布线	1. 不按电路图布线，扣 5 分 2. 布线不符合要求，每项扣 4 分 3. 接点松动，漏铜过长、反圈等，每处扣 1 分 4. 损伤导线绝缘层或线芯，每处扣 2 分 5. 编码套管套装不正确，每处扣 1 分 6. 漏接接地线，扣 5 分	22	
4	通电试运行	一次试运行不成功扣 5 分；二次试运行不成功扣 10 分；三次试运行不成功扣 15 分	15	
5	故障分析	1. 故障分析和排除故障的思路不正确，每处扣 2 分 2. 错标电路故障范围，每处扣 2 分	5	
6	故障排除	1. 断电不验电，扣 2 分 2. 工具和仪表使用不当，扣 2 分 3. 排除故障的顺序不对，扣 2 分 4. 不能查出故障点，扣 2 分 5. 查出故障点但不能排除，扣 2 分 6. 产生新的故障，扣 2 分 7. 损坏元件，扣 2 分	15	
7	通电试运行	一次试运行不成功扣 5 分；二次试运行不成功扣 10 分；三次试运行不成功扣 15 分	15	
8	安全与文明生产	违反安全文明生产规程，扣 5 分	5	
9	额定时间：3h	每超时 1min，扣 5 分		
备注		合计	90	

2. 问题与分析

针对任务实施中的问题进行分析，并找出解决问题的方法，见表 3-28。

表 3-28　电动机双重联锁正、反转控制

序号	问题主要内容	分析问题	解决方法	配分	得分
1					
2				10	
3					
4					

能力训练

一、填空题

1. 倒顺开关的通断能力较_____，_____用来分断故障电流。

2. 当改变通入电动机定子绕组的三相电源相序，即把接入电动机三相电源进线中的_____，电动机就可以实现反转。

3. 接触器联锁正反转控制电路的优点是工作安全可靠，缺点是操作不便，_____直接实现正、反转切换。

二、简答题

1. 什么是互锁？互锁的符号是什么？

2. 分析双重联锁正反转的工作原理。

三、实训题

1. 对双重连锁正反转控制电路，进行正转时只能点动不能连续运行的故障设置并进行检测。

2. 对接触器联锁正、反转控制电路进行安装。

任务六 自动往返控制电路的安装与检修

知识点

1. 掌握行程开关的工作原理与应用。

2. 掌握自动往返控制电路的构成和工作原理。

技能点

1. 能正确安装工作台自动往返控制电路。

2. 能正确检修工作台自动往返控制电路。

学习任务

机床加工系统中，加工工件时，要求刀架自动往返进行工件加工，刀架由三相异步电动机进行控制。绘制三相异步电动机的自动往返控制电路原理图，对自动往返控制电路进行电路安装，并能够对其故障进行检修。

任务分析

在生产机械的工作台中，经常要求在一定的行程范围内进行自动往返运动，以实现工件的连续加工，提高生产效率。自动往返的控制往往由行程开关来实现。

知识准备

由行程开关控制的工作台自动往返控制电路如图 3-40 所示，图中 SQ 为行程开关。它的右下角是工作台自动往返运动的示意图。

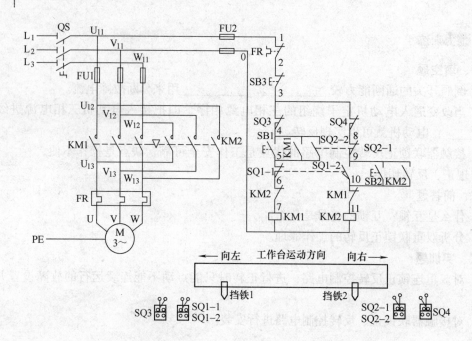

图 3-40　工作台自动往返行程控制电路

一、行程开关

（一）行程开关的结构与工作原理

行程开关是用以反应工作机械的行程，发出命令以控制其运动方向和行程大小的开关。行程开关的作用及工作原理与按钮基本相同，区别在于行程开关动作不是靠手指的按压而是利用生产机械运动部件的碰压使其触头动作，从而将机械信号转变为电信号，用以控制机械动作或用作程序控制。通常，行程开关被用来限制机械运动的位置或行程，使运动机械按一定的位置或行程实现自动停止、反向运动、变速运动或自动往返运动等。行程开关的图形符号和文字符号如图 3-41 所示。

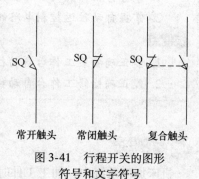

图 3-41　行程开关的图形符号和文字符号

各系列行程开关的基本结构大体相同，都是由触头系统、操作机构和外壳组成的。以某种行程开关元件为基础，装置不同的操作机构，可得到各种不同形式的行程开关，常见的有按钮式（直动式）和旋转式（滚轮式）。如图 3-42 所示为行程开关的实物图。

JLXK1 系列行程开关的结构如图 3-43 所示。当运动部件碰压到行程开关的滚轮 1 时，行程开关的杠杆 2 连同转轴 3 一起转动，使凸轮 7 推动撞块 5，当撞块被压到一定位置时，推动微动开关 6 快速动作，使其常闭触头断开、常开触头闭合。

行程开关的触头动作方式有蠕动型和瞬动型两种。蠕动型触头的结构与按钮相似，这种行程开关的结构简单，价格便宜，但触头的分合速度取决于生产机械挡铁的移动速度。当挡铁的移动速度小于 0.007m/s 时，触头分合太慢，易产生电弧灼烧触头，从而减少触头的使

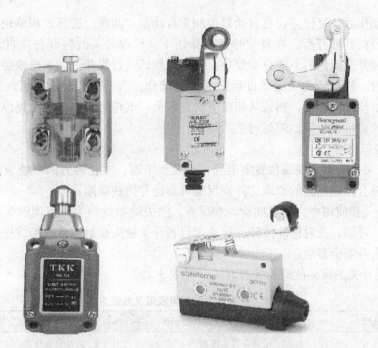

图 3-42 各类常用行程开关实物图

用寿命，也影响动作的可靠性及行程控制的位置精度。为克服这些缺点，行程开关一般都采用具有快速换接动作机构的瞬动型触头。瞬动型行程开关的触头动作速度与挡铁的移动速度无关，性能优于蠕动型。

LX19K 型行程开关是瞬动型，如图 3-44 所示。当运动部件碰压顶杆 1 时，顶杆向下移动，压缩触头弹簧 4 使之储存一定的能量。当顶杆移动到一定位置时，弹簧的弹力方向发生改变，同时储存的能量得以释放，完成跳跃式快速换接动作。当挡铁离开顶杆时，顶杆在复位弹簧 7 的作用下上移，上移到一定位置，接触桥 5 瞬时进行快速换接，触头迅速恢复到原状态。

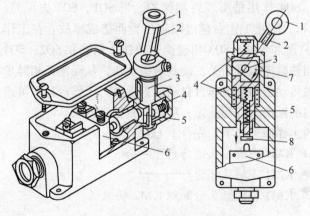

图 3-43 JLXK1 系列行程开关的结构
1—滚轮 2—杠杆 3—转轴 4—复位弹簧
5—撞块 6—微动开关 7—凸轮 8—调节螺钉

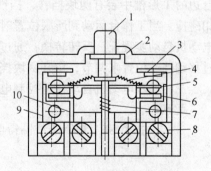

图 3-44 LX19K 型行程开关
1—顶杆 2—外壳 3—常开触头 4—触头弹簧
5—接触桥 6—常闭触头 7—复位弹簧
8—接线座 9—常开静触桥 10—常闭静触桥

行程开关动作后，复位方式有自动复位和非自动复位两种。按钮式和单轮旋转式均为自动复位式，即当挡铁移开后，在复位弹簧的作用下，行程开关的各部分能自动恢复原始状态。但有的行程开关动作后不能自动复位，如双轮旋转式行程开关。当挡铁碰压这种行程开关的一个滚轮时，杠杆转动一定角度后触头瞬时动作；当挡铁离开滚轮后，开关不自动复位，只有运动机械反向移动，挡铁从相反方向碰压另一滚轮时，触头才能复位。这种非自动复位式的行程开关价格较贵，但运行更为可靠。

（二）安装与使用

1）行程开关安装时，安装位置要准确，安装要牢固；滚轮的方向不能装反，挡铁与其碰撞的位置应符合控制电路的要求，并确保能可靠的与挡铁碰撞。

2）行程开关在使用中，要定期检查和保养，除去油垢及粉尘，清理触头，经常检查其动作是否灵活、可靠，及时排除故障。防止因行程开关触头接触不良或接线松脱产生误动作而导致设备和人身安全事故。

（三）行程开关的常见故障及处理方法（见表 3-29）

表 3-29　行程开关的常见故障及处理方法

常见故障	故障产生的可能原因	处理方法
挡铁碰撞位置开关后，触头不动作	1. 安装位置不准确 2. 触头接触不良或接线松脱 3. 触头弹簧失效	1. 调整安装位置 2. 清刷触头或紧固接线 3. 更换弹簧
杠杆已经偏转，或无外界机械力作用，但触头不复位	1. 复位弹簧失效 2. 内部撞块卡阻 3. 调节螺钉太长，顶住开关按钮	1. 更换弹簧 2. 清扫内部杂物 3. 检查调节螺钉

二、三相异步电动机自动往返控制电路原理

如图 3-40 所示，在控制电路中设置了四个行程开关 SQ1、SQ2、SQ3 和 SQ4，这四个行程开关为了使电动机的正、反转控制与工作台的左、右运动相配合，并把它们安装在工作台需要限位的地方。其中 SQ1、SQ2 的作用是实现三相异步电动机正转与反转自动转换，从而实现工作台的自动往返行程控制；SQ3、SQ4 作用是实现终端保护，当 SQ1、SQ2 失灵时，SQ3、SQ4 可以使三相异步电动机停止运行，防止工作台越过限定位置而造成事故。在工作台边的 T 形槽中装有两块挡铁，挡铁 1 只能和 SQ1、SQ3 相碰撞，挡铁 2 只能和 SQ2、SQ4 相碰撞。当工作台运动到所限位置时，挡铁碰撞位置开关，使其触头动作，从而使三相异步电动机自动实现正、反转转换，通过机械传动机构使工作台自动往返运动。工作台行程可通过移动挡铁位置来调节，拉开两块挡铁间的距离，行程就短；反之，则行程就长。

三相异步电动机自动往返控制电路的工作原理如下：先合上 QS，

起动：

按下 SB1→KM1 线圈得电　→ KM1 自锁触头闭合自锁　─┐

　　　　　　　　　　　　 → KM1 主触头闭合　　　　　　─┘

　　　　　　　　　　　　 → KM1 联锁触头分断对 KM2 联锁

→ 电动机 M 正转 → 工作台左移 → 至限定位置碰 SQ1→

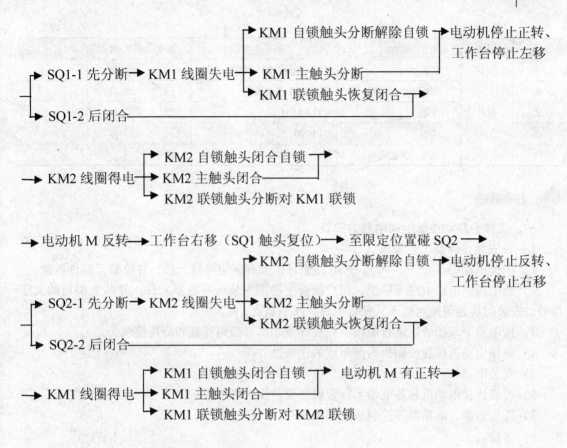

→ 工作台右移→ …，重复上述过程

停止：

按下 SB3 → 整个控制电路失电 → 电动机 M 失电停转 → 工作台停止运动

　　控制电路中 SB1、SB2 分别作为正转起动按钮和反转起动按钮，若起动时工作台在左端，则应按下 SB2 进行起动，这样可以提高控制电路操控的灵活性。

 任务准备

　　设备、工具和材料准备见表 3-30。

表 3-30　电动机自动往返控制设备

序号	分类	名称	型号规格	数量	单位	备注
1	工具	电工工具及仪表		1	套	
2		三相异步电动机	Y112M-4	1	台	
3		空气断路器	Multi9 C65N D20 或自选	1	只	
4	材料	熔断器	RT28-32	5	只	
5		热继电器	JR36-20 或自选	1	只	
6		安装绝缘板	600mm×900mm	1	块	

（续）

序号	分类	名称	型号规格	数量	单位	备注
7		接触器	NC3-09/220 或自选	2	只	
8		行程开关	JLXK1 或自选	4	只	
9	材料	按钮	LA4-3H	3	只	
10		端子	D-20	1	排	
11		导线及护套线		若干		

任务实施

一、工作台自动往返控制电路的安装

（一）安装步骤及工艺要求

1）识读电路图（见图3-40），按电路原理图配齐所用电器元件，并检验元器件质量。

2）绘制控制电路电路布置图，在控制板上按图安装所有电器元件，并贴上醒目的文字符号。安装时应做到排列整齐、安装牢固，横平竖直。

3）按电路原理图所示进行配线，并在导线端部套编码套管和冷压接线头。

4）根据电路图检验控制板内部布线的正确性。

5）安装电动机。

6）可靠连接电动机和各电器元件金属外壳的保护接地线。

7）连接电源、电动机等控制板外部的导线。

8）自检。

9）检查无误后通电试运行。

（二）注意事项

1）通电校验时，必须先手动位置开关，试验各行程控制和终端保护动作是否正常可靠。若在电动机正转（工作台向左运动）时，扳动位置开关SQ1，电动机不反转，且继续正转，则可能是由于KM2的主触头接线不正确引起，需断电进行纠正后再试，以防止发生设备事故。

2）安装训练应在规定定额时间内完成。同时，要做到安全操作和文明生产。

3）通电实验时，必须有教师在场。

二、检修训练

1）故障设置：在控制电路或主电路中人为设置电气故障两处。

2）故障检修：在教师的指导下，可让学生参照前面任务中介绍的检修步骤及要求进行检修。

3）注意事项：除前面任务提出的注意事项外，还应注意以下两点：

① 寻找故障现象时，不要漏检行程开关，并且严禁在行程开关SQ3、SQ4上设置故障。

② 要做到安全文明生产。

检测与分析

1. 任务检测

任务完成情况检测标准见表3-31。

表 3-31 电动机自动往返控制检测标准

序号	主要内容	评分标准	配分	得分
1	安装前检查	电气元件遗漏或搞错，每处扣1分	3	
2	安装元器件	1. 不按布置图安装，扣2分 2. 元器件安装不牢固，每处扣1分 3. 元器件安装不整齐、不合理，每处扣1分 4. 损坏元器件，每处扣2分	10	
3	布线	1. 不按电路图布线，扣5分 2. 布线不符合要求，每项扣4分 3. 接点松动，漏铜过长、反圈等，每处扣1分 4. 损伤导线绝缘层或线芯，每处扣2分 5. 编码套管套装不正确，每处扣1分 6. 漏接接地线，扣5分	22	
4	通电试运行	一次试运行不成功扣5分；二次试运行不成功扣10分；三次试运行不成功扣15分	15	
5	故障分析	1. 故障分析和排除故障的思路不正确，每处扣2分 2. 错标电路故障范围，每处扣2分	5	
6	故障排除	1. 断电不验电，扣2分 2. 工具和仪表使用不当，扣2分 3. 排除故障的顺序不对，扣2分 4. 不能查出故障点，扣2分 5. 查出故障点但不能排除，扣2分 6. 产生新的故障，扣2分 7. 损坏元器件，扣2分	15	
7	通电试运行	一次试运行不成功扣5分；二次试运行不成功扣10分；三次试运行不成功扣15分	15	
8	安全与文明生产	违反安全文明生产规程，扣5分	5	
9	额定时间：3h	每超时1min，扣5分		
备注	合计		90	

2. 问题与分析

针对任务实施中的问题进行分析，并找出解决问题的方法，见表 3-32。

表 3-32 电动机自动往返控制

序号	问题主要内容	分析问题	解决方法	配分	得分
1					
2				10	
3					
4					

 **能力训练**

一、填空题

1. 行程开关的触头动作方式有_____和_____两种。

2. 行程开关动作后，复位方式有_____和_____两种。

二、简答题

1. 行程开关的作用？它与按钮有何异同？

2. 简述自动往返控制电路中 4 个行程开关的作用？

三、实训题

对自动往返控制电路，不能反转的故障设置并进行检测。

任务七　多地控制电路的安装与检修

> **知识点**
>
> 　熟悉多地控制电路的构成、工作原理及特点。
>
> **技能点**
>
> 　1. 能正确安装多地控制电路。
>
> 　2. 能正确检修多地控制电路。

学习任务

　　某生产车间的生产机械由三相异步电动机进行正转控制。为更好进行操作控制，要求三相异步电动机在生产车间和操作室都能够进行起动/停止多地控制。绘制多地控制电路图，进行多地控制电路安装，并能够对其进行检修。

任务分析

　　多地控制是生产中常见的一种控制方式，其主要有多个起动按钮和停止按钮安装在生产车间的不同位置以方便控制。

知识准备

　　电动机的多地控制是指能在两地或多地控制同一台电动机的控制方式。如图 3-45 所示为两地控制的具有过载保护接触器自锁正转控制电路图。图中 SB11、SB12 为安装在甲地的起动按钮和停止按钮；SB21、SB22 为安装在乙地的起动按钮和停止按钮。由图 3-45 可以看出，无论是按下 SB11 还是按下 SB21，KM 都能得电自锁，电动机连续运行；同样按下 SB12 或 SB22，KM 都失电，电动机停止运行。

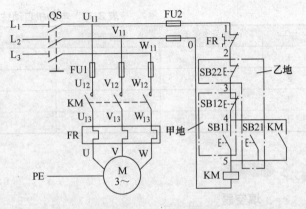

图 3-45　两地控制电路

两地控制电路的主要特点是：两地的起动按钮 SB11、SB21 要并联在一起；而两地控制的停止按钮 SB12、SB22 要串联在一起。这样就可以分别在甲、乙两地起动和停止同一台电动机，达到操控方便的目的。对三地或多地控制，只要把各地的起动按钮并联、停止按钮串联就可以实现。

任务准备

设备、工具和材料准备见表 3-33。

表 3-33　电动机多地控制设备

序号	分类	名称	型号规格	数量	单位	备注
1	工具	电工工具及仪表		1	套	
2	材料	三相异步电动机	Y112M-4	1	台	
3		空气断路器	Multi9 C65N D20 或自选	1	只	
4		熔断器	RT28-32	5	只	
5		热继电器	JR36-20 或自选	1	只	
6		安装绝缘板	600mm×900mm	1	块	
7		接触器	NC3-09/220 或自选	1	只	
8		按钮	LA4-3H	4	只	
9		端子	D-20	1	排	
10		导线及护套线		若干		

任务实施

一、电动机多地控制电路的安装

安装步骤及工艺要求

1）识读电路图（见图 3-45），按电路原理图配齐所用电器元件，并检验元器件质量。

2）绘制控制电路电路布置图，在控制板上按图安装所有电器元件，并贴上醒目的文字符号。安装时应做到排列整齐、安装牢固，横平竖直。

3）按电路原理图所示进行配线，并在导线端部套编码套管和冷压接线头。

4）根据电路图检验控制板内部布线的正确性。

5）安装电动机。

6）可靠连接电动机和各电器元件金属外壳的保护接地线。

7）连接电源、电动机等控制板外部的导线。

8）自检。

9）检查无误后通电试车。

二、检修训练

1）故障设置：在控制电路或主电路中人为设置电气故障两处。

2）故障检修：在教师的指导下，可让学生参照前面任务中介绍的检修步骤及要求进行检修。

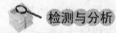 检测与分析

1. 任务检测

任务完成情况检测标准见表 3-34。

表 3-34　电动机多地控制检测标准

序号	主要内容	评分标准	配分	得分
1	安装前检查	电气元件遗漏或搞错，每处扣 1 分	3	
2	安装元器件	1. 不按布置图安装，扣 2 分 2. 元器件安装不牢固，每处扣 1 分 3. 元器件安装不整齐、不合理，每处扣 1 分 4. 损坏元器件，每处扣 2 分	10	
3	布线	1. 不按电路图布线，扣 5 分 2. 布线不符合要求，每项扣 4 分 3. 接点松动，漏铜过长、反圈等，每处扣 1 分 4. 损伤导线绝缘层或线芯，每处扣 2 分 5. 编码套管套装不正确，每处扣 1 分 6. 漏接接地线，扣 5 分	22	
4	通电试运行	一次试运行不成功扣 5 分；二次试运行不成功扣 10 分；三次试运行不成功扣 15 分	15	
5	故障分析	1. 故障分析和排除故障的思路不正确，每处扣 2 分 2. 错标电路故障范围，每处扣 2 分	5	
6	故障排除	1. 断电不验电，扣 2 分 2. 工具和仪表使用不当，扣 2 分 3. 排除故障的顺序不对，扣 2 分 4. 不能查出故障点，扣 2 分 5. 查出故障点但不能排除，扣 2 分 6. 产生新的故障，扣 2 分 7. 损坏元器件，扣 2 分	15	
7	通电试运行	一次试运行不成功扣 5 分；二次试运行不成功扣 10 分；三次试运行不成功扣 15 分	15	
8	安全与文明生产	违反安全文明生产规程，扣 5 分	5	
9	额定时间：3h	每超时 1min，扣 5 分		
备注		合计	90	

2. 问题与分析

针对任务实施中的问题进行分析，并找出解决问题的方法，见表 3-35。

表 3-35　电动机多地控制

序号	问题主要内容	分析问题	解决方法	配分	得分
1					
2				10	
3					
4					

能力训练

一、简答题

1. 什么是多地控制？

2. 多地控制的主要特点。

二、实训题

安装三相异步电动机三地控制电路。

任务八 顺序控制电路的安装与检修

知识点

掌握顺序控制电路的构成、工作原理及特点。

技能点

1. 能正确安装两台电动机顺序起动逆序停机控制电路。

2. 能正确检修两台电动机顺序起动逆序停机控制电路。

学习任务

某生产车间的生产机械由两台三相异步电动机进行顺序控制，即第一台电动机起动后，第二台电动机才能起动；第二台电动机停止后，第一台电动机才能停止。绘制顺序控制电路图，进行顺序起动、逆序停止控制电路安装，并能够对其进行检修。

任务分析

三相异步电动机的顺序起动、逆序停止控制电路，有两种控制方法：一种是在主电路中采取措施实现顺序控制，另一种是在控制电路中实现顺序控制。

知识准备

一、主电路实现顺序控制

主电路实现顺序控制电路如图 3-46 和图 3-47 所示。控制电路的特点是电动机 M2 的主电路接在 KM（或 KM1）主触头的下面。

在图 3-46 所示主电路中，电动机 M2 是通过接插器 X 接在接触器 KM 主触头的下面。因此，只有当电动机 M1 起动运转后即 KM 的主触头闭合，电动机 M2 才可能接通电源运转。M7120 型平面磨床的砂轮电动机和冷却泵电动机就是采用这种顺序控制电路。

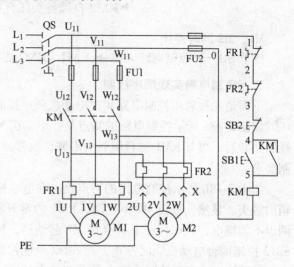

图 3-46 主电路实现顺序控制电路（一）

图 3-47 中，接触器 KM2 的主触头接在接触器 KM1 主触头的下面，电动机 M1 和 M2 分别通过接触器 KM1 和 KM2 来控制，这样就保证了当电动机 M1 起动运转后即 KM1 主触头闭合、KM2 闭合，M2 才可能接通电源运转。

图 3-47 所示顺序控制电路的工作原理如下：

先闭合电源开关 QS，

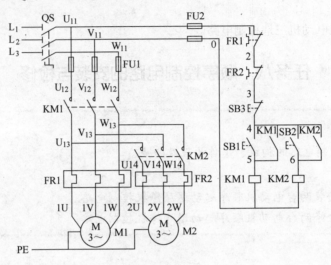

图 3-47　主电路实现顺序控制电路（二）

M1、M2 顺序起动：

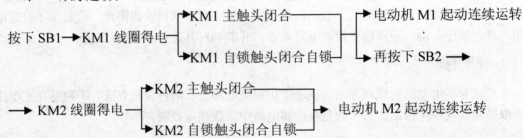

M1、M2 同时停止：

按下 SB3 → 控制电路失电 → KM1、KM2 主触头分断 → 电动机 M1、M2 同时停转

二、控制电路实现顺序控制

下面是几种利用控制电路实现电动机顺序控制的电路，如图 3-48 所示。

如图 3-48a 所示控制电路的特点是：电动机 M2 的起动自锁控制电路先与接触器 KM1 的线圈并联后，再与 KM1 的自锁触头串联，这样就保证了 M1 起动后，M2 才能起动的顺序控制要求。

如图 3-48b 所示控制电路的特点是：在电动机 M2 的控制电路中串联接触器 KM1 的常开辅助触头。显然，只要 M1 不起动，KM1 的常开辅助触头不闭合，即使按下 SB21，KM2 线圈也不能得电，从而保证了只有在 M1 起动后，M2 才能起动的控制要求。电路中停止按钮 SB12 控制两台电动机同时停止，而 SB22 只能控制 M2 的单独停止。

如图 3-48c 所示控制电路，是在图 3-48b 所示电路的基础上将 SB12 的两端并联接触

KM2 的常开辅助触头，从而实现了只有在 M1 起动后，M2 才能起动；而 M2 停止后，M1 才能停止的控制要求，即 M1、M2 是顺序起动，逆序停止。

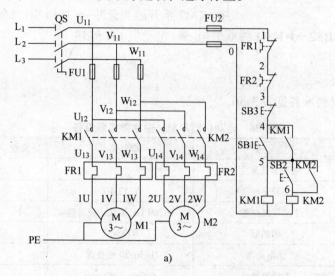

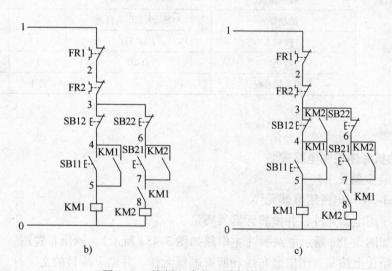

图 3-48 控制电路实现顺序控制电路

图 3-48c 所示电路原理如下：

起动：

按下按钮 SB11→KM1 线圈得电→
- KM1 联锁触头闭合→电动机 M1 连续运行
- KM1 主触头闭合
- KM1 常开触头闭合→按下按钮 SB21→KM2 线圈得电

- KM2 联锁触头闭合→电动机 M2 运行
- KM2 主触头闭合
- KM2 常开触头闭合→按钮 SB12 短接

停止：

按下按钮 SB22 → KM2 线圈失电 → KM2 主触头分断 → 电动机 M2 停转

KM2 常开触头分断 → 按钮 SB12 短接解除 →

→ 按下按钮 SB12 → KM1 线圈失电 → 电动机 M1 停转

任务准备

设备、工具和材料准备见表 3-36。

表 3-36 电动机顺序起、逆序停控制设备

序号	分类	名称	型号规格	数量	单位	备注
1	工具	电工工具及仪表		1	套	
2	材料	三相异步电动机	Y112M-4	2	台	
3		空气断路器	Multi9 C65N D20 或自选	1	只	
4		熔断器	RT28-32	5	只	
5		热继电器	JR36-20 或自选	2	只	
6		安装绝缘板	600mm×900mm	1	块	
7		接触器	NC3-09/220 或自选	2	只	
8		按钮	LA4-3H	4	只	
9		端子	D-20	1	排	
10		导线及护套线		若干		

任务实施

一、电动机顺序控制电路安装

（一）安装步骤及工艺

1）按表 3-36 列出所用电器元件。

2）配齐所用电器元件，并检验元器件质量。

3）根据如图 3-48c 所示电路图（主电路如图 3-48a 所示），画出布置图。

4）在控制板上按布置图安装布线和所有电器元件，并贴上醒目的文字符号。

5）在控制板上按图 3-48c 所示电路进行板前线布线，并在导线端部套编码套管和冷压接线头。

6）安装电动机。

7）可靠连接电动机和电器元件金属外壳的保护接地线。

8）连接控制板外部的导线。

9）自检。

10）检查无误后通电试运行。

（二）注意事项

1）通电试运行前，应熟悉电路的操作顺序，即先合上电源开关 QS，然后按下 SB11 后，再按 SB21 顺序起动；按下 SB22 后，再按下 SB12 逆序停止。

2）通电试运行时，注意观察电动机、各电器元件及线路各部分工作是否正常。若发现

异常情况，必须立即切断电源开关 QS，因为此时停止按钮 SB12 已失去作用。

3）安装应在规定的定额时间内完成，同时要做到安全操作和文明生产。

二、检修训练

1）故障设置：在控制电路或主电路中人为设置电气故障两处。

2）故障检修：在教师的指导下，可让学生参照前面任务中介绍的检修步骤及要求进行检修。

 检测与分析

1. 任务检测

任务完成情况检测标准见表 3-37。

表 3-37　电动机顺序控制检测标准

序号	主要内容	评分标准	配分	得分
1	安装前检查	电气元件遗漏或搞错，每处扣 1 分	3	
2	安装元器件	1. 不按布置图安装，扣 2 分 2. 元器件安装不牢固，每处扣 1 分 3. 元器件安装不整齐、不合理，每处扣 1 分 4. 损坏元器件，每处扣 2 分	10	
3	布线	1. 不按电路图布线，扣 5 分 2. 布线不符合要求，每项扣 4 分 3. 接点松动，漏铜过长、反圈等，每处扣 1 分 4. 损伤导线绝缘层或线芯，每处扣 2 分 5. 编码套管套装不正确，每处扣 1 分 6. 漏接接地线，扣 5 分	22	
4	通电试运行	一次试运行不成功扣 5 分；二次试运行不成功扣 10 分；三次试运行不成功扣 15 分	15	
5	故障分析	1. 故障分析和排除故障的思路不正确，每处扣 2 分 2. 错标电路故障范围，每处扣 2 分	5	
6	故障排除	1. 断电不验电，扣 2 分 2. 工具和仪表使用不当，扣 2 分 3. 排除故障的顺序不对，扣 2 分 4. 不能查出故障点，扣 2 分 5. 查出故障点但不能排除，扣 2 分 6. 产生新的故障，扣 2 分 7. 损坏元器件，扣 2 分	15	
7	通电试运行	一次试运行不成功扣 5 分；二次试运行不成功扣 10 分；三次试运行不成功扣 15 分	15	
8	安全与文明生产	违反安全文明生产规程，扣 5 分	5	
9	额定时间：3h	每超时 1min，扣 5 分		
备注		合计	90	

2. 问题与分析

针对任务实施中的问题进行分析，并找出解决问题的方法，见表3-38。

表3-38　电动机顺序控制

序号	问题主要内容	分析问题	解决方法	配分	得分
1					
2				10	
3					
4					

 能力训练

一、简答题

1. 什么是顺序控制？

2. 顺序控制有几种实现的方法？

二、实训题

安装图3-48b所示三相异步电动机顺序控制电路。

任务九　丫-△减压起动控制电路的安装与检修

 知识点

1. 掌握时间继电器、中间继电器的作用和维修方法。

2. 理解自耦变压器减压起动的原理。

3. 定子绕组串联电阻减压起动控制电路的构成、工作原理及特点。

4. 掌握自耦变压器减压起动控制电路的配线方法。

5. 掌握丫-△减压起动控制电路的构成、工作原理及特点。

技能点

1. 能对照电路图对自耦变压器减压起动控制电路工作原理正确分析。

2. 能对照电路图对丫-△减压起动控制电路工作原理正确分析。

3. 能正确安装与检修丫-△减压起动控制。

 学习任务

某设备三相异步电动机带动负载，起动效果达不到理想效果。请分析三相异步电动机的减压起动方式，同时对本任务中的设备进行丫-△减压起动控制电路安装，并能对其控制电路故障进行维修。

任务分析

前面介绍的各种控制电路在起动时，加在电动机定子绕组上的电压为电动机的额定电压，属于全压起动，也称直接起动。直接起动的优点是电气设备少，电路简单，维修量较小。异步电动机直接起动时，起动电流一般为额定电流的 4~7 倍。在电源变压器容量不够大而电动机功率较大的情况下，直接起动将导致电源变压器输出电压下降，不仅减小电动机本身的起动转矩，而且会影响同一供电电路中其他电气设备的正常工作。因此，较大功率的电动机需采用减压起动。判断能否采用直接起动的方法并掌握减压起动的方法是电工基本知识。

 知识准备

通常情况下规定，电源容量在 180kV·A 以上，电动机功率在 7kW 以下的三相异步电动机可采用直接起动。也可以用下面的经验公式来判断一台电动机能否直接起动，即

$$\frac{I_{st}}{I_N} = \frac{3}{4} + \frac{S}{4P}$$

式中 I_{st}——电动机全压起动电流（A）；

      I_N——电动机额定电流（A）；

      S——电源变压器容量（kV·A）；

      P——电动机功率（kW）。

凡不满足直接起动条件的，均须采用减压起动。

减压起动是指利用起动设备将加到电动机的定子绕组上的电压降低后进行起动，待电动机起动运转后，再使其电压恢复到额定值正常运转。在减压起动过程中由于电流随电压的降低而减小，所以减压起动达到了减小起动电流的目的。但是，由于电动机转矩与电压的平方成正比，所以减压起动也将导致电动机的起动转矩大为降低。因此，减压起动需要在空载或轻载下起动。

常见的减压起动方法为定子绕组串联电阻减压起动、自耦变压器减压起动、Y-△减压起动等。

一、定子绕组串联电阻减压起动控制电路

三相异步电动机定子绕组串联电压起动是指在电动机起动时，把起动电阻串联在电动机定子绕组与电源之间，通过电阻的分压作用来降低定子绕组上的起动电压。待电动机起动后，再将电阻短接，使电动机在额定电压下正常运行。

图 3-49 是一种常用的利用时间继电器自动控制的定子绕组串联电阻减压起动控制电路。

在电路中利用时间继电器 KT 的延时闭合触头给交流接触器 KM2 线圈通电，用以短接起动电阻 R，从而实现了电动机

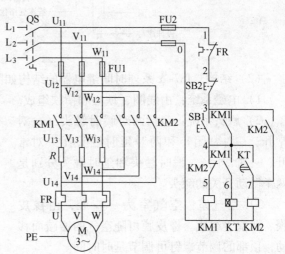

图 3-49 时间继电器自动控制的定子绕组串联电阻减压起动控制电路

从减压起动到全压运行的自动控制。只要调整好时间继电器 KT 触头的动作时间，电动机由起动过程切换成运行过程就能准确可靠地完成。

（一）时间继电器

得到动作信号后延时一定时间，再动作的继电器称为时间继电器。时间继电器广泛应用于需要按时间顺序进行控制的电气控制电路中。

时间继电器是一种利用电磁原理或机械原理实现延时控制的自动开关装置。它的种类很多，有电磁式、电动式、空气阻尼式、晶体管式等。其中，电磁式时间继电器的结构简单，价格低廉，但体积和质量较大，延时较短（如 JT3 型只有0.3～5.5s)，且只能用于直流断电延时；电动式时间继电器的延时精度高，延时可调范围大（由几分钟到几小时），但结构复杂，价格昂贵。随着电子技术的发展，近年来晶体管式时间继电器的应用日益广泛。随着单片机的普及，目前各厂家相继采用单片机为时间继电器的核心器件，而且产品的可控性及定时精度完全可以由软件来调整，所以未来的时间继电器将会完全由单片机来取代。常见时间继电器实物图如图 3-50 所示。

图 3-50　常用时间继电器实物图

1. JS7-A 系列空气阻尼式时间继电器

空气阻尼式时间继电器又称为气囊式时间继电器，是利用气囊中的空气通过小孔节流的原理来获得延时动作的。根据触头延时的特点，可分为通电延时动作型和断电延时复位型两种。

（1）型号及含义

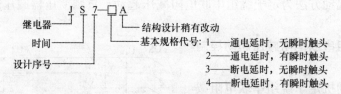

（2）结构　JS7-A 系列时间继电器的结构如图 3-51 所示，它主要由以下几部分组成：

1）电磁系统：由线圈、铁心和衔铁组成。

2）触头系统：包括两对瞬时触头（一对常开、一对常闭）和两对延时触头（一对常开、一对常闭），瞬时触头和延时触头分别是两个微动开关的触头。

3）空气室：空气室为一空腔，由橡皮膜、活塞等组成。橡皮膜可随空气的增减而移动，顶部的调节螺钉可调节延时时间。

4）传动机构：由推杆、活塞杆、杠杆及各种类型的弹簧等组成。

5）基座：用金属板制成，用以固定电磁机构和气室。

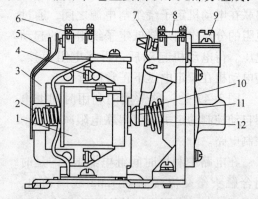

图 3-51　JS7-A 系列时间继电器的结构
1—线圈　2—反力弹簧　3—衔铁　4—铁心　5—弹簧片
6—瞬时触头　7—杠杆　8—延时触头　9—调节螺钉
10—推杆　11—活塞杆　12—宝塔形弹簧

（3）工作原理　JS7- A 系列时间继电器的工作原理示意图如图 3-52 所示。其中，图 3-52a 所示为通电延时型，图 3-52b 所示为断电延时型。

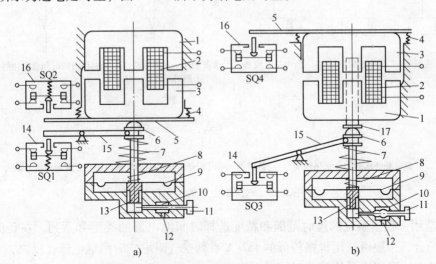

图 3-52　空气阻尼式时间继电器的工作原理原理图
a）通电延时型　b）断电延时型
1—铁心　2—线圈　3—衔铁　4—反力弹簧　5—推板　6—活塞杆　7—宝塔形弹簧　8—弱弹簧　9—橡皮膜
10—螺旋　11—调节螺钉　12—进气孔　13—活塞　14、16—微动开关　15—杠杆　17—推杆

1）通电延时型时间继电器的工作原理。当线圈 2 通电后，铁心 1 产生吸力，衔铁 3 克服反力弹簧 4 的阻力与铁心吸合，带动推板 5 立即动作，压合微动开关 SQ2，使其常闭触头瞬时断开，常开触头瞬时闭合。同时活塞杆 6 在宝塔形弹簧 7 的作用下向上移动，带动与活塞 13 相连的橡皮膜 9 向上运动。这时橡皮膜下面形成空气较稀薄的空间，与橡皮膜上面的空气形成压力差，对活塞的移动产生阻尼作用。活塞杆带动杠杆 15 只能缓慢地移动。经过一段时间，活塞才完成全部行程而压动微动开关 SQ1，使其常闭触头断开，常开触头闭合。由于从线圈通电到触头动作需延时一段时间，所以 SQ1 的两对触头分别被称为延时闭合瞬时断开的常开触头和延时断开瞬时闭合的常闭触头。由于活塞运动的速度受进气孔 12 进气速度的限制，这种时间继电器延时时间的长短取决于进气的快慢，旋动调节螺钉 11 可调节进气孔的大小，即可达到调节延时时间长短的目的。JS7- A 系列时间继电器的延时范围有 0.4～60s 和 0.4～180s 两种。

当线圈 2 断电时，衔铁 3 在反力弹簧 4 的作用下，通过活塞杆 6 将活塞推向下端，这时橡皮膜 9 下方腔内的空气通过橡皮膜 9、弱弹簧 8 和活塞 13 局部所形成的单向阀迅速从橡皮膜上方的气室缝隙中排掉，使微动开关 SQ1、SQ2 的各对触头均瞬时复位。

2）断电延时型时间继电器原理　JS7- A 系列断电延时型和通电延时型时间继电器的组成元件是通用的。如果将通电延时型时间继电器的电磁机构翻转 180°安装，即成为断电延时型时间继电器。其工作原理可参照前文自行分析。

空气阻尼式时间继电器的优点是：延时范围较大（0.4～180s），且不受电压和频率波动的影响；可以做成通电和断电两种延时形式；结构简单、使用寿命长、价格低。其缺点是：延时误差大，难以精确地整定延时值，且延时值易受周围环境温度、尘埃等影响。因此，对延时精度要求较高的场合不宜采用。

时间继电器在电路图中的图形符号如图 3-53 所示。

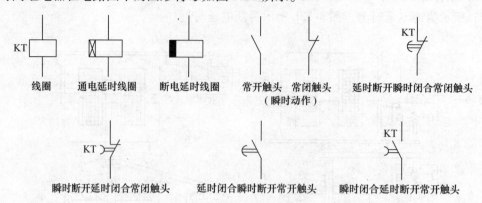

| KT 线圈 | 通电延时线圈 | 断电延时线圈 | 常开触头　常闭触头（瞬时动作） | 延时断开瞬时闭合常闭触头 |

| 瞬时断开延时闭合常闭触头 | 延时闭合瞬时断开常开触头 | 瞬时闭合延时断开常开触头 |

图 3-53　时间继电器的图形符号

（4）选用　根据系统的延时范围和精度选择时间继电器的类型和系列。在延时精度要求不高的场合，一般可选用价格较低的 JS7-A 系列空气阻尼式时间继电器；反之，对精度要求较高的场合，可选用晶体管式时间继电器。

根据控制电路的要求选择时间继电器的延时方式（通电延时或断电延时）。同时，还必须考虑电路对瞬时动作触头的要求。

根据控制电路电压选择时间继电器吸引线圈的电压。

（5）安装与使用　时间继电器应按说明书规定的方向安装。无论是通电延时型还是断电延时型，都必须使继电器在断电后，释放时衔铁的运动方向垂直向下，其倾斜度不得超过5°。时间继电器的整定值，应预先在不通电时整定好，并在试运行时校正。时间继电器金属底板上的接地螺钉必须与接地线可靠连接。通电延时型和断电延时型可在整定时间内自行调换。使用时，应经常清除灰尘及油污，否则延时误差将更大。

（6）常见故障及处理方法　JS7-A 系列空气阻尼式时间继电器常见故障及处理方法见表 3-39。

表 3-39　JS7-A 系列空气阻尼式时间继电器常见故障及处理方法

故障现象	可能的原因	处理方法
延时触头不动作	1. 电磁线圈断线 2. 电源电压过低 3. 传动机构卡住或损坏	1. 更换线圈 2. 调高电源电压 3. 排除卡住故障或更换元器件
延时时间缩短	1. 气室装配不严、漏气 2. 橡皮膜损坏	1. 修理更换换气室 2. 更换橡皮膜
延时时间变长	气室内有灰尘、使气道阻塞	修复灰尘使气道通畅

2. RC 晶体管时间继电器

晶体管时间继电器是目前时间继电器中发展快、品种数量较多、应用较广的一种。它和其他的时间继电器一样，由三个基本环节组成，如图 3-54 所示。根据延时环节构成原理的不同，通常分为电阻（R）、电容（C）充放电式

输入信号 → 延时环节 → 比较环节 → 执行环节 →

图 3-54　时间继电器的基本环节

（简称阻容式或 RC 式）与脉冲电路分频计数式（简称计数式）两大类。本节将简要介绍这两种时间继电器的工作原理与特性。

图 3-55 所示是一种最简单的 RC 晶体管时间继电器原理。它用 RC 作延时环节；稳压二极管 VS 与晶体管 VT 作比较放大环节（VS 的击穿电压与 VT 的开启电压之和 U_1 为比较电压，也就是该电器的动作电压）；电磁继电器 KA 为执行环节。RC 晶体管时间继电器的基本工作原理是利用电容电压不能突变而只能缓慢升高的特性来获得延时的。RC 晶体管时间继电器电路如图 3-55a 所示。

当闭合开关 S 时（$t=0$），电源电压 E 就通过电阻 R 开始向电容 C 充电，此时电容可以等效为短路状态，VT 不能导通，KA 处于释放状态；当 $t=t_1$ 时，U_C 增加到 U_1，达到 VS 的反向击穿电压，从而使 VT 导通，电源经 R 与 VS 供给 VT 以基极电流 I_B，经过放大后推动继电器 KA 吸合，达到延时动作的目的。在延时时间 t_1 内，U_C 随时间的变化规律如图 3-55b 中曲线段 obc 所示。当断开 S 时，C 就通过 VS 与 VT 很快放电（此时它们的电阻很小），U_C 很快下降，但当 U_C 稍许减小后 VS 就恢复阻断状态；VT 截止，KA 释放，可见释放过程是非常快的，延时很小，所以该继电器为吸合延时，释放后电容上电压（电荷）将自然地放掉，到等于零时就可以接受下一次动作。

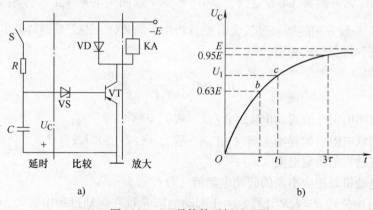

图 3-55　RC 晶体管时间继电器
a）RC 晶体管时间继电器电路　b）RC 充放电特性

从这里可以看到，当 E 和 U_1 一定时，延时的大小主要决定于充电过程的快慢，即决定于 R 和 C 的大小。R 大，由它所限制的充电电流就小；C 大，它对电荷的容量就大；两者都将使 U_C 的增加变慢，延时时间加长。晶体管式和电动机式时间继电器能精确设定延时时间。

对于时间继电器来说，我们不仅希望它具有一定大小的延时，而且还应具有一定的延时精度。晶体管时间延时继电器的大小与精度是由电阻 R、电容 C、比较电压 U_1、电源电压 E 及电容初始值 U_{C0} 等多方面因素所决定的。

3. 计数式电子时间继电器。

RC 晶体管时间继电器由于其特定的延时原理，使它具有许多自身难以克服的缺点：延时时间不能太长，延时精度较低。为了解决这一问题，就引发了延时原理的改进，出现了计数式电子时间继电器。

这种继电器的基本延时原理是采用对标准频率的脉冲进行分频和计数的延时环节来取代

RC 充放电的延时环节。它可以获得极长的延时（几小时甚至几天），并具有较高的延时精度，容易构成多路时间程序控制器，所以在自动控制系统中得到越来越广泛的应用。它的缺点是抗干扰能力较差，延时值易受温度、电压波动的影响。

（二）定子绕组串联电阻减压起动控制电路原理

电路的工作原理如下：合上电源开关 QS，

按下 SB1→KM1 线圈得电

- → KM1 主触头闭合，电动机 M 定子绕组串电阻起动
- → KM1 常开辅助触头（3-4 之间）闭合（自锁）
- → KM1 常开辅助触头（4-6 之间）闭合→KT 线圈得电

经过 n_s → KT 常开触头延时闭合→KM2 线圈得电→

- → KM2 常闭触头断开→KM1 线圈失电
- → KM2 常开辅助触头闭合（自锁）
- → KM2 主触头闭合，电动机 M 全压运行

- → KM1 主触头断开，切除起动电阻 R
- → KM1 常开触头（3~4 之间）断开，解除自锁
- → KM1 常开触头（4~6 之间）断开 → KT 线圈失电→ KT 常开触头瞬间断开

起动电阻 R 一般采用能够通过较大电流且功率大的 ZX1、ZX2 系列铸铁电阻。起动电阻 R 的大小可按下列近似公式确定，即

$$R = 190 \times \frac{I_{st} - I'_{st}}{I_{st} I'_{st}}$$

式中　I_{st}——未串电阻前的起动电流（A），一般 $I_{st} = （4 \sim 7）I_N$；

I'_{st}——串联电阻后的起动电流（A），一般 $I'_{st} = （2 \sim 3）I_N$；

I_N——电动机的额定电流（A）；

R——电动机每相应串联的起动电阻值（Ω）。

电阻功率可用公式 $P = I_N^2 R$ 计算。由于起动电阻 R 仅在起动过程中接入，且起动时间很短，所以实际选用的电阻功率可比计算值减小 3～4 倍。

串电阻减压起动的缺点是减小了电动机的起动转矩，同时起动时在电阻上功率消耗也较大。如果起动频繁，则电阻的温度很高，对于精密的机床会产生一定的影响，故目前这种减压起动的方法在生产实际中的应用正在逐步减少。

二、自耦变压器（补偿器）减压起动控制电路

自耦变压器减压起动是指电动机起动时利用自耦变压器来降低加在电动机定子绕组上的起动电压。待电动机起动后，再使电动机与自耦变压器脱离，从而在全压状态下正常运行。其减压起动原理图如图 3-56 所示。起动时，先闭合电源开关 QS1，再将开关 QS2 扳向"起动"位置，此时电动机的定子绕组与变压器的二次侧相接，电动机进行减

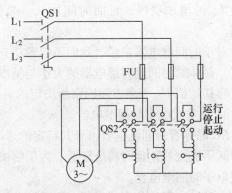

图 3-56　自耦变压器减压起动原理图

压起动。待电动机转速上升到一定值时，迅速将开关 QS2 从"起动"位置扳到"运行"位置，这时，电动机与自耦变压器脱离而直接与电源相接，在额定电压下正常运行。

自耦减压起动器又称为补偿器，是利用自耦变压器来进行减压的起动装置，其有手动式和自动式两种。

图 3-57 所示为自动式自耦变压器减压控制电路。

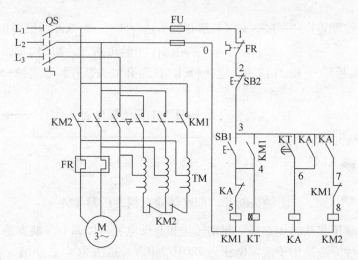

图 3-57　自动式自耦变压器减压控制电路

（一）中间继电器

中间继电器是用于继电保护与自动控制系统中，以增加触头的数量及容量的一种低压电器元件。它的作用是在控制电路中传递中间信号。中间继电器的结构和原理与交流接触器基本相同，与接触器的主要区别在于：接触器的主触头可以通过大电流，而中间继电器一般是没有主触头的，它的触头都是辅助触头，而且数量比较多，有六常开、两常闭和四常开、四常闭等，且只能通过小电流，一般为 5A。因此，它一般只能用于小电流的控制电路中，只有在主电路工作电流小于 5A 时，中间继电器才能代替交流接触器，控制主电路的通断。

中间继电器有的型号可用交流电源驱动，如 JZ7 型；有的型号则可以直流和交直流两用，如 JZ14 型。（见图 3-58）。中间继电器的图形符号如图 3-59 所示。

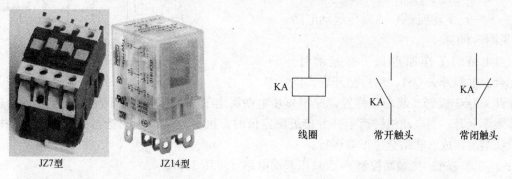

图 3-58　中间继电器实物图　　　　图 3-59　中间继电器图形符号

（二）自耦变压器（补偿器）减压起动控制电路原理

其工作原理如下：闭合 QS，

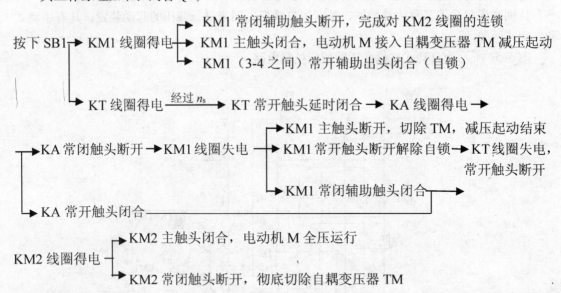

按下 SB1 → KM1 线圈得电
- → KM1 常闭辅助触头断开，完成对 KM2 线圈的连锁
- → KM1 主触头闭合，电动机 M 接入自耦变压器 TM 减压起动
- → KM1（3-4 之间）常开辅助出头闭合（自锁）

↓ KT 线圈得电 ——经过 n_s—→ KT 常开触头延时闭合 → KA 线圈得电 →

KA 常闭触头断开 → KM1 线圈失电
- → KM1 主触头断开，切除 TM，减压起动结束
- → KM1 常开触头断开解除自锁 → KT 线圈失电，常开触头断开
- → KM1 常闭辅助触头闭合

→ KA 常开触头闭合 ————————

KM2 线圈得电
- → KM2 主触头闭合，电动机 M 全压运行
- → KM2 常闭触头断开，彻底切除自耦变压器 TM

自耦变压器减压起动的优点是：起动转矩和起动电流可以调节。缺点是设备庞大，成本较高。因此，这种方法适用于额定电压为 220V/380 V、接法为丫-△联结、容量较大的三相异步电动机的减压起动。

三、丫-△减压起动控制电路

丫-△减压起动是指电动机起动时，把定子绕组接成丫联结，以降低起动电压，限制起动电流。待电动机起动后，再把定子绕组改接成△联结，使电动机全压运行。凡是在正常运行时定子绕组作△联结的异步电动机，均可采用这种减压起动方法。

电动机起动时接成丫联结，加在每相定子绕组上的起动电压只有△联结的 $1/\sqrt{3}$，起动电流为△联结的 1/3，起动转矩也只有△联结的 1/3。因此，这种减压起动方法只适用于轻载或空载下起动。常用的丫-△减压起动控制电路有以下几种。

（一）手动控制丫-△减压起动电路（见图 3-60）

电路的工作原理如下：起动时，先合上电源开关 QS1，然后把开启式负

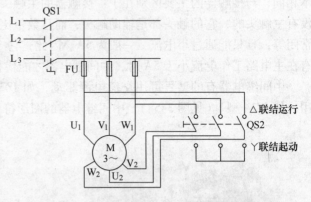

图 3-60 手动控制丫-△减压起动电路

荷开关 QS2 扳到"起动"位置，三相异步电动机定子绕组便接成丫联结减压起动；转速由零逐渐上升，当电动机转速上升并接近额定值时，再将 QS2 扳到"运行"位置，电动机定子绕组改接成△联结全压正常运行。

（二）按钮-接触器控制丫-△减压起动电路（见图 3-61）

按钮-接触器控制丫-△减压起动电路使用了三个接触器、一个热继电器和三个按钮。接

触器 KM 作引入电源用，接触器 KM$_\curlyvee$和 KM$_\triangle$分别作丫联结起动用和△联结运行用，SB1 是起动按钮，SB2 是丫-△转换按钮，SB3 是停止按钮，FU1 作为主电路的短路保护，FU2 作为控制电路的短路保护，FR 作为过载保护。

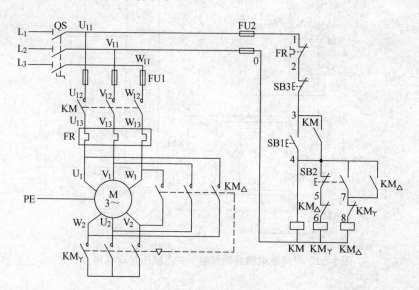

图 3-61　按钮-接触器控制丫-△减压起动电路

电路的工作原理如下：先合上电源开关 QS，

（1）电动机丫联结减压起动

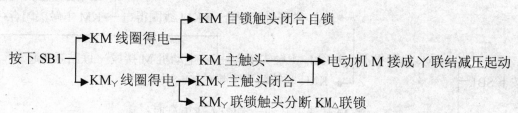

（2）电动机△联结全压运行　当电动机转速逐渐上升并接近额定转速时，

（三）时间继电器自动控制丫-△减压起动电路（见图 3-62）

时间继电器自动控制丫-△减压起动电路是由三个接触器、一个热继电器、一个时间继电器和两个按钮组成。时间继电器 KT 用作控制丫联结减压起动时间和完成丫-△自动切换。

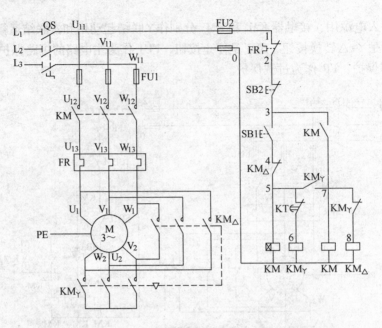

图 3-62 时间继电器自动控制 Y-△ 减压起动电路（一）

该电路中，接触器 KM_Y 得电以后，通过 KM_Y 的常开辅助触头使接触器 KM 得电动作，这样 KM_Y 的主触头是在无负载的条件下进行闭合的，故可延长接触器 KM_Y 主触头的使用寿命。

电路的工作原理如下：先合上电源开关 QS，

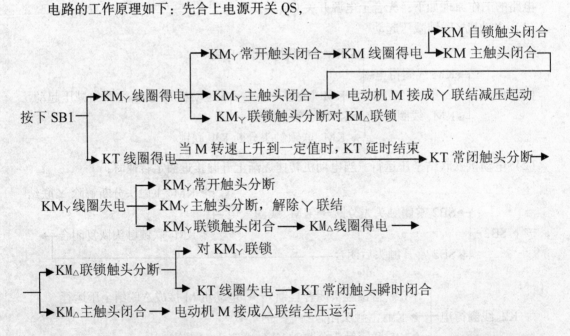

图 3-63 是另一种时间继电器自动控制 Y-△ 减压起动电路，工作原理读者可自行分析。

✍ **任务准备**

设备、工具和材料准备见表 3-40。

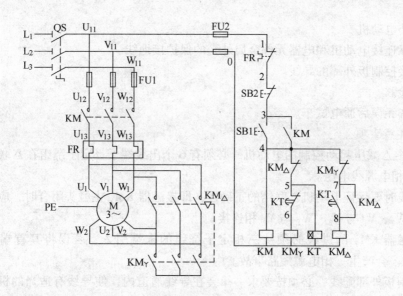

图 3-63 时间继电器自动控制丫-△减压起动电路（二）

表 3-40 电动机丫-△起动控制设备

序号	分类	名称	型号规格	数量	单位	备注
1	工具	电工工具及仪表		1	套	
2		三相异步电动机	Y112M-4	1	台	
3		空气断路器	Multi9 C65N D20 或自选	1	只	
4		熔断器	RT28-32	5	只	
5		热继电器	JR36-20 或自选	1	只	
6	材料	安装绝缘板	600mm×900mm	1	块	
7		接触器	NC3-09/220 或自选	3	只	
8		按钮	LA4-3H	2	只	
9		时间继电器	JS7-A	1	只	
10		端子	D-20	1	排	
11		导线及护套线		若干		

 任务实施

一、安装步骤及工艺要求

安装工艺要求可参照前文任务的工艺要求进行。

（一）安装步骤。

1）按表 3-40 配齐所用电器元件，并检验元器件质量。

2）画出布置图。

3）在控制板（控制柜）上按布置图安装电器元件和布线，并贴上醒目的文字符号。

4）在控制板上按图 3-62 所示电路图进行板前线布线，并在线头上套编码套管和冷压接线头。

5）安装电动机。

6）可靠连接电动机和电器元件金属外壳的保护接地线。

7）连接控制板外部的导线。

8）自检。

9）检查无误后通电试车。

（二）注意事项

1）用丫-△减压起动控制的电动机，必须有 6 个出线端子且定子绕组在△联结时的额定电压等于三相电源线电压。

2）接线时要保证电动机△联结的正确性，即接触器 $KM_\triangle$ 主触头闭合时，应保证定子绕组的 U_1 与 W_2、V_1 与 U_2、W_1 与 V_2 相连接。

3）接触器 KM_Y 的进线必须从三相定子绕组的末端引入，若误将其首端引入，则在 KM_Y 吸合时，会产生三相电源短路事故。

4）控制板外部配线，必须按要求一律装在导线通道内，使导线有适当的机械保护，以防止液体、切屑和灰尘的侵入。在训练时可适当降低要求，但必须以能确保安全为条件，如采用多芯橡皮线或塑料护套软线。

5）通电校验前要再检查一下熔体规格及时间继电器、热继电器的各整定值是否符合要求。

6）通电校验必须有指导教师在现场监护，学生应根据电路图的控制要求独立进行校验，若出现故障也应自行排除。

7）安装训练应在规定定额时间内完成，同时要做到安全操作和文明生产。

二、检修训练

1）故障设置在控制电路或主电路中人为设置电气故障两处。

2）故障检修其检修步骤及要求。

① 用通电试验法观察故障现象。观察电动机、各电器元件及电路的工作是否正常，若发现异常现象，应立即断电检查。

② 逻辑分析法缩小故障范围，并在电路图上用虚线标出故障部位的最小范围。

③ 用测量法正确、迅速地找出故障点。

④ 根据故障点的不同情况，采取正确的方法迅速排除故障。

⑤ 排除故障后通电试运行。

3）注意事项

① 检修前要先掌握电路图中各个控制环节的作用和原理，并熟悉电动机的接线方法。

② 在检修过程中严禁扩大和产生新的故障，否则，要立即停止检修。

③ 检修思路和方法要正确。

④ 带电检修故障时，必须有指导教师在现场监护，并要确保用电安全。

⑤ 检修必须在定额时间内完成。

检测与分析

1. 任务检测

任务完成情况检测标准见表 3-41。

表 3-41 电动机丫-△控制检测标准

序号	主要内容	评分标准	配分	得分
1	安装前检查	电气元件遗漏或搞错，每处扣1分	3	
2	安装元器件	1. 不按布置图安装，扣2分 2. 元器件安装不牢固，每处扣1分 3. 元器件安装不整齐、不合理，每处扣1分 4. 损坏元器件，每处扣2分	10	
3	布线	1. 不按电路图布线，扣5分 2. 布线不符合要求，每项扣4分 3. 接点松动，漏铜过长、反圈等，每处扣1分 4. 损伤导线绝缘层或线芯，每处扣2分 5. 编码套管套装不正确，每处扣1分 6. 漏接接地线，扣5分	22	
4	通电试运行	一次试运行不成功扣5分；二次试运行不成功扣10分；三次试运行不成功扣15分	15	
5	故障分析	1. 故障分析和排除故障的思路不正确，每处扣2分 2. 错标电路故障范围，每处扣2分	5	
6	故障排除	1. 断电不验电，扣2分 2. 工具和仪表使用不当，扣2分 3. 排除故障的顺序不对，扣2分 4. 不能查出故障点，扣2分 5. 查出故障点但不能排除，扣2分 6. 产生新的故障，扣2分 7. 损坏元器件，扣2分	15	
7	通电试运行	一次试运行不成功扣5分，二次试运行不成功扣10分，三次试运行不成功扣15分	15	
8	安全与文明生产	违反安全文明生产规程，扣5分	5	
9	额定时间：3h	每超时1min，扣5分		
备注		合计	90	

2. 问题与分析

针对任务实施中的问题进行分析，并找出解决问题的方法，见表3-42。

表 3-42 电动机丫-△控制

序号	问题主要内容	分析问题	解决方法	配分	得分
1					
2				10	
3					
4					

 能力训练

一、填空题

1. 异步电动机直接起动时，起动电流一般为额定电流的_____倍。

2. 时间继电器是一种利用_____实现延时控制的自动开关装置。

3. 根据触头延时的特点，时间继电器可分为_____型和_____型两种。

4. _____是用于继电保护与自动控制系统中，以增加触头的数量及容量的一种低压电器元件。

二、简答题

1. 什么是减压起动？减压起动的目的是什么？

2. JS7-A 系列时间继电器的工作原理。

3. 分析图 3-63 工作原理。

三、实训题

安装图 3-63 三相异步电动机丫-△控制电路。

任务十   制动控制电路的安装与维修

知识点

1. 熟悉电磁抱闸的结构和工作原理。

2. 掌握电磁抱闸制动器断电制动控制电路的工作原理和特点。

3. 理解反转制动和能耗制动的制动原理。

4. 掌握单向起动反接制动控制电路和无变压器半波整流单向起动能耗制动控制电路的构成、工作原理和特点。

技能点

1. 能正确安装无变压器单向半波整流单向起动能耗制动控制电路。

2. 能正确检修无变压器单向半波整流单向起动能耗制动控制电路。

学习任务

某工厂机械设备由三相异步电动机带动，当设备停止时，电动机需采取制动措施。了解三相异步电动机制动的方法，安装无变压器单向半波整流单向起动能耗制动控制电路，进行设备停机措施，并能够对此电路进行检修。

任务分析

在生产中经常要求生产机械快速停止运行，这就要求电动机快速停机。而电动机断开电源以后，由于惯性作用不会马上停止转动，而是需要转动一段时间后才会完全停下来，这种情况不符合生产机械的要求。满足生产机械的这种要求就需要对电动机进行制动。

知识准备

所谓制动，就是给电动机一个与转动方向相反的转矩使它迅速停转（或限制其转速）。制动的方法一般有两类，即机械制动和电力制动。

一、机械制动

电动机断开电源后利用机械装置迅速停转的方法叫做机械制动。机械制动常用的方法有电磁抱闸制动器制动和电磁离合器制动。

（一）电磁抱闸制动器制动

图3-64所示为使用电磁抱闸制动的电动机。电磁抱闸图形符号如图3-65所示。电磁抱闸结构图如图3-66所示。电磁抱闸制动器分为断电制动型和通电制动型两种。

1. 电磁抱闸制动器断电制动控制电路

电磁抱闸制动器断电制动控制电路如图3-67所示。断电制动型是当制动电磁铁的线圈得电时，制动器的闸瓦与闸轮分开，无制动作用；当线圈失电时，闸瓦紧紧抱住闸轮制动。

电磁抱闸制动器断电制动控制的电路工作原理如下：先闭合电源开关QS，

图3-64 使用电磁抱闸制动的电动机

图3-65 电磁抱闸图形符号

1）起动运转：按下起动按钮SB1，接触器KM线圈得电，其自锁触头和主触头闭合，电动机M接通电源，同时电磁抱闸制动器YB线圈得电，衔铁与铁心吸合，衔铁克服弹簧拉力，迫使制动杠杆向上移动，从而使制动器的闸瓦与闸轮分开，电动机正常运转。

2）制动停转：按下停止按钮SB2，接触器KM线圈失电，其自锁触头和主触头分断，电动机M失电，同时电磁抱闸制动器线圈YB也失电，衔铁与铁心分开，在弹簧拉力的作用下，闸瓦紧紧抱住闸轮，使电动机因迅速制动而停转。

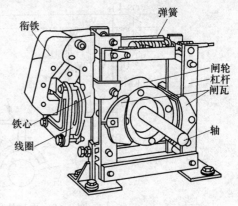

图3-66 电磁抱闸结构

电磁抱闸制动器断电制动广泛采用在起重机械上。其优点是能够准确定位，同时可防止电动机突然断电时重物自行坠落。当重物起吊到一定高度时，按下停止按钮，电动机和电磁抱闸制动器的线圈同时断电，闸瓦立即抱住闸轮，电动机立即制动停转，重物随之被准确定位。如果电动机在工作时，电路发生故障而突然断电时，电磁抱闸制动器同样会使电动机迅

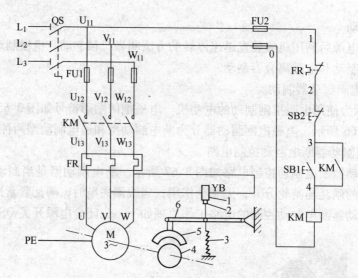

图 3-67　电磁抱闸制动器断电制动控制电路
1—线圈　2—衔铁　3—弹簧　4—闸轮　5—闸瓦　6—杠杆

速制动停转，从而避免重物自行坠落。这种制动方法的缺点是不经济。因为电磁抱闸制动器线圈耗电时间与电动机一样长。另外，切断电源后，由于电磁抱闸制动器的制动作用，使手动调整工件很困难。因此，对要求电动机制动后能调整工件位置的机床设备不能采用这种制动方法，可采用下述通电制动控制电路。

2. 电磁抱闸制动器通电制动控制电路

电磁抱闸制动器通电制动控制电路如图 3-68 所示。这种通电制动与上述断电制动方法稍有不同。通电制动型是指当线圈得电时，闸瓦紧紧抱住闸轮制动。当线圈失电时，闸瓦与闸轮分开，无制动作用。

电路的工作原理如下：先闭合电源开关 QS，

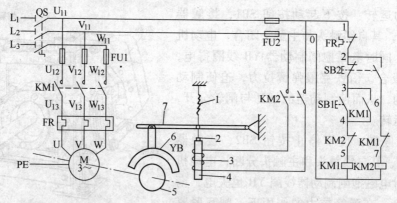

图 3-68　电磁抱闸制动器通电制动控制电路
1—弹簧　2—衔铁　3—线圈　4—铁心　5—闸轮　6—闸瓦　7—杠杆

1）起动运转：按下起动按钮 SB1，接触器 KM1 线圈得电，其自锁触头和主触头闭合，电动机 M 起动运转。由于接触器 KM1 联锁触头分断，使接触器 KM2 不能得电动作，所以电磁抱闸制动器的线圈无电，衔铁与铁心分开，在弹簧拉力的作用下，闸瓦与闸轮分开，电动机不受制动正常运转。

2）制动停转：按下复合按钮 SB2，其常闭触头先分断，使接触器 KM1 线圈失电，其自锁触头和主触头分断，电动机 M 失电，KM1 联锁触头恢复闭合，待 SB2 常开触头闭合后，接触器 KM2 线圈得电，KM2 主触头闭合，电磁抱闸制动器 YB 线圈得电，铁心吸合衔铁，衔铁克服弹簧拉力，带动杠杆向下移动，使闸瓦紧抱闸轮，电动机因迅速制动而停转。KM2 联锁触头分断对 KM1 联锁。

（二）电磁离合器制动

电磁离合器实物图如图 3-69 所示。电磁离合器制动的原理和电磁抱闸制动器的制动原理类似，常用在电工葫芦上。断电制动型电磁离合器的结构示意图如图 3-70 所示。

单片式电磁离合器　　　多片式电磁离合器

图 3-69　电磁离合器实物图

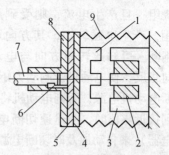

图 3-70　电磁离合器的结构示意图
1—动铁心　2—励磁线圈　3—静铁心
4—静摩擦片　5—动摩擦片　6—键
7—绳轮轴　8—法兰　9—制动弹簧

1. 结构

电磁离合器主要由制动电磁铁（包括动铁心 1、静铁心 3 和励磁线圈 2）、静摩擦片 4、动摩擦片 5 以及制动弹簧 9 组成。电磁铁的静铁心 3 靠导向轴（图中未画出）连接在电动葫芦本体上，动铁心 1 与静摩擦片 4 固定在一起，并只能做轴向移动而不能绕轴转动。动摩擦片 5 通过法兰 8 与绳轮轴 7（与电动机共轴）连接，并由键 6 固定在一起，可随电动机一起转动。

2. 制动原理

电动机静止时，励磁线圈 2 无电，制动弹簧 9 将静摩擦片 4 紧紧地压在动摩擦片 5 上，此时电动机通过绳轮轴 7 被制动。当电动机通电运转时，励磁线圈 2 也同时得电，电磁铁的动铁心 1 被静铁心 3 吸合，使静摩擦片 4 与动摩擦片 5 分开，于是动摩擦片 5 连同绳轮轴 7 在电动机的带动下正常起动运转。当电动机切断电源时，激磁线圈 2 也同时失电，制动弹簧 9 立即将静摩擦片 4 连同动铁心 1 推向转动着的动摩擦片 5，强大的弹簧张力迫使动、静摩擦片之间产生足够大的摩擦力，使电动机断电后立即制动停转。

二、电气制动

在电动机切断电源停转的过程中，产生一个和电动机实际旋转方向相反的电磁力矩（制动力矩），从而迫使电动机迅速制动停转。这种方法称为电力制动。电力制动常用的方法有反接制动、能耗制动和再生发电制动等。

（一）反接制动

通过改变电动机定子绕组的电源相序产生制动力矩，迫使电动机迅速停转的方法叫做反接制动。反接制动原理图如图 3-71 所示。在图中，当 QS 闭合时，电动机定子绕组电源相序

为 L_1—L_2—L_3，电动机将沿旋转磁场方向（如图中顺时针方向），以 $n < n_1$ 的转速正常运转。当电动机需要停转时，可打开开关 QS，使电动机先脱离电源（此时转子由于惯性仍按原方向旋转）。随后，将开关 QS 迅速闭合，由于 L_1、L_2 两相电源线对调，电动机定子绕组电源相序变为 L_2—L_1—L_3，旋转磁场反转（图中逆时针方向），此时转子将以 $n_1 + n$ 的相对转速沿原转动方向切割旋转磁场，在转子绕组中产生感应电流，其方向可用右手定则判断出来，如图 3-71 所示。转子绕组一旦产生电流，则受到旋转磁场的作用，产生电磁转矩，其方向可由左手定则判断。可知此转矩方向与电动机的转

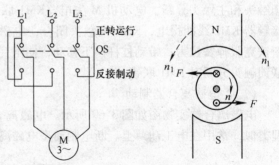

图 3-71 反接制动原理图

动方向相反，使电动机受制动力矩迅速停转。值得注意的是当电动机转速接近零值时，应立即切断电动机电源，否则电动机将反转。因此，在反接制动设施中，为保证电动机的转速被制动到接近零值时，能迅速切断电源，防止反向起动，常利用速度继电器（又称为反接制动继电器）来自动地及时切断电源。

单向起动反接制动控制电路如图 3-72 所示。该电路的主电路和正、反转控制电路的主电路相同，只是在反接制动时增加了三个限流电阻 R。反接制动时，由于旋转磁场与转子的相对转速（$n_1 + n$）很高，故转子绕组中感应电流很大，致使定子绕组中的电流也很大，一般约为电动机额定电流的 10 倍。因此，需在定子电路中串入限流电阻 R。反接制动适用于 10kW 以下小功率电动机的制动，限流电阻 R 的大小可参考经验计算公式进行估算。电路中 KM1 为正转运行接触器，KM2 为反接制动接触器，KS 为速度继电器，其轴与电动机轴相连（图中用点画线表示）。

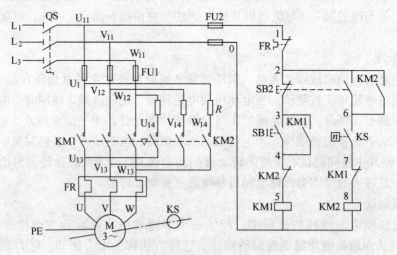

图 3-72 单向起动反接制动控制电路

1. 速度继电器

速度继电器是反映转速和转向的继电器，其主要作用是以旋转速度的快慢为指令信号，

与接触器配合实现对电动机的反接制动控制，故又称为反接制动继电器。机床控制电路中常用的速度继电器有 JFZ0 型和 JY1 型，如图 3-73 所示。速度继电器的型号及含义，以 JFZ0 为例，如图 3-74 所示。

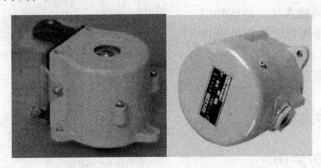

图 3-73　速度继电器实物图

图 3-74　速度继电器的型号及含义

　　JY1 型速度继电器的结构和工作原理如图 3-75 所示。它主要由定子、转子、可动支架、触头系统及端盖等部分组成。转子由永久磁铁制成，固定在转轴上；定子由硅钢片叠成并装有笼型短路绕组，能作小范围偏转；触头系统由两组转换触头组成，一组在转子正转时动作，另一组在转子反转时动作。

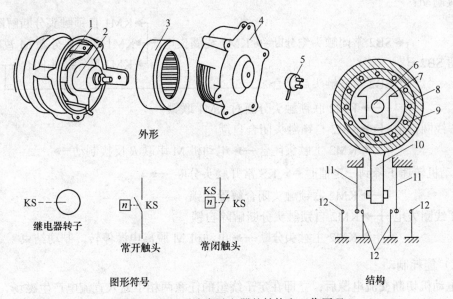

图 3-75　JY1 型速度继电器的结构和工作原理
1—可动支架　2—转子　3—定子　4—端盖　5—连接头　6—电动机轴　7—转子（永久磁铁）
8—定子　9—定子绕组　10—胶木摆杆　11—簧片（动触头）　12—静触头

　　速度继电器的工作原理是：当电动机旋转时，带动与电动机同轴连接的速度继电器的转子旋转，相当于在空间中产生一个旋转磁场，从而在定子笼型短路绕组中产生感应电流，感应电流与永久磁铁的旋转磁场相互作用，产生电磁转矩，使定子随永久磁铁转动的方向偏转，与定子相连的胶木摆杆也随之偏转。当定子偏转到一定角度，胶木摆杆推动簧片，使继电器的触头动作。当转子转速减小到接近零时，由于定子的电磁转矩减小，胶木摆杆恢复原状态，触头随即复位。速度继电器在电路图中的符号如图 3-75 所示。速度继电器的动作转速一般不低于 100～300r/min，复位转速约在 100r/min 以下。

速度继电器的安装与使用：

1）速度继电器的转轴应与电动机同轴连接，使两轴的中心线重合。速度继电器的轴可用联轴器与电动机的轴连接，如图 3-76 所示。

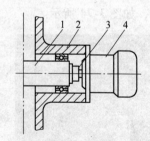

2）速度继电器安装接线时，应注意正、反向触头不能接错，否则不能实现反接制动控制。

3）速度继电器的金属外壳应可靠接地。

图 3-76 速度继电器的安装
1—电动机轴 2—电动机轴承
3—联轴器 4—速度继电器

2. 单向起动反接制动控制电路

电路的工作原理如下：先合上电源开关 QS，

单向起动：

按下 SB1 → KM1 线圈得电 → ┬ KM1 自锁触头闭合自锁 → 电动机 M 起动运转 →
　　　　　　　　　　　　　├ KM1 主触头闭合
　　　　　　　　　　　　　└ KM1 联锁触头分断对 KM2 联锁

→ 至电动机转速上升到一定值时 → KS 常开触头闭合为制动作准备

反接制动：

　　　　　　　　　┌ SB2 常闭触头先分断 → KM1 线圈失电 → ┬ KM1 自锁触头分断解除自锁
按下按钮 SB2 ──┤　　　　　　　　　　　　　　　　　　　├ KM1 主触头分断 M 暂时失电
　　　　　　　　　└ SB2 常开触头后闭合　　　　　　　　　 └ KM1 联锁触头闭合 →

　　　　　　　　　　┌ KM2 联锁触头分断对 KM1 联锁
→ KM2 线圈得电 ──┼ KM2 自锁触头闭合自锁
　　　　　　　　　　└ KM2 主触头闭合 → 电动机 M 串联 R 反接制动 →

→ 至电动机转速下降到一定值时 → KS 常开触头分断 →

　　　　　　　　　　┌ KM2 联锁触头闭合解除联锁
→ KM2 线圈失电 ──┼ KM2 自锁触头分断解除自锁
　　　　　　　　　　└ KM2 主触头分断 → 电动机 M 脱离电源停转，制动结束

（二）能耗制动

当电动机切断交流电源后，立即在定子绕组的任意两相中通入直流电产生磁场，迫使电动机迅速停转的方法称为能耗制动。其制动原理如图 3-77 所示，先断开电源开关 QS1，切断电动机的交流电源，这时转子仍沿原方向惯性运转；随后立即合上开关 QS2，并将 QS1 向下合闸，电动机 V、W 两相定子绕组通入直流电，使定子中产生一个恒定的静止磁场，因此惯性运转的转子因切割磁力线而在转子绕组中产生感应电流，其方向可用右手定则判断出来，上面应标⊗，下面应标⊙。转子绕组中一旦产生了感应电流，又立即受到静止磁场的作用产生电磁转矩，用左手定则判断可知，此转矩的方向正好与电动机的转向相反，使电动机受制动力矩作用迅速停转。由于这种制动方法是通过在定子绕组中通入直流电以消耗转子惯性运转的动能来进行制动的，所以称为能耗制动，又称为动能制动。

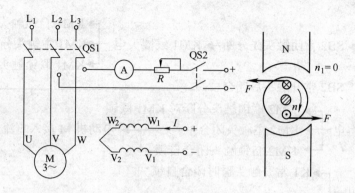

图 3-77　能耗制动原理

1. 无变压器单相半波整流单向起动能耗制动控制电路

无变压器单相半波整流单向起动能耗制动控制电路如图 3-78 所示。该电路采用单相半波整流器作为直流电源，所用附加设备较少，电路简单，成本低，常用于 10kW 以下小功率电动机，且对制动要求不高的场合。

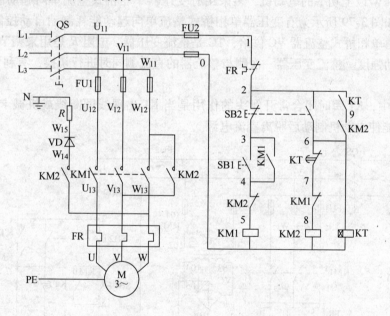

图 3-78　无变压器单相半波整流单向起动能耗制动控制电路

其电路的工作原理如下：先合上电源开关 QS，
单向起动运转：

按下 SB1 → KM1 线圈得电
- → KM1 自锁触头闭合自锁 → 电动机 M 起动运转
- → KM1 主触头闭合
- → KM1 联锁触头分断对 KM2 联锁

能耗制动停转：

按下按钮 SB2 →
- SB2 常闭触头先分断 → KM1 线圈失电 →
  - KM1 自锁触头分断解除自锁
  - KM1 主触头分断 M 暂时失电
  - KM1 联锁触头闭合 →
- SB2 常开触头后闭合 →

→ KM2 线圈得电 →
- KM2 联锁触头分断对 KM1 联锁
- KM2 主触头闭合 → 电动机 M 接入直流电能耗制动
- KM2 自锁触头闭合自锁

→ KT 线圈得电 →
- KT 常开触头瞬时闭合自锁
- KT 常闭触头延时分断 → KM2 线圈失电 →

- → KM2 自锁触头分断 → KT 线圈失电 → KT 触头瞬时复位
- → KM2 主触头分断 → 电动机 M 切断直流电源解除制动，能耗制动结束
- → KM2 联锁触头恢复闭合

2. 有变压器单相桥式整流单向起动能耗制动自动控制电路

对于 10 kW 以上功率的电动机，多采用有变压器单相桥式整流单向起动能耗制动自动控制电路。如图 3-79 所示为有变压器单相桥式整流单向起动能耗制动自动控制的电路，其中直流电源由单相桥式整流器 VC 供给，TC 是整流变压器，电阻 R 是用来调节直流电流的，从而调节制动强度。整流变压器一次侧与整流器的直流侧同时进行切换，有利于提高触头的使用寿命。

图 3-79 中，KT 瞬时闭合常开触头的作用是当 KT 出现线圈断线或机械卡住等故障时，按下 SB2 后能使电动机制动后脱离直流电源。

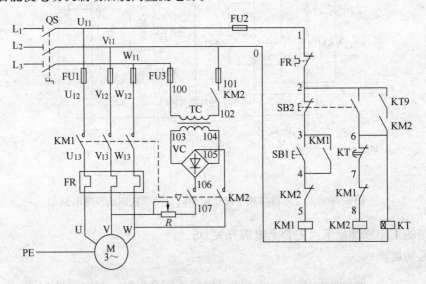

图 3-79　有变压器单相桥式整流单向起动能耗制动控制电路

有变压器单相半波整流单向起动能耗制动控制电路与无变压器单相桥式整流单向起动能耗制动电路的控制电路相同，所以其工作原理也相同，读者可自行分析。

能耗制动时产生的制动力矩大小，与通入定子绕组中的直流电流大小、电动机的转速及

转子电路中的电阻有关。电流越大，产生的静止磁场就越强，转速越高，转子切割磁力线的速度就越大，产生的制动力矩也就越大。但对笼型异步电动机，增大制动力矩只能通过增大通入电动机的直流电流来实现，而通入的直流电流又不能太大，过大会烧坏定子绕组。能耗制动的优点是制动准确、平稳，且能量消耗较小。缺点是需附加直流电源装置，设备费用较高，制动力较弱，在低速时制动力矩小。因此能耗制动一般用于要求制动准确、平稳的场合，如磨床、立式铣床等的控制电路中。

3. 再生发电制动（又称为回馈制动）

再生发电制动主要用在起重机械和多速异步电动机上。下面以起重机械为例说明其制动原理，如图 3-80 所示。

当起重机在高处开始下放重物时，电动机转速 n 小于同步转速 n_1，这时电动机处于电动运行状态，其转子电流和电磁转矩的方向如图 3-80a 所示。但由于重力的作用，在重物的下放过程中，会使电动机的转速 n 大于同步转速 n_1，这时电动机处于发电运行状态，转子相对于旋转磁场切割磁力线的运动方向发生了改变（沿顺时针方向），其转子

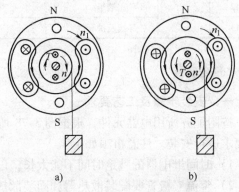

图 3-80　再生发电制动原理
a）电动运行状态　b）发电制动状态

电流和电磁转矩的方向都与电动运行时相反，如图 3-80b 所示。可见电磁力矩变为制动力矩限制了重物的下降速度，保证了设备和人身安全。

对多速电动机变速时，如使电动机由 2 极变为 4 极，定子旋转磁场的同步转速 n_1 由 3000r/min 变为 1500r/min，而转子由于惯性仍以原来的转速 n（接近 3000r/min）旋转，此时 $n > n_1$，电动机处于发电制动状态。

再生发电制动是一种比较经济的制动方法，制动时不需要改变电路即可从电动运行状态自动地转入发电制动状态，把机械能转换成电能，再回馈到电网，节能效果显著。缺点是应用范围较窄，仅当电动机转速大于同步转速时才能实现发电制动。因此，常用于在位能负载作用下的起重机械和多速异步电动机由高速转为低速时的情况。

 任务准备

设备、工具和材料准备见表 3-43。

表 3-43　无变压器单相半波整流单向起动能耗制动控制设备

序号	分类	名称	型号规格	数量	单位	备注
1	工具	电工工具及仪表		1	套	
2		三相异步电动机	Y112M-4	1	台	
3		空气断路器	Multi9 C65N D20 或自选	1	只	
4	材料	熔断器	RT28-32	5	只	
5		热继电器	JR36-20 或自选	1	只	
6		安装绝缘板	600mm×900mm	1	块	

（续）

序号	分类	名称	型号规格	数量	单位	备注
7		接触器	NC3-09/220 或自选	2	只	
8		按钮	LA4-3H	2	只	
9		时间继电器	JS7-A	1	只	
10	材料	电阻	自选	1	只	
11		二极管	自选	1	只	
12		端子	D-20	1	排	
13		导线及护套线		若干		

 任务实施

一、安装步骤及工艺要求

按图配齐所用电器元件，根据图 3-78 所示电路图，参照前面任务介绍的安装步骤及工艺要求进行安装。注意事项如下：

1）时间继电器的整定时间不能太长，以免因制动时间过长而引起定子绕组发热。

2）整流二极管要配装散热器和固装散热器支架。

3）制动电阻要安装在控制板外面。

4）进行制动时，停止按钮 SB2 要按到底。

5）通电试运行时，必须有指导教师在现场监护，同时要做到安全文明生产。

二、检修训练

1）故障设置在控制电路或主电路中人为设置电气故障两处。

2）故障检修其检修步骤如下。

① 用通电试验法观察故障现象，若发现异常情况，应立即断电检查。

② 用逻辑分析法判断故障范围，并在电路图上用虚线标出故障部位的最小范围。

③ 用测量法准确迅速地找出故障点。

④ 采用正确方法快速排除故障。

⑤ 排除故障后通电试运行。

3）注意事项：

① 检修前要掌握电路的构成、工作原理及操作顺序。

② 在检修过程中严禁扩大和产生新的故障。

③ 带电检修必须有指导教师在现场监护，并确保用电安全。

 检测与分析

1. 任务检测

任务完成情况检测标准见表 3-44。

表 3-44　无变压器单相半波整流单向起动能耗制动控制检测标准

序号	主要内容	评分标准	配分	得分
1	安装前检查	电气元件遗漏或搞错，每处扣 1 分	3	

（续）

序号	主要内容	评分标准	配分	得分
2	安装元器件	1. 不按布置图安装，扣2分 2. 元器件安装不牢固，每处扣1分 3. 元器件安装不整齐、不合理，每处扣1分 4. 损坏元器件，每处扣2分	10	
3	布线	1. 不按电路图布线，扣5分 2. 布线不符合要求，每项扣4分 3. 接点松动，漏铜过长、反圈等，每处扣1分 4. 损伤导线绝缘层或线芯，每处扣2分 5. 编码套管套装不正确，每处扣1分 6. 漏接接地线，扣5分	22	
4	通电试运行	一次试运行不成功扣5分；二次试运行不成功扣10分；三次试运行不成功扣15分	15	
5	故障分析	1. 故障分析和排除故障的思路不正确，每处扣2分 2. 错标电路故障范围，每处扣2分	5	
6	故障排除	1. 断电不验电，扣2分 2. 工具和仪表使用不当，扣2分 3. 排除故障的顺序不对，扣2分 4. 不能查出故障点，扣2分 5. 查出故障点但不能排除，扣2分 6. 产生新的故障，扣2分 7. 损坏元件，扣2分	15	
7	通电试运行	一次试运行不成功扣5分；二次试运行不成功扣10分；三次试运行不成功扣15分	15	
8	安全与文明生产	违反安全文明生产规程，扣5分	5	
9	额定时间：3h	每超时1min，扣5分		
备注		合计	90	

2. 问题与分析

针对任务实施中的问题进行分析，并找出解决问题的方法，见表3-45。

表3-45　无变压器单相半波整流单向起动能耗制动控制

序号	问题主要内容	分析问题	解决方法	配分	得分
1					
2				10	
3					
4					

 能力训练

一、填空题

1. 电动机断开电源后利用机械装置迅速停转的方法叫做_____。常用的方法

有_____和_____。

2. 电磁抱闸制动器分为_____和_____两种。

3. 通过改变电动机定子绕组的电源相序产生制动力矩，迫使电动机迅速停转的方法叫_____。

4. 速度继电器是_____的继电器，其主要作用是以_____为指令信号，与接触器配合实现对电动机的反接制动控制，故又称为反接制动继电器。

5. 当电动机切断交流电源后，立即在定子绕组的任意两相中通入直流电产生磁场，迫使电动机迅速停转的方法叫做_____。

二、简答题

1. 什么是制动？

2. 什么是电气制动？电气制动的方法？

3. 什么是能耗制动？

三、实训题

对有变压器单相桥式整流单向起动能耗制动控制电路进行安装。

任务十一　CA6140 型卧式车床控制电路的安装与维修

知识点

1. 了解 CA6140 型卧式车床的主要结构和运动形式。

2. 掌握车床的基本操作方法。

3. 熟练掌握 CA6140 型卧式车床电器控制电路构成及工作原理。

4. 了解接 CA6140 型卧式车床的电器元件位置、电路连接、常见故障及原因。

5. 掌握 CA6140 型卧式车床及类似车床电器电路故障的分析和检测与修复方法。

技能点

1. 能根据故障显示，分析 CA6140 型卧式车床电器控制电路的故障原因。

2. 能按照正确的检测方法确定并排除 CA6140 型卧式车床电器电路故障。

学习任务

机加工车间有两台 CA6140 型卧式车床，一台因电气控制部分严重老化无法正常工作，需进行重新安装，另一台主轴电动机 M1 不能起动需要进行检修。

任务分析

车床是一种应用极为广泛的金属切削机床，能够车削外圆、内圆、端面、螺纹、螺杆以及车削定型表面等，并可用钻头、铰刀、镗刀进行加工。掌握车床的结构、工作原理及安装方法和检修方法是完成任务的前提。

知识准备

一、CA6140 型卧式车床电气控制电路

CA6140 型卧式车床的型号意义：

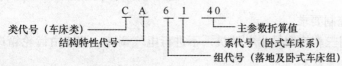

（一）主要结构及运动形式

CA6140 型卧式车床为我国自行设计制造的普通车床，其各部分的结构如图 3-81 所示。

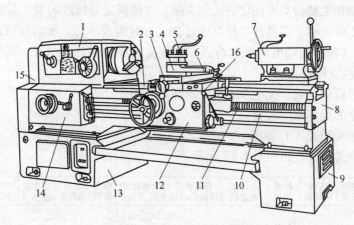

图 3-81　CA6140 型卧式车床结构

1—主轴箱　2—纵溜板　3—横溜板　4—转盘　5—方刀架　6—小溜板　7—尾架　8—床身
9—右床座　10—光杠　11—丝杠　12—溜板箱　13—左床座　14—进给箱　15—挂轮架　16—操纵手柄

CA6140 型卧式车床实物图如
图 3-82 所示。CA6140 型卧式车床
主要由床身、主轴箱、进给箱、溜
板箱、刀架、丝杠、光杠、尾架等
部分组成。

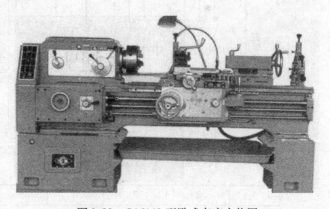

卧式车床有三种运动形式：一
种是车床主轴的运动；一种是进给
运动；另一种是为了提高功效进行
刀架的快速直线运动，也称为辅助
运动。车床工作时，绝大部分功率
消耗在主轴运动上。

图 3-82　CA6140 型卧式车床实物图

车床的切削运动包括工件旋转的主运动和刀具的直线进给运动。卡盘或顶尖带动工件的
旋转运动，也就是车床的主轴运动。车削速度是指工件与刀具接触点的相对速度。根据工件
的材料性质、车刀材料及几何形状、工件直径、加工方式及冷却条件的不同，要求主轴有不
同的切削速度。主轴变速是由主轴电动机经 V 带传递到主轴变速箱来实现的。CA6140 型卧
式车床的主轴正转速度有 24 种（10~1400 r/min），反转速度有 12 种（14~1580 r/min）。

车床的进给运动是溜板带动刀架带动刀具的直线运动。溜板箱把丝杠或光杠的转动传递给刀架部分。变换溜板箱外的手柄位置，使车刀做纵向或横向进给。

车床的辅助运动为车床上除切削运动以外的其他一切必需的运动，如尾架的纵向移动、工件的夹紧与放松等。

（二）电力拖动的特点及控制要求

1）主拖动电动机一般选用三相笼型异步电动机，不进行电气调速。调速由齿轮箱进行机械有级调速。

2）在车削螺纹时，要求主轴有正、反转，采用机械方法来实现。

3）主拖动电动机的起动、停止采用按钮操作。

4）刀架移动和主轴转动有固定的比例关系，以便满足对螺纹的加工需要。

5）车削加工时，由于刀具及工件温度过高，有时需要冷却，所以应该配有冷却泵电动机，且要求在主（轴）拖动电动机起动后，方可决定冷却泵开动与否，而当主拖动电动机停止时，冷却泵应立即停止。

6）必须有过载、短路、欠电压、失电压保护。

7）具有安全的局部照明装置。

（三）电气控制电路工作原理

CA6140 型卧式车床电路如图 3-83 所示。

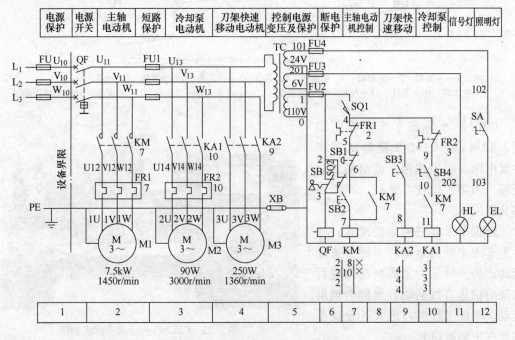

图 3-83　CA6140 型卧式车床电路

1. 绘制和阅读机床电路图的基本知识

机床电路图所包含的电器元件和电气设备的符号较多，要正确绘制和阅读机床电路图，除在前面所讲述的基本单元电路的一般原则之外，还要明确以下几点：

1）将电路图按功能划分成若干个图区，通常是一条电路或一条支路划为一个图区，并从左向右依次用阿拉伯数字编号，标注在图形下部的图区栏中，如图 3-83 所示。

2）电路图中每个电路在机床电气操作中的用途，必须用文字标明在电路图上部的用途栏内，如图 3-83 所示。

3）在电路图中每个接触器线圈的文字符号 KM 的下面画两条竖直线，分成左、中、右三栏，把受该接触器动作的触头所处的图区号填入相应栏内。左栏表示主触头所处的图区号；中间栏表示辅助常开触头所处的图区号；右栏表示辅助常闭触头所处的图区号。对备而未用的触头，在相应的栏中用记号"×"标出或不标出任何符号。

4）在电路图中每个继电器线圈符号下面画一条竖直线，分成左、右两栏，把受其控制而动作的触头所处的图区号填入相应栏内。左栏表示辅助常开触头所处的图区号；右栏表示辅助常闭触头所处的图区号。同样，对备而未用的触头在相应的栏中用记号"×"标出或不标出任何符号。

5）电路图中触头文字符号下面的数字表示该触头对应的电器线圈所处的图区号。

2. 主电路分析

如图 3-83 所示，主电路共有三台电动机：M1 为主轴电动机，带动主轴旋转和刀架作进给运动；M2 为冷却泵电动机，用以输送切削液；M3 为刀架快速移动电动机。主轴电动机 M1 由接触器 KM 控制，热继电器 FR1 作过载保护，熔断器 FU 作短路保护，接触器 KM 作失电压和欠电压保护。冷却泵电动机 M2 由中间继电器 KA1 控制，热继电器 FR2 作为它的过载保护。刀架快速移动电动机 M3 由中间继电器 KA2 控制，由于是点动控制，故未设过载保护。FU1 作为冷却泵电动机 M2、快速移动电动机 M3、控制变压器 TC 的短路保护。

3. 控制电路分析

控制电路的电源由控制变压器 TC 二次侧输出 110 V 电压提供。

（1）机床电源控制　QF 线圈在不通电时，断路器 QF 才能能合闸。位置开关 SQ2 在正常工作时由壁龛门压下触头动作，打开配电盘壁龛门时触头恢复原状态。

合上配电箱壁龛门 → SQ2 常闭触头断开 ┐　　　　　合上 QF
　　　　　　　　　　　　　　　　　├→ QF 线圈断电 ──────→ 电源接入
SB 旋转至接通 → SB 常闭触头断开 ┘

（2）主轴电动机 M1 的控制　位置开关 SQ1 装于主轴传动带罩后，在正常工作时，其常开触头闭合。打开床头传动带罩后，SQ1 断开，切断控制电路电源，以确保人身安全。CA6140 主轴的正、反转是采用多片离合器实现的。

M1 起动：

　　　　　　　　　　　　　　┌→ KM 自锁触头（8 区）闭合 ┐
按下 SB2 → KM 线圈得电 ─┼→ KM 主触头（2 区）闭合 ──┼→ 主轴电动机 M1 起动运转
　　　　　　　　　　　　　　└→ KM 常开辅助触头（10 区）闭合，为 KA1 得电准备

M1 停止：

按下 SB1 ──→ KM 线圈失电 ──→ KM 触头复位断开 ──→ M1 失电停转

（3）冷却泵电动机 M2 的控制　主轴电动机 M1 和冷却泵电动机 M2 在控制电路中采用顺序控制，只有当主轴电动机 M1 起动后，即 KM 常开触头（10 区）闭合，合上旋钮开关 SB4，冷却泵电动机 M2 才可能起动。当 M1 停止运行时，M2 自行停止。

（4）刀架快速移动电动机 M3 的控制　刀架快速移动电动机 M3 的起动是由安装在进给操作手柄顶端的按钮 SB3 控制，按下 SB3 中间继电器 KA2 点动运行。刀架移动方向（前、后、左、右）的改变，是由进给操作手柄配合机械装置实现的。

（5）照明、信号电路分析　控制变压器 TC 的二次侧分别输出 24V 和 6V 电压，作为车床低压照明灯和信号灯的电源。EL 作为车床的低压照明灯，由开关 SA 控制；HL 为电源信号灯。它们分别由 FU4 和 FU3 作为短路保护。

二、CA6140 型卧式车床常见电气故障分析

CA6140 型卧式车床当需要带电检修时，可打开配电盘壁龛门将 SQ2 开关的传动杆拉出，断路器 QF 仍能够合上。关上壁龛门后，SQ2 复原恢复保护作用。

1. 主轴电动机 M1 不能起动

主轴电动机 M1 不能起动，可按图 3-84 所示分析方法进行检修。

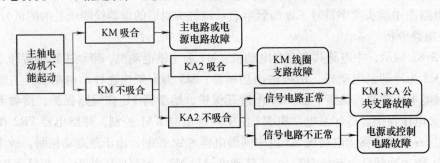

图 3-84　主轴电动机 M1 不能起动分析

2. 主轴电动机 M1 起动后不能自锁

当按下起动按钮 SB2 时，主轴电动机能起动运转，但断开 SB2 后，M1 也随之停止。造成这种故障的原因是接触器 KM 的自锁触头接触不良或连接导线松脱。

3. 主轴电动机 M1 不能停机

造成这种故障的原因：接触器 KM 的主触头熔焊或铁心表面粘牢污垢；停止按钮 SB1 击穿。可采用下列方法判明是哪种原因造成电动机 M1 不能停机：若断开 QF，接触器 KM 释放，则说明故障为 SB1 击穿或导线短接；若接触器过一段时间释放，则故障为铁心表面粘牢污垢；若断开 QF，接触器 KM 不释放，则故障为主触头熔焊。根据具体故障采取相应措施修复。

4. 主轴电动机在运行中突然停机

这种故障的主要原因是由于热继电器 FR1 动作引起的。引起热继电器 FR1 动作的原因可能是三相电源电压不平衡、电源电压较长时间过低、负载过重或 M1 的连接导线接触不良等。

5. 刀架快速移动电动机不能起动

首先检查 FU1 熔丝是否熔断；其次检查中间继电器 KA2 触头的接触是否良好；若无异常或按下 SB3 时，继电器 KA2 不吸合，则故障必定在控制电路中。这时依次检查 FR1 的常闭触头、点动按钮 SB3 及继电器 KA2 的线圈是否有断路现象即可。

　任务准备

设备、工具和材料准备见表 3-46。

表 3-46 CA6140 型卧式车床控制电路设备

序号	分类	名称	型号规格	数量	单位	备注
1	工具	电工工具及仪表		1	套	
2		主轴电动机 M1	Y132M-4-B 37.5 kW、1450 r/min	1	台	
3		冷却泵电动机 M2	AOB—25、90 W、3000r/min	1	台	
4		快速移动电动机 M3	AOS5634、250 W 1360 r/min	1	台	
5		热继电器	JR16-20/3D. 15.4 A	1	只	
6		热继电器	JR16-20/3D/0.32 A	1	只	
7		接触器	CJ0-20B、线圈电压 110 V	1	只	
8		中间继电器	J27-44、线圈电压 110V	2	只	
9		按钮	LAY3-01ZS/1	1	只	
10		按钮	LAY3-10/3.11	1	只	
11		按钮	LA9	1	只	
12	材料	旋钮开关	LAY3-10X/2	1	只	
13		位置开关	JWM6-11	2	只	
14		信号灯	ZSD-0.6 V	1	只	
15		断路器	AM2-40.20A	1	只	
16		控制变压器	JI3K2-100	1	台	
17		机床照明灯	JC11	1	只	
18		旋钮开关	LAY3-OIY/2	1	只	
19		熔断器	BZO01 熔体 6A	3	只	
20		熔断器	BZO01、熔体 1A	2	只	
21		熔断器	BZO01、熔体 2A	1	只	
22		端子	D-20	1	排	
23		导线及护套线		若干		

 任务实施

一、安装步骤及工艺要求

（一）安装步骤

1）按照表 3-46 配齐电气设备和元件，并逐个检验其规格和质量是否合格。CA6140 型卧式车床电器位置图如图 3-85 所示，接线图如图 3-86 所示。图 3-85 所示的位置代号索引见表 3-47。

2）根据电动机功率、电路走向及要求和各元器件的安装尺寸，正确选配导线的规格、导线通道类型和数量、接线端子板型号及节数、控制板、管夹、束节、紧固体等。

3）在控制板上安装电器元件，并在各电器元件附近做好与电路图上相同代号的标记。

4）按照控制板内布线的工艺要求进行布线和套编码套管。

5）选择合理的导线走向，做好导线通道的支持准备，并安装控制板外部的所有电器。

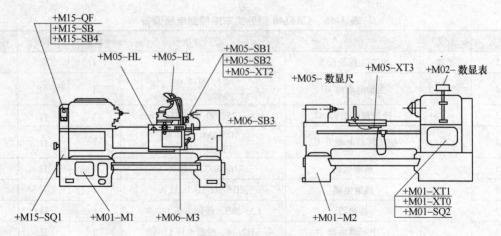

图 3-85　CA6140 型卧式车床电器位置图

6）进行控制箱外部布线，并在导线线头上套装与电路图相同线号的编码套管。对于可移动的导线通道应放适当的余量，使金属软管在运动时不承受拉力，并按规定在通道内放好备用导线。

7）检查电路的接线是否正确和接地通道是否具有连续性。

8）检查热继电器的整定值是否符合要求。各级熔断器的熔体是否符合要求，如不符合要求应予以更换。

9）检查电动机的安装是否牢固，与生产机械传动装置的连接是否可靠。

10）检测电动机及电路的绝缘电阻，清理安装场地。

11）接通电源开关，点动控制各电动机起动，以检查各电动机的转向是否符合要求。

12）通电空转试验时，应认真观察各电器元件、电路、电动机及传动装置的工作情况是否正常。如不正常，应立即切断电源进行检查，在调整或修复后方能再次通电试运行。

表 3-47　位置代号索引

序号	部件名称	代号	安装的元器件
1	床身底座	+ M01	—M1、—M2、XT0、XT1、SQ2
2	床鞍	+ M05	—HL、—EL、SB1、SB2、—XT2、—XT3、数显尺
3	溜板	+ M06	—M3、SB3
4	传动带罩	+ M15	—QF、SB、SB4、SQ1
5	床头	+ M02	数显表

（二）注意事项

1）不要漏接接地线。严禁采用金属软管作为接地通道。

2）在控制箱外部进行布线时，导线必须穿在导线通道内或敷设在机床底座内的导线通道里。所有的导线不允许有接头。

3）在导线通道内敷设的导线进行接线时，必须集中思想，做到查出一根导线，立即套上编码套管，接上后再进行复验。

4）在进行快速进给时，要注意将运动部件处于行程的中间位置，以防止运动部件与车

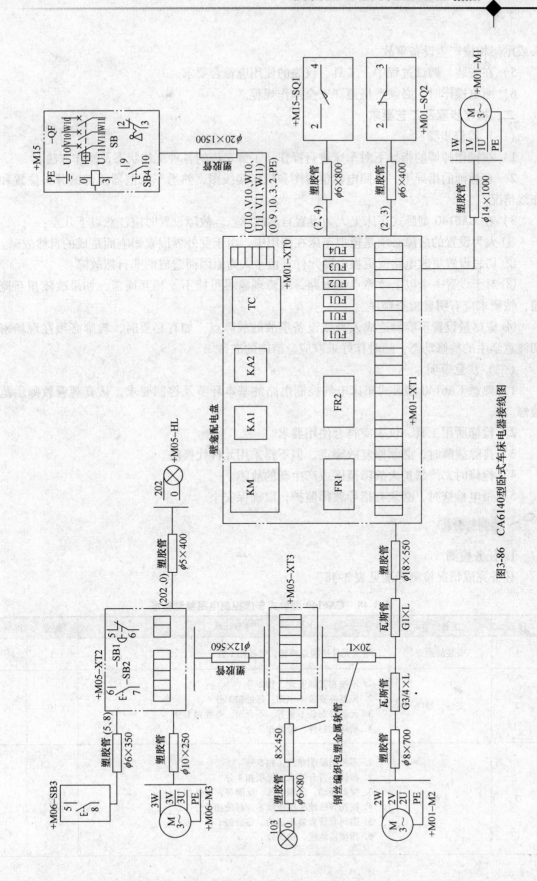

图3-86 CA6140型卧式车床电器接线图

头或尾架相撞产生设备事故。

5）在安装、调试过程中，工具、仪表的使用应符合要求。

6）通电操作时，必须严格遵守安全操作规程。

二、检修步骤及工艺要求

（一）检修步骤

1）在操作师傅的指导下对车床进行操作，了解车床的各种工作状态及操作方法。

2）在教师的指导下，参照电器位置图和机床接线图，熟悉车床电器元件的分布位置和布线情况。

3）在 CA6140 型卧式车床上人为设置自然故障点。故障设置时应注意以下几点：

① 人为设置的故障必须是模拟车床在使用中，由于受外界因素影响而造成的自然故障。

② 切忌设置更改电路或更换电器元件等由于人为原因而造成的非自然故障。

③ 对于设置一个以上故障点的电路，故障现象尽可能不要相互掩盖：如果故障相互掩盖，按要求应有明显检查顺序。

④ 应尽量设置不容易造成人身或设备事故的故障点，如有必要时，教师必须在现场密切注意学生的检修动态，随时作好采取应急措施的准备。

（二）注意事项

1）熟悉 CA6140 型卧式车床电气控制电路的基本环节及控制要求，认真观看教师示范检修。

2）检修所用工具、仪表应符合使用要求。

3）排除故障时，必须修复故障点，但不得采用元件代换法。

4）检修时，严禁扩大故障范围或产生新的故障。

5）带电检修时，必须有指导教师监护，以确保安全。

 检测与分析

1. 任务检测

任务完成情况检测标准见表 3-48。

表 3-48 CA6140 型卧式车床控制电路检测标准

序号	主要内容	评分标准	配分	得分
1	安装前检查	电气元件遗漏或搞错，每处扣 1 分	3	
2	安装元器件	1. 不按布置图安装，扣 2 分 2. 元器件安装不牢固，每处扣 1 分 3. 元器件安装不整齐、不合理，每处扣 1 分 4. 损坏元器件，每处扣 2 分	10	
3	布线	1. 不按电路图布线，扣 5 分 2. 布线不符合要求，每项扣 4 分 3. 接点松动，漏铜过长、反圈等，每处扣 1 分 4. 损伤导线绝缘层或线芯，每处扣 2 分 5. 编码套管套装不正确，每处扣 1 分 6. 漏接接地线，扣 5 分	22	

（续）

序号	主要内容	评分标准	配分	得分
4	通电试运行	一次试运行不成功扣 5 分；二次试运行不成功扣 10 分；三次试运行不成功扣 15 分	15	
5	故障分析	1. 故障分析和排除故障的思路不正确，每处扣 2 分 2. 错标电路故障范围，每处扣 2 分	5	
6	故障排除	1. 断电不验电，扣 2 分 2. 工具和仪表使用不当，扣 2 分 3. 排除故障的顺序不对，扣 2 分 4. 不能查出故障点，扣 2 分 5. 查出故障点但不能排除，扣 2 分 6. 产生新的故障，扣 2 分 7. 损坏元件，扣 2 分	15	
7	通电试运行	一次试运行不成功扣 5 分；二次试运行不成功扣 10 分；三次试运行不成功扣 15 分	15	
8	安全与文明生产	违反安全文明生产规程，扣 5 分	5	
9	额定时间：3h	每超时 1min，扣 5 分		
备注		合计	90	

2. 问题与分析

针对任务实施中的问题进行分析，并找出解决问题的方法，见表 3-49。

表 3-49　CA6140 型卧式车床控制电路

序号	问题主要内容	分析问题	解决方法	配分	得分
1					
2				10	
3					
4					

✎ 能力训练

一、填空题

1. 普通车床有三种运动形式，即_____、_____和_____。

2. 冷却泵电动机要求_____，才可决定冷却泵是否开动；而当主拖动电动机停止时，冷却泵应立即停止。

3. 在车削螺纹时，要求主轴有正、反转，采用_____方法来实现。

二、简答题

1. 简述 CA6140 型卧式车床主轴不能起动故障检修步骤？

2. 在机床控制电路图中每个接触器线圈的文字符号 KM 的下面画两条竖直线，分成左、中、右三栏，每栏内容表示什么？

三、实训题

1. 对主轴电动机 M1 不能停机故障进行检修。

2. 对刀架快速移动电动机不能起动故障进行检修。

任务十二　Z3040 型摇臂钻床控制电路的安装与维修

 知识点

1. 了解摇臂钻床的主要结构和运动形式。
2. 掌握摇臂钻床的操作方法。
3. 熟练掌握 Z3040 型摇臂钻床电气控制电路构成和工作原理。
4. 了解 Z3040 型摇臂钻床的电器元件位置、电路连接、常见故障及原因。
5. 掌握 Z3040 型及类似摇臂钻床电气控制电路常见的故障的检测与修复方法。

技能点

1. 能根据故障现象分析 Z3040 型摇臂钻床电气控制电路的故障原因。
2. 能按照正确的检测方法确定并排除 Z3040 型摇臂钻床电气电路故障。

学习任务

机加工车间有两台 Z3040 型摇臂钻床，一台因电气控制部分严重老化无法正常工作，需进行重新安装；另一台摇臂不能上升需进行检修。

任务分析

钻床是一种用途广泛的孔加工机床。它主要用与精度要求不太高的孔加工，另外还可以用来扩孔、铰孔、镗孔以及攻螺纹等。钻床的结构形式很多，有立式钻床、卧式钻床、台式钻床、深孔钻床及多轴钻床。摇臂钻床是一种立式钻床，它适用于单件或批量生产中带有多孔的大型零件的孔加工。掌握钻床的结构、工作原理及安装方法和检修方法是完成任务的前提。

知识准备

一、Z3040 型摇臂钻床主要结构和运动形式

Z3040 摇臂钻床的型号含义：

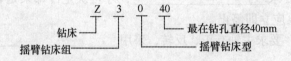

（一）主要结构

Z3040 型摇臂钻床的实物图与结构如图 3-87 所示。摇臂钻床主要由底座、内立柱、外立柱、摇臂、主轴箱、主轴、工作台等组成。Z3040 型摇臂钻床内立柱固定在底座上，外立柱套在内立柱上，用液压夹紧后，两者之间不能做相对运动，液压机构松开后，外立柱可绕着内立柱回转一周。摇臂一端的套筒部分套在外立柱上，经液压机构夹紧后可随外立柱一起绕内立柱转动，夹紧机构松开后借助于丝杠，摇臂可沿着外立柱上下移动，但两者不能作相

对转动。

主轴箱是一个复合的部件，它具有主轴及主轴旋转部件和主轴进给的全部变速和操纵机构。主轴箱可随摇臂运动，液压机构松开后，主轴箱可沿摇臂导轨水平移动。主轴可进出主轴箱，加工刀具装在主轴中。

（二）运动形式

1. 主运动

主运动是指主轴的旋转运动。

2. 进给运动

进给运动是指主轴的垂直移动。

3. 辅助运动

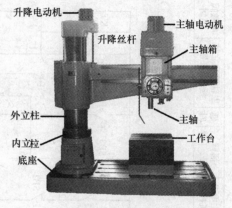

图 3-87　Z3040 型摇臂钻床的实物图与结构

辅助运动是指摇臂在外立柱上的升降运动、摇臂与外立柱一起沿内立柱的转动及主轴箱在摇臂上的水平移动。

（三）摇臂钻床的电力拖动及控制要求

1）摇臂钻床的运动部件较多，需使用多台电动机拖动，主轴电动机承担主钻削及进给任务，摇臂升降、夹紧放松和冷却泵各用一台电动机拖动。

2）主轴及进给调速都是机械调速，用手柄操作变速箱调速，对电动机无任何调速要求。为了适应多种加工方式的要求，调速应在较大范围内。

3）加工螺纹时要求主轴能正、反转。摇臂钻床的正反转一般用机械方法实现，电动机只需单方向旋转。

4）摇臂升降由单独的一台电动机拖动，要求电动机能实现正、反转。

5）摇臂的夹紧与放松以及立柱的夹紧与放松由一台异步电动机配合液压装置来完成，要求这台电动机能正、反转。摇臂的回转和主轴箱的径向移动在中小型摇臂钻床上都采用手动。

6）钻削加工时，为对刀具及工件进行冷却，需要一台冷却泵电动机拖动冷却泵输送切削液。

7）各部分电路之间有必要的保护和联锁。

二、Z3040 型摇臂钻床控制电路

（一）主电路分析

Z3040 型摇臂钻床电气原理图如图 3-88 所示。Z3050 型摇臂钻床共有 4 台电动机，除冷却泵电动机采用开关直接起动外，其余 3 台异步电动机均采用接触器直接起动。

1）主轴电动机 M1：由交流接触器 KM1 控制，只要求单方向旋转。M1 装在主轴箱顶部，带动主轴及进给传动系统，热继电器 FR 是过载保护元件。主轴的正、反转由机械系统实现。

2）摇臂升降电动机 M2：装于主轴顶部，由接触器 KM2 和 KM3 控制正、反转。因为该电动机工作时间短，故不设过载保护电器。

3）液压泵电动机 M3：由接触器 KM4 和 KM5 控制正向转动和反向转动。热继电器 FR2 是液压泵电动机的过载保护电器。该电动机的主要作用是供给夹紧装置液压油、实现摇臂和立柱的夹紧与松开。

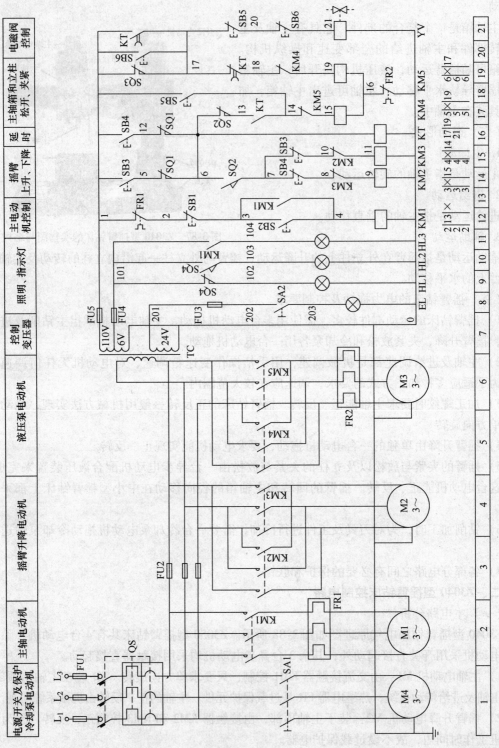

图3-88 Z3040型摇臂钻床电气原理图

4）冷却泵电动机 M4：功率很小，由开关直接起动和停止。

（二）控制电路分析

1. 主轴电动机 M1 的控制

按下 SB2 ➤ KM1 线圈得电并自锁 ➤ 电动机 M1 运行，指示灯 HL3 亮

按下 SB1 ➤ KM1 线圈失电 ➤ 电动机 M1 停止，指示灯 HL3 灭

2. 摇臂升降控制

（1）摇臂上升控制　摇臂平时是夹紧在外立柱上的（SQ2 常态、SQ3 压下状态），在摇臂升降之前，先要把摇臂松开，再由 M2 驱动升降；摇臂升降到位后，再重新将其夹紧。摇臂的松、紧是由液压系统完成的。YV 通电，油路供给摇臂夹紧机构。液压系统液压泵电动机 M3 正转，正向供出液压油，液压油进入摇臂的松开油腔，推动松开机构使摇臂松开，摇臂松开后，行程开关 SQ2 动作、SQ3 复位；若 M3 反转，则反向供出液压油进入摇臂的夹紧油腔，推动夹紧机构使摇臂夹紧，摇臂夹紧后，行程开关 SQ3 动作、SQ2 复位。

上升：

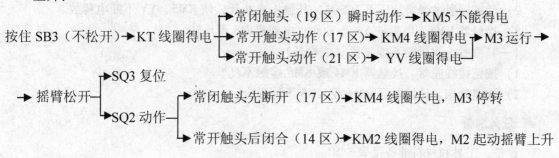

上升到位：

（2）摇臂下降控制　按下 SB4 摇臂下降，其工作过程与摇臂上升相同。

位置开关 SQ1（14 区和 16 区）作为摇臂升降的超程限位保护。当摇臂上升到极限位置时，压下 SQ1 使其断开，接触器 KM2 断电释放，M2 停止运行，摇臂停止上升；当摇臂下降到极限位置时，压下 SQ1 使其断开，接触器 KM3 断电释放，M2 停止运行，摇臂停止下降。

3. 主轴箱和立柱的夹紧与放松控制

主轴箱和立柱的松、紧是同时进行的，SB5 和 SB6 分别为松开与夹紧控制按钮，由它们点动控制 KM4、KM5 控制 M3 的正、反转，SB5、SB6 的动断触头（21 区）串联在 YV 线圈支路中。操作 SB5、SB6 电磁阀 YV 线圈不能吸合，液压泵供出的压力油进入主轴箱和立柱的松开、夹紧油腔，推动松、紧机构实现主轴箱和立柱的松开、夹紧。同时，由行程开关 SQ4 控制指示灯发出信号：主轴箱和立柱夹紧时，SQ4 的动断触头（9 区）断开而动合触头（10 区）闭合，指示灯 HL1 灭，HL2 亮；反之，在松开时 SQ4 复位，HL1 亮而 HL2 灭。

三、Z3040 型摇臂钻床故障检修

摇臂钻床电气控制的特殊环节是摇臂升降、立柱和主轴箱的夹紧与松开。Z3040 型摇臂钻床的工作过程是由电气、机械以及液压系统紧密配合实现的。因此，在维修中不仅要注意电气部分能否正常工作，而且也要注意它与机械和液压部分的协调关系。

（一）摇臂不能上升

1）行程开关 SQ2 不动作，SQ2 的动合触头不闭合，SQ2 安装位置移动或损坏。

2）接触器 KM2 线圈不吸合，摇臂升降电动机 M2 不转动。

3）系统发生故障（如液压泵卡死、不转，油路堵塞等），使摇臂不能完全松开，压不上 SQ2。

4）安装或大修后，相序接反，按 SB3 摇臂上升按钮，液压泵电动机反转，使摇臂夹紧，压不上 SQ2，摇臂也就不能上升或下降。

（二）摇臂上升（下降）到预定位置后摇臂不能夹紧

1）限位开关 SQ3 安装位置不准确或紧固螺钉松动，使 SQ3 限位开关过早动作。

2）活塞杆通过弹簧片压不上 SQ3，其触头未断开，使 KM5、YV 不断电释放。

3）接触器 KM5、电磁铁 YV 不动作，电动机 M3 不反转。

（三）立柱、主轴箱不能夹紧（或松开）

1）按钮接线脱落、接触器 KM4 或 KM5 接触不良。

2）油路堵塞，使接触器 KM4 或 KM5 不能吸合。

任务准备

设备、工具和材料准备见表 3-50。

表 3-50　Z3040 型摇臂钻床控制电路设备

序号	分类	名称	型号规格	数量	单位	备注
1	工具	电工工具及仪表		1	套	
2		主轴电动机 M1	Y100L2-4、3kW	1	台	
3		摇臂升降电动机 M2	Y90L-4、1.5kw	1	台	
4		液压泵电动机 M3	X802-4、0.75kw	1	台	
5		冷却泵电动机 M4	AOB—25、90 W	1	台	
6		接触器	CJ0-20B、线圈电压 380V	1	只	主轴
7		接触器	CJ0-10B、线圈电压 380V	4	只	
8	材料	转换开关	HZ-3/3	1	只	冷却泵
9		转换开关	HZ-20/3	1	只	总电源
10		位置开关	LX5-11	4	只	
11		时间继电器	JS7-2A	1	只	
12		液压电磁阀	WFJ1-3	1	只	
13		按钮	LA19-11D	6	只	
14		控制变压器	BK-150、380V/110、24、6	1	只	
15		指示灯	XD1、6V	3	只	

（续）

序号	分类	名称	型号规格	数量	单位	备注
16		照明灯	JC-25、24V	1	只	
17		热继电器	JRO-20/3、11.5 A	1	只	M1
18		热继电器	JRO-20/3、1.5 A	1	只	M3
19		断路器	RLI-60	1	只	
20	材料	熔断器	BZO01 熔体6A	3	只	
21		熔断器	BZO01、熔体1A	2	只	
22		熔断器	BZO01、熔体2A	1	只	
23		端子	D-20	1	排	
24		导线及护套线		若干		

 任务实施

一、安装步骤及工艺要求

（一）安装步骤

1）按照表3-50配齐电气设备和元器件，并逐个检验其规格和质量是否合格。

2）根据电动机功率、电路走向及要求和各元器件的安装尺寸，正确选配导线的规格、导线通道类型和数量、接线端子板型号及节数、控制板、管夹、束节、紧固体等。

3）在控制板上安装电器元件，并在各电器元件附近做好与电路图上相同代号的标记。

4）按照控制板内布线的工艺要求进行布线和套编码套管。

5）选择合理的导线走向，做好导线通道的支持准备，并安装控制板外部的所有电器。

6）进行控制箱外部布线，并在导线线头上套装与电路图相同线号的编码套管。对于可移动的导线通道应放适当的余量，使金属软管在运动时不承受拉力，并按规定在通道内放好备用导线。

7）检查电路的接线是否正确和接地通道是否具有连续性。

8）检查热继电器的整定值是否符合要求。各级熔断器的熔体是否符合要求，如不符合要求应予以更换。

9）检查电动机的安装是否牢固，与生产机械传动装置的连接是否可靠。

10）检测电动机及电路的绝缘电阻，清理安装场地。

11）接通电源开关，点动控制各电动机起动，以检查各电动机的转向是否符合要求。

12）通电空转试验时，应认真观察各电器元件、电路、电动机及传动装置的工作情况是否正常。如不正常，应立即切断电源进行检查，在调整或修复后方能再次通电试运行。

（二）注意事项

1）不要漏接接地线。严禁采用金属软管作为接地通道。

2）在控制箱外部进行布线时，导线必须穿在导线通道内或敷设在机床底座内的导线通道里。所有的导线不允许有接头。

3）在导线通道内敷设的导线进行接线时，必须做到查出一根导线，立即套上编码套管，接上后再进行复验。

二、检修步骤及工艺要求

（一）检修步骤

检修步骤及工艺要求

1）在操作师傅的指导下，对钻床进行操作，了解钻床的各种工作状态及操作方法。

2）在教师指导下，弄清钻床电器元件安装位置及布线情况；结合机械、电气、液压三方面相关的知识，弄清钻床电气控制的特殊环节。

3）在 Z3040 型摇臂钻床上人为设置自然故障。

4）由教师设置让学生事先知道的故障点，指导学生如何从故障现象着手进行分析，逐步引导学生采用正确的检修步骤和检修方法。

（二）注意事项

1）熟悉 Z3040 型摇臂钻床电气电路的基本环节及控制要求，弄清电气与执行部件如何配合实现某种运动方式，认真观摩教师的示范检修。

2）检修所用工具、仪表应符合使用要求。

3）不能随意改变升降电动机原来的电源相序。

4）排除故障时，必须修复故障点，但不得采用元件代换法。

5）检修时，严禁扩大故障范围或产生新的故障。

6）带电检修，必须有指导教师监护，以确保安全。

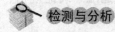 检测与分析

1. 任务检测

任务完成情况检测标准见表 3-51。

表 3-51　Z3040 型摇臂钻床控制电路检测标准

序号	主要内容	评分标准	配分	得分
1	安装前检查	电气元件遗漏或搞错，每处扣 1 分	3	
2	安装元器件	1. 不按布置图安装，扣 2 分 2. 元器件安装不牢固，每处扣 1 分 3. 元器件安装不整齐、不合理，每处扣 1 分 4. 损坏元器件，每处扣 2 分	10	
3	布线	1. 不按电路图布线，扣 5 分 2. 布线不符合要求，每项扣 4 分 3. 接点松动，漏铜过长、反圈等，每处扣 1 分 4. 损伤导线绝缘层或线芯，每处扣 2 分 5. 编码套管套装不正确，每处扣 1 分 6. 漏接接地线，扣 5 分	22	
4	通电试运行	一次试运行不成功扣 5 分；二次试运行不成功扣 10 分；三次试运行不成功扣 15 分	15	
5	故障分析	1. 故障分析和排除故障的思路不正确，每处扣 2 分 2. 错标电路故障范围，每处扣 2 分	5	

（续）

序号	主要内容	评分标准	配分	得分
6	故障排除	1. 断电不验电，扣2分 2. 工具和仪表使用不当，扣2分 3. 排除故障的顺序不对，扣2分 4. 不能查出故障点，扣2分 5. 查出故障点但不能排除，扣2分 6. 产生新的故障，扣2分 7. 损坏元件，扣2分	15	
7	通电试运行	一次试运行不成功扣5分；二次试运行不成功扣10分；三次试运行不成功扣15分	15	
8	安全与文明生产	违反安全文明生产规程，扣5分	5	
9	额定时间：3h	每超时1min，扣5分		
备注		合计	90	

2. 问题与分析

针对任务实施中的问题进行分析，并找出解决问题的方法，见表3-52。

表 3-52 Z3040 型摇臂钻床控制电路

序号	问题主要内容	分析问题	解决方法	配分	得分
1					
2				10	
3					
4					

能力训练

一、填空题

1. Z3040 型摇臂钻床辅助运动是指_____。

2. Z3040 型摇臂钻床主轴及进给调速都是_____调速。

3. 摇臂的夹紧与放松以及立柱的夹紧与放松由一台异步电动机配合液压装置来完成，要求这台电动机_____正、反转。

二、简答题

1. 简述摇臂不能上升故障检修。

2. 简述摇臂下降的过程。

三、实训题

1. 对摇臂上升（下降）到预定位置后摇臂不能夹紧故障进行检修。

2. 对立柱、主轴箱不能夹紧故障进行检修。

任务十三　M7130型平面磨床的电气控制电路与检修

知识点

1. 了解 M7130 型平面磨床的主要结构和运动形式。
2. 掌握 M7130 型平面磨床的操作方法。
3. 熟练掌握 M7130 型平面磨床电气控制电路构成及工作原理。
4. 了解 M7130 型平面磨床的电器元件位置、电路连接、常见故障机原因。
5. 掌握 M7130 型及类似平面磨床电气电路常见故障的分析和检修方法。

技能点

1. 能根据故障现象分析 M7130 型平面磨床电气控制电路的故障原因。
2. 能按照正确的检测方法排除 M7130 型平面磨床电气电路故障。

学习任务

机加工车间有两台 M7130 型平面磨床，一台因电气控制部分严重老化无法正常工作，需进行重新安装，另一台因电磁吸盘无吸力需要对其进行检修。

任务分析

磨床是用砂轮的周边或端面对工件的表面进行机械精加工的一种机床。磨床的种类很多，根据用途不同可分为平面磨床、内圆磨床、外圆磨床、无心磨床以及一些像螺纹磨床、球面磨床、齿轮磨床、导轨磨床等专用机床。掌握钻床的结构、工作原理及安装方法和检修方法是完成任务的前提。

知识准备

一、M7130 型平面磨床主要结构和运动形式

平面磨床是用砂轮来磨削各种零件的平面，它的磨削精度比较高、表面粗糙度值较小，适于磨削精密零件和各种工具，并可作镜面磨削。M7130 型平面磨床是平面磨床中使用较为普遍操作方便的一种机床。

M7130 型磨床型号意义为：

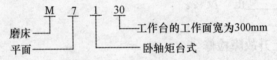

(一) 主要结构

M7130 型平面磨床是卧轴矩形工作台式，其实物及结构如图 3-89 所示，主要由床身、工作台、电磁吸盘、砂轮架（又称磨头）、滑座和立柱等部分组成。工作台上固定着电磁吸盘来吸持工件，工作台可以在床身的导轨上作往返运动。砂轮可在床身的横向导轨上作横向运动。砂轮箱可在立柱的导轨上作垂直运动。

（二）运动形式

1. 主运动

主运动是砂轮的快速旋转运动。

2. 进给运动

1）纵向进给运动：工作台的纵向往复运动。

2）横向进给运动：砂轮架的在床身导轨上的横向前、后运动。

3）垂直进给运动：砂轮箱在立柱导轨上的垂直上、下运动。

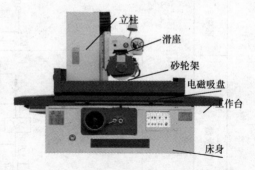

图 3-89　M7130 型平面磨床实物及结构

工作台每完成一次纵向往复运动，砂轮架横向进给一次，从而能连续地加工整个平面。当整个平面磨完一遍后，砂轮架在垂直于工件表面的方向移动一次，称为吃刀运动。通过吃刀运动，可将工件尺寸磨到所需的尺寸。

（三）电力拖动的特点及控制要求

1. 砂轮的旋转运动

砂轮直接装在电动机轴上，砂轮电动机 M1 装在砂轮箱内带动砂轮旋转，对工件进行磨削加工。由于砂轮的旋转一般不需要调速，所以用一台三相异步电动机拖动即可。

2. 工作台的往复运动

液压泵电动机 M3 拖动液压泵，产生的液压使工作台往复运动，液压实现无级调速。在液压作用下作纵向往复运动。当装在工作台前侧的换向挡铁碰撞床身上的液压换向开关时，工作台就自动改变了方向。

3. 砂轮架的横向进给

砂轮架的横向进给运动可由液压传动，也可用手轮来操作。

4. 砂轮架的升降运动

滑座可沿着立柱的导轨垂直上下移动，以调整砂轮架的上下位置或使砂轮磨入工件，以控制磨削平面时工件的尺寸。这一垂直进给运动是通过操作手轮控制机械传动装置实现的。

5. 切削液的供给

冷却泵电动机 M2 拖动切削泵旋转，供给砂轮和工件切削液，同时切削液带走磨下的切屑。要求砂轮电动机 M1 与冷却泵电动机 M2 是顺序控制。

6. 电磁吸盘的控制

电磁吸盘上有充磁和退磁控制环节。为保证安全，电磁吸盘与电动机 M1、M2、M3 三台电动机之间有电气联锁装置。即电磁吸盘吸合后，电动机才能起动。电磁吸盘不工作或发生故障时，三台电动机均不能起动。

二、电气控制电路分析

M7130 型平面磨床的电气原理图如图 3-90 所示。

（一）主电路分析

QS1 为电源开关，熔断器 FU1 作为短路保护。主电路中有三台电动机，M1 为砂轮电动机，M2 为冷却泵电动机，M3 为液压泵电动机。砂轮电动机 M1 用接触器 KM1 控制，用热继电器 FR1 进行过载保护；冷却泵箱和床身是分装的，所以冷却泵电动机 M2 通过接插器

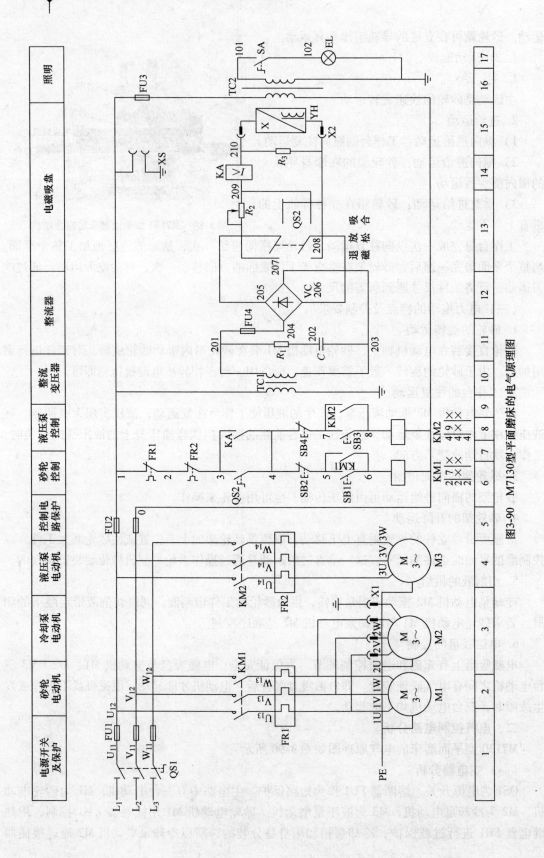

图3-90 M7130型平面磨床的电气原理图

X1 和砂轮电动机 M1 的电源线相连，并与 M1 在主电路实现顺序控制。冷却泵电动机的功率较小，没有单独设置过载保护；液压泵电动机 M3 由接触器 KM2 控制，由热继电器 FR2 作过载保护。

（二）控制电路分析

1. 电磁吸盘电路

电磁吸盘是用来固定加工工件的一种夹具。它只能吸住铁磁材料的工件，不能吸牢非磁性材料（如铜、铝等）的工件。电磁吸盘 YH 的结构示意图如图 3-91 所示。它的外壳由钢制箱体和盖板组成。在箱体内部均匀排列的多个凸起的芯体上绕有线圈，盖板则用非磁性材料（如铅锡合金）隔离成若干钢条。当线圈通入直流电后，凸起的芯体和隔离的钢条均被磁化形成磁极。当工件放在电磁吸盘上时，也将被磁化而产生与磁盘相异的磁极并被牢牢吸住。

电磁吸盘电路包括整流电路、控制电路和保护电路三部分。

整流变压器 TC1 将 220V 的交流电压降为 145V，然后经桥式整流器 VC 后输出 110V 直流电压。

QS2 是电磁吸盘 YH 的转换控制开关（又叫做退磁开关），有"吸合"、"放松"和"退磁"三个位置。

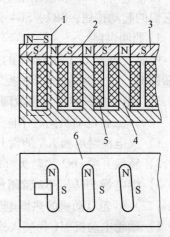

图 3-91　电磁吸盘 YH 的结构示意图
1—工件　2—非磁性材料　3—工作台
4—芯体　5—线圈　6—盖板

工件吸合：

QS2至"吸合"位置→QS2触头与（208、208）闭合┬→电磁砸盘YH通电→工件被牢牢吸住

└→KA线圈得电→KA常开触头闭合（8区）→

→为接通砂轮和液压电动机控制电路做准备

工件加工完毕后，把 QS2 扳到"放松"位置。此时由于工件具有剩磁而不能取下，所以必须进行退磁。

工件退磁：

QS2 至"退磁"位置→ QS2 触头与（207、208）闭合→电磁吸盘 YH 反向电流进行退磁

工件退磁结束后将 QS2 扳回到"放松"位置，即可将工件取下。退磁过程中，由于加入接入电阻，退磁电流较小。如果有些工件不易退磁时，可将附件退磁器的插头插入插座 XS，使工件在交变磁场的作用下进行退磁。

若工件夹在工作台上不需电磁吸盘时，则应将电磁吸盘 YH 的 X2 插头从插座上拔下。将转换开关 QS2 扳到"退磁"位置，QS2 的常开触头（6 区）闭合，接通电动机的控制电路。

电磁吸盘的保护电路是由放电电阻 R_3 和欠电流继电器 KA 组成的。因为电磁吸盘的电感很大，当电磁吸盘从"吸合"状态转变为"放松"状态的瞬间，线圈两端将产生很大的自感电动势，易使线圈或其他电器由于过电压而损坏。电磁吸盘电路中接入放电电阻 R_3，在电磁吸盘断电瞬间给线圈提供放电通路，吸收线圈释放的磁场能量。欠电流继电器 KA 用以防止电磁吸盘断电时工件脱出发生事故。

电阻 R_1 与电容器 C 的作用是防止电磁吸盘电路交流侧的过电压。熔断器 FU4 为电磁吸盘提供短路保护。

2. 砂轮和液压泵电动机控制

电动机起动的必要条件是使 QS2 或 KA 的常开触头闭合。

砂轮电动机 M1 和液压泵电动机 M3 都采用了接触器自锁正转控制电路，SB1、SB3 分别是它们的起动按钮，SB2、SB4 分别是它们的停止按钮。

3. 照明电路

照明变压器 TC2 将 380V 的交流电压降为 36V 的安全电压供给照明电路。EL 为照明灯，一端接地，另一端由开关 SA 控制。熔断器 FU3 作照明电路的短路保护。

三、电气控制电路常见故障分析与检修

（一）三台电动机同时不能起动

1）欠电流继电器 KA 的常开触头故障。

2）转换开关 QS2 的触头（3-4）故障。

3）继电器 FR1、FR2 常闭触头是否动作或接触不良。

（二）砂轮电动机的热继电器 FR1 经常脱扣

1）砂轮电动机 M1 为装入式电动机，它的前轴承是铜瓦，易磨损。磨损后易发生堵转现象，使电流增大，导致热继电器脱扣。

2）砂轮进给量太大，电动机超负荷运行，造成电动机堵转，使电流急剧上升，热继电器脱扣。

3）热继电器规格选得太小或整定电流没有重新调整，使电动机还未达到额定负载时，热继电器就已脱扣。

（三）冷却泵电动机烧坏

1）切削液进入电动机内部，造成匝间或绕组间短路，使电流增大。

2）是反复修理冷却泵电动机后，使电动机端盖轴间隙增大，造成转子在定子内不同心，工作时电流增大，电动机长时间过载运行。

3）冷却泵被杂物塞住引起电动机堵转，电流急剧上升。由于该磨床的砂轮电动机与冷却泵电动机共用一个热继电器 FR1，而且两者容量相差很大，当发生以上故障时，电流增大不足以使热继电器 FR1 脱扣，从而造成冷却泵电动机烧坏。若给冷却泵电动机加装热继电器，就可以避免发生这种故障。

（四）电磁吸盘无吸力

1）三相电源电压是否正常。

2）熔断器 FU1、FU2、FU4 有无熔断现象。

3）FU4 熔断是由于整流器 VC 短路，使整流变压器 TC1 二次绕组流过很大的短路电流造成的。

4）电磁吸盘 YH 的线圈、接插器 X2、欠电流继电器 KA 的线圈有无断路或接触不良的现象。

（五）电磁吸盘吸力不足

1）电磁吸盘损坏。

2）整流器输出电压不正常。

3）电磁吸盘电源电压不正常，多是因为整流元件短路或断路造成的。

（六）电磁吸盘退磁不好使工件取下困难

1）退磁电路断路，根本没有退磁。

2）退磁电压过高，应调整电阻 R_2，将退磁电压调至 $5 \sim 10\text{V}$。

3）退磁时间过长或过短，对于不同材质的工件，所需的退磁时间不同，注意掌握好退磁时间。

任务准备

设备、工具和材料准备见表3-53。

表 3-53　M7130 型平面磨床控制电路设备

序号	分类	名称	型号规格	数量	单位	备注
1	工具	电工工具及仪表		1	套	
2		砂轮电动机 M1	W451-4、4.5 kW、220/380 V	1	台	
3		冷却泵电动机 M2	JCB-22、125 W、220/380 V	1	台	
4		液压泵电动机 M3	J042-4、2.8 kW220/380 V	1	台	
5		电源开关	H21-25/3	1	台	
6		转换开关	HZ1-10P/3	1	只	
7		照明灯开关		1	只	
8		熔断器	RL1-60/30	3	只	总电源
9		熔断器	RL1-15/5A	2	只	控制电路
10		熔断器	BLX-1	4	只	照明电路
11		熔断器	RL1-15/2A	1	只	电磁吸盘
12		接触器	CJO-10	2	只	
13		热继电器	JR10-10、9.5 A	1	只	砂轮
14		热继电器	JR10-10、6.1 A	1	只	液压
15	材料	整流变压器	BK-400	1	只	
16		照明变压器	BK-50	1	只	
17		硅整流器	GZH	1	只	
18		电磁吸盘	1.2A、110V	1	只	
19		欠电流继电器	JT3-11L	1	只	
20		按钮	LA2	4	只	红2绿2
21		电阻器	GF、6W、125 Ω	1	只	R_1
22		电阻器	GF、50W、1000Ω	1	只	R_2
23		电阻器	GF、50W、500Ω	1	只	R_3
24		电容器	600V、5 uF	1	只	
25		照明灯	JD3、24V、40W	1	只	
26		接插器	CYO-36	2	只	
27		插座	250V、SA	1	只	
28		退磁器	TCITH/H	1	只	

（续）

序号	分类	名称	型号规格	数量	单位	备注
29	材料	端子	D-20	1	排	
30		导线及护套线		若干		

任务实施

一、安装步骤及工艺要求

（一）安装步骤

1）熟悉 M7130 型平面磨床的主要结构及运动形式，了解该磨床的各种工作状态及各操作手柄、按钮、接插器的作用。

2）结合如图 3-92 所示接线，观察熟悉磨床各电器元件的安装位置、走线布线情况。

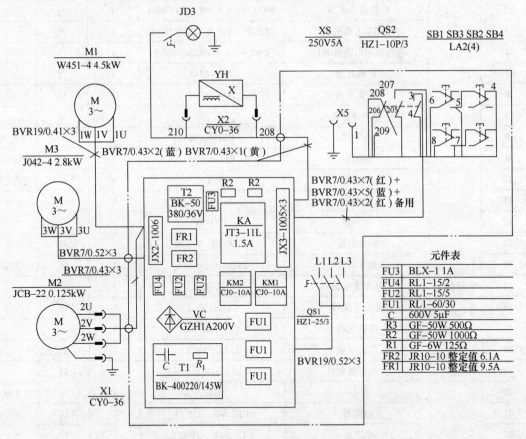

图 3-92　M7130 平面磨床电气接线

3）按表 3-53 配齐所用电气设备和电器元件，并逐一检验其规格和质量是否符合要求。

4）根据电动机功率、电路走向及要求、各元器件的安装尺寸，正确选配导线规格、导线通道类型和数量、接线端子板型号及节数、控制板尺寸、编码套管、管夹、束节及紧固体等。

5）在控制板上画线，做好紧固元器件的准备工作。安装电器元件，并在各电器元件附近标好醒目的与电路图一致的文字符号。

6）按控制板内布线的工艺要求布线，并在各电器元件及接线端子板接点的线头上，套上与电路图相同线号的编码套管。

7）选择合理的导线走向，做好导线通道的支持准备，安装控制板以外的所有电器元件。

8）进行控制箱外部布线，在导线线头上套装与电路图相同线号的编码套管。对于可移动的导线通道应放适当的余量，使金属软管在运动时不承受拉力，并在所有导线通道内按规定放好备用导线。

9）检查电路接线的正确性，各接点连接是否牢固可靠。

10）检查电动机和所有电器元件不带电的金属外壳的保护接地接点是否牢靠。

11）检查电动机的安装是否牢固，连接生产机械的传动装置是否符合安装要求。

12）检查热继电器和欠电流继电器的整定值、熔断器的熔体是否符合要求。

13）用绝缘电阻表检测电动机及电路的绝缘电阻，做好通电试运转的准备：

14）清理安装场地。

15）通电试运行。

（二）注意事项

1）严禁用金属软管作为接地通道。

2）进行控制箱外部布线时，导线必须穿在导线通道内或敷设在机床底座内的导线通道内。所有两接线端子（或接线桩）之间的导线必须连续，中间无接头。接线时，必须认真细心，做到查出一根导线，立即在两线头上套装编码套管，连接后再进行复验，以避免接错线。通道内导线每超过 10 根，应加 1 根备用线。

3）整流二极管要装上散热器，二极管的极性连接要正确，否则，会引起整流变压器短路，烧毁二极管和变压器。

4）在安装调试的过程中，工具、仪表使用要正确。

5）通电试运行时，必须有指导教师在现场监护，遵守安全操作规程和做到文明生产。

二、检修步骤及工艺要求

（一）检修步骤

1）在有故障的 M7130 型平面磨床上或人为设置故障的 M7130 型平面磨床上，由教师示范检修，把检修步骤及要求贯穿其中，直至故障排除。

2）由教师设置让学生知道的故障点，指导学生如何从故障现象着手进行分析，逐步引导采用正确的检查步骤和检修方法排除故障。

3）检修过程中，故障分析、排除故障的思路要正确。严禁扩大故障范围或产生新的故障，不得损坏电器元件或设备。

（二）注意事项

1）检修前，要认真阅读 M7130 型平面磨床的电路和接线，弄清有关电器元件的位置、作用及布线情况。

2）停电要验电，带电检查时，必须有指导教师在现场监护，以确保用电安全。

3）工具和仪表的使用要正确，检修时要认真核对导线的线号，以免出错。

 检测与分析

1. 任务检测

任务完成情况检测标准见表3-54。

表 3-54　M7130 型平面磨床控制电路检测标准

序号	主要内容	评分标准	配分	得分
1	安装前检查	电气元件遗漏或搞错，每处扣1分	3	
2	安装元器件	1. 不按布置图安装，扣2分 2. 元器件安装不牢固，每处扣1分 3. 元器件安装不整齐、不合理，每处扣1分 4. 损坏元器件，每处扣2分	10	
3	布线	1. 不按电路图布线，扣5分 2. 布线不符合要求，每项扣4分 3. 接点松动，漏铜过长、反圈等，每处扣1分 4. 损伤导线绝缘层或线芯，每处扣2分 5. 编码套管套装不正确，每处扣1分 6. 漏接接地线，扣5分	22	
4	通电试运行	一次试运行不成功扣5分；二次试运行不成功扣10分；三次试运行不成功扣15分	15	
5	故障分析	1. 故障分析和排除故障的思路不正确，每处扣2分 2. 错标电路故障范围，每处扣2分	5	
6	故障排除	1. 断电不验电，扣2分 2. 工具和仪表使用不当，扣2分 3. 排除故障的顺序不对，扣2分 4. 不能查出故障点，扣2分 5. 查出故障点但不能排除，扣2分 6. 产生新的故障，扣2分 7. 损坏元件，扣2分	15	
7	通电试运行	一次试运行不成功扣5分；二次试运行不成功扣10分；三次试运行不成功扣15分	15	
8	安全与文明生产	违反安全文明生产规程，扣5分	5	
9	额定时间：3h	每超时1min，扣5分		
备注		合计	90	

2. 问题与分析

针对任务实施中的问题进行分析，并找出解决问题的方法，见表3-55。

表 3-55　M7130 型平面磨床控制电路

序号	问题主要内容	分析问题	解决方法	配分	得分
1					
2				10	
3					
4					

能力训练

一、填空题

1. 平面磨床是用砂轮来_____。

2. M7130 型平面磨床工作台上固定着_____吸持工件。

3. 电磁吸盘的保护电路是由_____和_____组成的。

4. M7130 型平面磨床中，QS2 是电磁吸盘 YH 的转换控制开关（又叫做退磁开关），有_____、_____和_____三个位置。

二、简答题

1. 简述 M7130 型电磁吸盘的工作过程。

2. 简述电磁吸盘电路中电阻 R_3 的作用。

三、实训题

1. 对三台电动机都不能起动故障进行检修。

2. 对电磁吸盘无吸力故障进行检修。

模块四 可编程序控制器

学习目标

1. 认识西门子 S7-200PLC 的外形结构及工作原理。
2. 掌握西门子 S7-200 的安装方法。
3. 掌握西门子 S7-200 的基本指令并能灵活应用。

任务一 PLC 的认识与安装

知识点

1. 掌握 PLC 的定义、特点。
2. 能认识 PLC 的种类,了解 PLC 的内外结构及功能。
3. 能理解 PLC 输入采样、程序处理、输出刷新的三步式工作过程及 PLC 的扫描周期。

技能点

1. 能新建程序、进行 PLC 选型,保存程序。
2. 能输入简单梯形图程序、修改程序,切换梯形图与指令表。
3. 能下载或上传程序,监控程序。

学习任务

学习可编程序控制器的定义、特点及结构及工作原理,利用 STEP7-Micro/WIN 编程软件编写如图 4-1 所示的梯形图,并下载到 S7-200PLC 中。

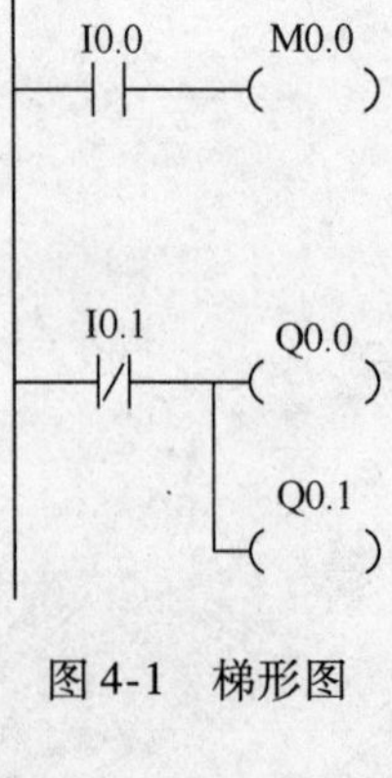

任务分析

PLC 即可编程序控制器的简称,其英文名为 Programmable Logic Controller。PLC 是一种新型的控制器件。它集微电子技术、计算机技术于一体,在取代继电器控制系统,实现多种设备的自动控制中,充分体现其诸多优点,受到广大用户的欢迎和重视。

PLC 的结构与计算机类似,由中央处理器 CPU、存储器、输入/输

图 4-1 梯形图

出（I/O）接口、通信接口、编程器和电源等部分组成。但由于有接口器件和监控软件的包围，工作方式与计算机差别很大。它工作过程的特点是周期扫描、集中处理。

PLC 是一种故障频率低，安装方便的控制器。应当注意的是，安装和拆卸时，必须先切断电源。否则，可能导致设备损坏和人身安全受到伤害。PLC 的主要构件是半导体器件，应定期检修与做好日常维护。

S7-200 是德国西门子公司生产的小型 PLC，有梯形图、语句表、功能图三种编程语言。STEP7-Micro/WIN 编程软件是 S7-200 的编程软件。

 知识准备

一、PLC 的认识

（一）PLC 的定义

1985 年 1 月国际电工委员会对 PLC 作了明确定义：可编程序控制器是一种数字运算操作的电子系统，专为在工业环境下应用而设计。它采用可编程序的存储器，用来在其内部存储执行逻辑运算、顺序控制、定时、计数和算术运算等操作的指令，并通过数字式和模拟式的输入和输出，控制各种类型的机械或生产过程。可编程序控制器及其有关外围设备，都应按易于与工业系统联成一个整体，易于扩充其功能的原则设计。

（二）可编程序控制器的分类

1. 按 PLC 的控制规模分类

PLC 可以分为小型机、中型机和大型机。

（1）小型机　小型机的控制点一般在 256 点之内。这类 PLC 由于控制点数不多，所以控制功能有一定局限性。但是它小巧、灵活，可以直接安装在电气控制柜内，很适合于单机控制或小型系统的控制。

（2）中型机　中型机的控制点一般不大于 2048 点。这类 PLC 由于控制点数较多，控制功能很强，有些 PLC 有较强的计算能力。不仅可用于对设备进行直接控制，还可以对多个下一级的 PLC 进行监控，它适合中型或大型控制系统的控制。

（3）大型机　大型机的控制点一般多于 2048 点。这类 PLC 控制点数多，控制功能很强，有很强的计算能力，同时，这类 PLC 运行速度很高，不仅能完成较复杂的算术运算，还能进行复杂的矩阵运算。它不仅可用于对设备进行直接控制，还可以对多个下一级的 PLC 进行监控。

2. 按 PLC 的控制性能分类

PLC 可以分为低档机、中档机和高档机。

（1）低档机　具有基本的控制功能和一般的运算能力，工作速度比较低，能带的输入/输出模块的数量比较少，输入/输出模块的种类也比较少。这类 PLC 只适合于小规模的简单控制。在联网中一般适合做从站使用。比如，日本 OMRON 公司生产的 C60P 就属于这一类。

（2）中档机　具有较强的控制功能和较强的运算能力。它不仅能完成一般的逻辑运算，也能完成比较复杂的三角函数、指数和 PID 运算，工作速度比较快，能带的输入/输出模块的数量也比较多，输入/输出模块的种类也比较多。这类 PLC 不仅能完成小型的控制，也可以完成较大规模的控制任务。在联网中可以做从站，也可以做主站。比如，德国 SIEMENS 公司生产的 S7-300 就属于这一类。

（3）高档机　具有强大的控制功能和强大的运算能力。它不仅能完成逻辑运算、三角函数运算、指数运算和 PID 运算，还能进行复杂的矩阵运算，工作速度很快，能带的输入/输出模块的数量很多，输入/输出模块的种类也很全面。这类 PLC 不仅能完成中等规模的控制工程，也可以完成规模很大的控制任务，在联网中一般作主站使用。比如，德国 SIE-MENS 公司生产的 S7-400 就属于这一类。

3. 按 PLC 的结构分类

可分为整体式、组合式和叠装式三类。

(1) 整体式　整体式结构的 PLC 把电源、CPU、存储器、I/O 系统都集成在一个单元内，该单元叫做基本单元。一个基本单元就是一台完整的 PLC，可以实现各种控制。控制点数不符合需要时，可再接扩展单元，扩展单元不带 CPU。由基本单元和若干扩展单元组成较大的系统。整体式结构的特点是非常紧凑、体积小、成本低、安装方便，其缺点是输入与输出点数有限定的比例。小型机多为整体式结构。例如，OMRON 公司的 C60P 为整体式结构。

(2) 组合式　组合式结构的 PLC 是把 PLC 系统的各个组成部分按功能分成若干个模块，如 CPU 模块、输入模块、输出模块、电源模块等。其中各模块功能比较单一，模块的种类却日趋丰富。比如，一些 PLC，除了一些基本的 I/O 模块外，还有一些特殊功能模块，像温度检测模块、位置检测模块、PID 控制模块、通信模块等。组合式结构的 PLC 采用搭积木的方式，在一块基板上插上所需模块组成控制系统。组合式结构的 PLC 特点是 CPU、输入、输出均为独立的模块，模块尺寸统一，安装整齐，I/O 点选型自由，安装调试、扩展、维修方便。中型机和大型机多为组合式结构。例如，SIEMENS 公司 S7-400PLC 就属于组合式结构。

(3) 叠装式　叠装式结构集整体式结构的紧凑、体积小、安装方便和组合式结构的 I/O 点搭配灵活、模块尺寸统一、安装整齐的优点于一身。它也是由各个单元的组合构成。其特点是 CPU 自成独立的基本单元（由 CPU 和一定的 I/O 点组成），其他 I/O 模块为扩展单元。在安装时不用基板，仅用电缆进行单元间的连接，各单元可以一个个地叠装，使系统达到配置灵活、体积小巧。例如 SIEMENS 公司的 S7-200PLC 就是采用了叠装式结构的小型 PLC，S7-300PLC 则是采用了叠装式结构的中型 PLC。

(三) PLC 的主要功能

(1) 条件控制　PLC 具有逻辑运算功能，它能根据输入继电器触点的与（AND）、或（OR）等逻辑关系决定输出继电器的状态（ON 或 OFF），故它可代替继电器进行开关控制。

(2) 定时控制　为满足生产工艺对定时控制的要求，一般 PLC 都为用户提供足够的定时器，SIEMENS S7-200 的 PLC 共 256 个定时器。所有定时器的定时值可由用户在编程时设定，即使在运行中定时值也可被读出或修改，使用灵活，操作方便。

(3) 计数控制　为满足对计数控制的需要，PLC 向用户提供上百个功能较强的计数器，如 SIEMENS-200 型 PLC 可向用户提供 256 个计数器。6 个高速计数器。所有计数器的设定值可由用户在编程时设定，且随时可以修改。

(4) 步进控制　步进顺序控制是 PLC 的最基本的控制方式，许多 PLC 为方便用户编制较复杂的步进控制程序，设置了专门的步进控制指令。如 FX2 型 PLC 中拥有上千万个状态元件，为用户编写较复杂的步进顺控程序提供了极大的方便。

(5) 数据处理　PLC 具有较强的数据处理能力，除能进行加减乘除四则运算甚至开方运算外，还能进行字操作、移位操作、数制转换、译码等数据处理。

（6）通信和联网 由于 PLC 采用了通信技术，可进行远程的 I/O 控制。多台 PLC 之间可进行同位链接（PLC Link），还可用计算机进行上位链接（Host Link），接受计算机的命令，并将执行结果告诉计算机。一台计算机与多台 PLC 可构成集中管理、分散控制的分布式控制网络，以完成较大规模的复杂控制。

（7）对控制系统的监控 PLC 具有较强的监控功能，它能记忆某些异常情况或发生异常情况时自动终止运行。操作人员通过监控命令，可以监视系统的运行状态，可以改变设定值等，方便了程序的调试。

（四）可编程序控制与电接触式控制系统的比较

从图 4-2 中可以看出，PLC 梯形图和继电器控制电路的符号基本类似，结构形式基本相同，所反映的输入、输出逻辑关系也基本一致。

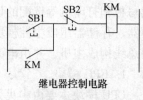

继电器控制电路

但应指出的是，两者有多处不同点：

（1）组成器件不同 继电器控制电路中的继电器是真实的，是由硬件构成的；而 PLC 中的继电器，则是虚拟的，是由软件构成的，称为"软继电器"。

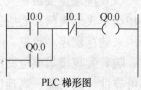

PLC 梯形图

（2）触点情况不同 继电器控制电路中的常开、常闭触点由实际的结构决定，因此，其数量是固定的，不能重复使用而 PLC 中每只软继电器的触点数量则是不固定的，可重复使用。继电器控制电路中的触点使用寿命是有限的，而 PLC 中各软继电器的触点使用寿命则是无限的。

图 4-2 控制电路比较

（3）工作电流不同 继电器控制电路中有实际电流存在，是可以用电流表直接测得的；而 PLC 梯形图中的程序接在左、右两条母线上，其工作电流不是实际电流而是一种信息流，可称之为"软电流"，或称为"能流"。

（4）接线方式不同 继电器控制电路图中的所有接线都必须逐根连接，缺一不可；而 PLC 中的接线，除输入/输出端需要实际接线外，内部的所有软接线都是通过软件连接的。由于接线方式的不同，在改变控制顺序时，继电器控制电路必须改变其实际的接线，而 PLC 则仅需修改程序，通过软件加以改接，其改变的灵活性及其速度，是继电器控制电路无法比拟的。

（5）工作方式不同 继电器控制电路中，当电源接通时，各继电器都处于受约状态，该吸合的都吸合，不该吸合的因受某种条件限制而不吸合；PLC 则采用扫描循环执行方式，即从第一阶梯形图开始，依次执行至最后一阶梯形图，再从第一阶梯形图开始继续往下执行，周而复始。因此，从激励到响应有一个时间的滞后。

二、可编程序控制器的基本结构

PLC 的基本组成框图如图 4-3 所示。PLC 的基本组成可分为两大部分，即软件系统和硬

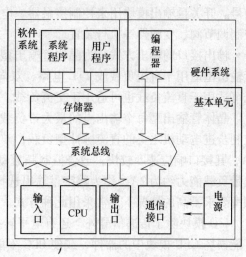

图 4-3 PLC 基本组成框图

件系统。

软件系统是指管理、控制、使用 PLC，以确保 PLC 正常工作的一整套程序。这些程序有来自 PLC 生产厂家，也有来自用户。一般称前者为系统程序，称后者为用户程序。其中系统程序侧重于管理 PLC 的各种资源，控制各硬件的正常动作，协调各硬件组成间的关系，以便充分发挥整个可编程序控制器的使用效率，方便广大用户的直接使用。而用户程序侧重于使用，侧重于输入、输出之间的控制关系。

硬件系统是指组成 PLC 的所有具体的设备，其中主要有中央处理器 CPU、存储器、输入/输出（I/O）接口、通信接口、编程器和电源等部分。此外，还有扩展设备和 EPROM 的读写板和打印机等选配的设备。为了维护、修理方便，许多 PLC 采用模块结构。由中央处理器、存储器组成主控模块，输入单元组成输入模块，输出单元组成输出模块，三者通过专用总线构成主机，并由电源模块对其供电。

1. CPU 模块

CPU 模块主要由中央处理器（CPU 芯片）和储存器组成。在 PLC 控制系统中，CPU 模块相当于人的大脑和心脏，它不断地采集输入信号，执行用户程序，刷新系统的输出；存储器用来储存程序和数据。

随着大规模集成电路的发展，PLC 越来越多的采用单片机作为 CPU，它具有高集成度、高可靠性、高功能、高速度及低价格的优势。目前，小型 PLC 多采用单 CPU 系统，大、中型 PLC 则通常采用多 CPU 系统。所谓多 CPU 系统，是在 CPU 模板上装有多个 CPU 芯片，分别作为字处理器和位处理器。字处理器是主处理器，位处理器是从处理器。

2. 存储器

PLC 的存储器中包括用于存放系统程序的系统程序存储器和存放用户程序的用户程序存储器两种存储系统。

3. I/O 模块

输入模块和输出模块简称 I/O 模块，它们是系统 CPU 模块和外部现场设备连接的桥梁。

输入模块用来接收和采集输入信号，开关量输入模块用来接收从按钮、开关等传来的输入信号；模拟量输入模块用来接收电位器、测速发电机等提供的连续变化的模拟量电流电压信号。开关量输出模块用来控制接触器、电磁阀、指示灯等输出设备；模拟量输出模块用来控制调节阀、变频器等执行装置。

输出接口的输出方式分为晶体管输出型、双向晶闸管输出型和继电器输出型三种。晶体管输出型适用于直流负载或 TTL 电路，双向晶闸管输出型适用于交流负载，继电器输出型既可适用于直流负载也可适用于交流负载。

晶体管输出型每个输出点的最大带负载能力为 0.75A，其接口响应速度较快，特别适合控制步进电动机之类的直流脉冲型负载；双向晶闸管输出型每个点最大带负载能力为 0.5 ~ 1A，其接口响应速度较快，适合控制频繁动作的交流负载；继电器输出型每个输出点的最大带负载能力约为 2A，作为数字量输出选择继电器型更为自由方便。在对动作时间和动作频率要求不高的情况下，常采用此种方式。

I/O 模块除了传递信号外，还有电平转换与隔离的作用。避免外部尖峰电压和干扰噪声可能损坏 CPU 模块中的器件，或使 PLC 不能正常工作。

4. 电源

PLC 一般使用 AC220V 电源或 DC24V 电源。内部的开关电源为各模块提供不同等级的直流电源。有些小型 PLC 可以为输入电路和外部的电子传感器提供 DC24V 电源，驱动 PLC 负载的直流电源一般由用户提供。

三、可编程序控制器的工作原理

1. PLC 的扫描工作方式

PLC 运行时，需要进行大量的操作，这迫使 PLC 中的 CPU 只能根据分时操作原理，按一定的顺序，每一时刻执行一个操作。这种分时操作的方式，称为 CPU 的扫描工作方式。当 PLC 运行时，在经过初始化后，即进入扫描工作方式，且周而复始地重复进行，因此，称 PLC 的工作方式为循环扫描工作方式。

PLC 循环扫描工作方式的流程图如图 4-4 所示。

很容易看出，PLC 在初始化后，进入循环扫描。PLC 一次扫描的过程，包括内部处理、通信服务、输入采样、程序处理和输出刷新共五个阶段，其所需的时间称为扫描周期。显然，PLC 的扫描周期应与用户程序的长短和该 PLC 的扫描速度紧密相关。

PLC 在进入循环扫描前的初始化，主要是将所有内部继电器复位，输入、输出暂存器清零，定时器预置，识别扩展单元等，以保证它们在进入循环扫描后能完全正确无误地工作。

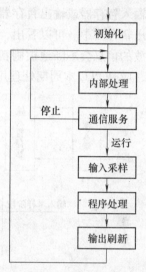

图 4-4　PLC 循环扫描工作方式的流程图

进入循环扫描后，在内部处理阶段，PLC 自行诊断内部硬件是否正常，并把 CPU 内部设置的监视定时器自动复位等。PLC 在自诊断中，一旦发现故障，PLC 将立即停止扫描，显示故障情况。

在通信服务阶段，PLC 与上、下位机通信，与其他带微处理器的智能装置通信，接受并根据优先级别处理来自它们的中断请求，响应编程器键入的命令，更新编程器显示的内容等。

PLC 处于停止（STOP）状态时，PLC 只循环完成内部处理和通信服务两个阶段的工作。当 PLC 处于运行（RUN）状态时，则循环完成内部处理、通信服务、输入采样、程序处理和输出刷新五个阶段的工作。

循环扫描的工作方式，既简单直观，又便于用户程序的设计，且为 PLC 的可靠运行提供了保障。这种工作方式，使 PLC 一旦扫描到用户程序某一指令，经处理后，其处理结果可立即被用户程序中后续扫描到的指令所应用，而且 PLC 可通过 CPU 内部设置的监视定时器，监视每次扫描是否超过规定时间，以免因 CPU 内部故障导致程序进入死循环情况。

2. PLC 用户程序执行的过程

PLC 用户程序执行的过程如图 4-5 所示。可以看出，PLC 用户程序执行的过程分为输入采样、程序处理和输出刷新三个阶段。

（1）输入采样阶段（简称"读"）　在这一阶段，PLC 读入所有输入端子的状态，并将各状态存入输入暂存器，此时，输入暂存储器被刷新。在后两个程序处理阶段和输出刷新阶段中，即使输入端子的状态发生变化，输入暂存器所存的内容也不会改变。这充分说明，输入暂存器的刷新仅仅在输入采样阶段完成，输入端状态的每一次变化，只有在一个扫描周期的输入采样阶段才会被读入。

（2）程序处理阶段（简称"算"）　在这一阶段，PLC 按从左至右、自上而下的顺序，对用户程序的指令逐条扫描、运算。当遇到跳转指令时，则根据跳转条件满足与否，决定是否跳转及跳转到何处。在处理每一条用户程序的指令时，PLC 首先根据用户程序指令的需要，从输入暂存器或输出暂存器中读取所需的内容，然后进行算术逻辑运算，并将运算结果写入输出暂存器中。可以看出，在这一阶段，随着用户程序的逐条扫描、运算，输出暂存器中所存放的信息会不断地被刷新；而当用户程序扫描、运算结束之时，输出暂存器中所存放的信息，应是 PLC 本周期处理用户程序后的最终结果。

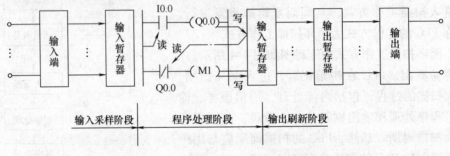

图 4-5　PLC 用户程序执行的三个阶段

（3）输出刷新阶段（简称"写"）　在这一阶段，输出暂存器将上一阶段中最终存入的内容，转存入输出锁存器中。而输出锁存器所存入的内容，作为 PLC 输出的控制信息，通过输出端去驱动输出端所接的外部负载。由于输出锁存器中的内容，是 PLC 在一个扫描周期中对用户程序进行处理后的最终结果，所以外部负载所获得的控制信息，应是用户程序在一个扫描周期中被扫描、运算后的最终信息。

应当强调，在程序处理阶段，PLC 根据用户程序每条指令的需要，以输入暂存器和输出暂存器所寄存的内容作为条件，进行运算，并将运算结果作为输出信号，写入输出暂存器。而输入暂存器中的内容，取决于本周期输入采样阶段时采样脉冲到来前的瞬间各输入端的状态；通过输出锁存器传送至输出端的信号，则取决于本周期输出刷新阶段前最终写入输出暂存器的内容。

应当说明的是，程序执行的过程因 PLC 的机型不同而略有区别。如有的 PLC，输入暂存器的内容除了在输入采样阶段刷新以外，在程序处理阶段，也间隔一定时间予以刷新；同样，有的 PLC，输出锁存器的刷新除了在输出刷新阶段以外，在程序处理阶段，凡是程序中有输出指令的地方，该指令执行后就立即进行一次输出刷新；有的 PLC，还专门为此设有立即输入、立即输出指令。这些 PLC 在循环扫描工作方式的大前提下，对于某些急需处理、响应的信号，采用了中断处理方式。

从上述分析可知，当 PLC 的输入端有一个输入信号发生变化，到 PLC 输出端对该变化做出响应，需要一段时间，这段时间称为响应时间或滞后时间，这种现象则称为 PLC 输入/输出响应的滞后现象。这种滞后现象产生的原因，虽然是由于输入滤波器有时间常数，输出继电器有机械滞后等，但最主要的，还是来自于 PLC 按周期进行循环扫描的工作方式。

由于 CPU 的运算处理速度很快，所以 PLC 的扫描周期都相当短，对于一般工业控制设备来说，这种滞后还是完全可以允许的。而对于一些输入/输出需要做出快速响应的工业控制设备，PLC 除了在硬件系统上采用快速响应模块、高速计数模块等以外，也可在软件系统上采用中断处理等措施，来尽量缩短滞后时间。同时，作为用户，在用户程序语句的编写安排上，也是完全可以挖掘潜力的。因为 PLC 循环扫描过程中，占机时间最长的是用户程序的处理阶段，所以对于一些大型的用户程序，如果用户能将它编写得简略、紧凑、合理，也有助于缩短滞后时间。

四、PLC 的安装

1. 安装环境

1）环境温度。PLC 存放温度为 -20 ~ 60℃，工作温度为 0 ~ 55℃，编程器工作温度为 0 ~ 45℃。

2）环境湿度。35% ~ 85% RH（不结露）。

3）应避免以下大气情况出现：温度突变；太阳直接照射；腐蚀性气体；灰尘、盐、铁粒的聚集；水、油、化学物品的溅射。

4）无振动和冲击。

2. 安装指导

1）PLC 的电源线、I/O 导线与其他设备的电缆不能敷设在同一管道中。

2）各导线要相互平行放置，且 I/O 导线和电源电缆之间最小距离应是 300mm。

3）如果 I/O 导线与电源电缆必须放在同一管内，则必须用接触金属板屏蔽。

4）要正确使用导线。S7-200 模块采用 $1.5 ~ 0.50\text{mm}^2$ 的导线。

5）尽量使用短导线，导线要尽量成对使用。

6）将交流线和大电流的直导线与小信号线隔开。

7）外部电源不要与 DC 输出点并联用作负载，这可能导致反向电流冲击输出，除非安装是使用二极管或其他隔离栅。

3. PLC 的维护

为了保证 PLC 的长期可靠运行，必须对 PLC 进行定期检查与适当维护，当检查的结果不能满足规定时，应进行调整或更换。PLC 检查及维护的主要内容见表 4-1。

表 4-1　PLC 检查及维护的主要内容

项　目	检 查 要 点	注 意
电源电压	测量 PLC 端子处的电压以检查电源情况	PLC 的交流和直流电压允许值
环境检查	环境温度、湿度、有无污染物和粉尘等	环境温度和湿度的允许范围
I/O 电源电压	测量输入/输出端子	
安装情况	各单元安装是否牢固，接线和端子是否完好	
备份电池	备份电池是否定期更换	

4. 可编程序控制器故障的检查与处理

PLC 长期运行中，可能会出现一些故障。PLC 自身故障可以靠自诊断来判断，外部故障则主要根据程序来分析。

（1）常见故障的总体检查与处理　总体检查的目的是找出故障点的大方向，然后在逐步细化，确定故障点，达到消除故障的目的。

（2）电源故障的检查与处理　对于 PLC 系统主机电源、扩展机电源、模块中电源，任何电源显示不正常时都要进行检查。先检查外部电源，然后检查内部电源。

（3）异常故障的检查　PLC 不能启动时主要检查供电电压是否超出上下极限；内存自检系统是否出错；CPU、内存板是否有故障。PLC 频繁停机时检查供电电压是否接近上下极限；主机系统模块是否接触不良；CPU、内存板元件是否松动、有故障；与编程器不通信时主要检查通信电缆；程序不能装入时主要检查内存是否初始化。

5. S7-200 设备的安装

S7-200 既可以安装在控制柜背板上，也可以安装在标准导轨上；既可以水平安装，也可以垂直安装。

（1）将 S7-200 与热源、高电压和电子噪声隔开　按照惯例，在安装元器件时，总是把产生高电压和电子噪声的设备（如 S7-200）与这样的低压、逻辑型的设备分隔开。在控制柜背板上安排 S7-200 时，应区分发热装置并把电子器件安排在控制柜中温度较低的区域内。电子器件在高温环境下工作会缩短其无故障时间。同时，要考虑控制柜背板的布线，避免将低压信号线和通信电缆与交流供电线和高能量、开关频率很高的直流电路布置在一个线槽中。

（2）为接线和散热设备留出适用的空间　S7-200 的设备采用自然的对空散热方式，在器件的上方和下方都必须留有至少 25mm 的空间，以便于正常的散热。前面板与背板的板间距离也应保持至少 75mm。在垂直安装时，其允许的最高环境温度要比水平安装时低 10℃，而且 CPU 应安装在所有扩展模块的下方。在安排 S7-200 设备时，应留出接线和连接通信电缆的足够空间。当配置 S7-200 系统时，可以灵活地使用 I/O 扩展电缆。

（3）S7-200 模块的安装和拆卸　S7-200 可以很容易地安装在一个标准 DIN 导轨或控制柜背板上。在安装和拆卸电子器件之前，要确保该设备的供电已被切断。同样，也要确保与该设备相关联的设备的供电已被切断。在带电情况下安装或拆卸 S7-200 及其相关设备有可能导致电击或者设备误动作。

在更换 S7-200 的器件时，除了要使用相同的模块外，还要确保安装的方向和位置是正确的。拆卸为了安装和端替换子模块方便，大多数的 S7-200 模块都有可拆卸的端子排。

（4）S7-200 接线指南　在设计 S7-200 的接线时，应该设置一个单独的开关，能够同时切断 S7-200CPU、输入电路和输出电路的所有供电，设置熔断器或断路器等过电流保护装置来限制供电电路中的电流，也可以为每一输出电路都提供熔断器或其他限流设备作为额外的保护。在有可能遭受雷击浪涌的电路上安装浪涌抑制器件，避免将低压信号线和通信电缆与交流线和高能量快速开并的直流线设计在同一个布线槽中，使用双绞线并且用中性线或者公共线与能量线或者信号线相配对。导线应尽量短并且保证线横截面积能够满足电流要求。端子排适合的线横截面积为 $2 \sim 0.3\,mm^2$（$14 \sim 22$AWG）。使用屏蔽电缆可以得到最佳的抗电子噪声特性。通常将屏蔽层接地可以得到最佳效果。

当输入电路由一个外部电源供电时，要在电路中添加过流保护器件。如果采用 S7-200CPU 上的 DC24V 传感器供电电源，则无需额外添加过流保护器件，因为此电源已经有限流保护。大多数的 S7-200 模块有可拆卸的端子排。为了防止连接松动，要确保端子排插接牢固，同时也要确保导线牢固地连接在端子排上。为了避免损坏端子排，螺钉不要拧得太紧。

五、编程方式

SIEMENS 系列可编程序控制器的编程方式有梯形图编程、功能图编程和语句表编程三种。PLC 编程语言中最常用的语言是梯形图和语句表。因梯形图形式上与继电器控制电路很相似，读图方法和习惯也相同，是一种简单易懂的表达形式，所以应用最多。梯形图、功能图和语句表之间存在着互相对应关系，是可以互相转换的。

1. 梯形图（LAD）编程

它是一种类似于继电器控制电路图的语言，由图形符号组成。

输入信号（——┤　├——）：当有输入信号时，状态为"1"（闭合）

输入信号（——┤／├——）：当有输入信号时，输入状态为"0"（断开）

输出信号（——（　）——）：当有输出信号时，该输出状态为"1"。该符号只能出现在梯形图的右侧，作为该信号路径的结尾。

梯形图是根据德国工业标准，用符号描述控制任务的执行过程。在美国也是很普遍可见的，它与传统的电流流程图有很多的相似地方，但电流支路的描述应考虑不是垂直的，而是水平的。

2. 语句表（STL）编程

这是与汇编语言类似的一种助记符编程语言，又称为语句表。它比汇编语言通俗易懂，更为灵活，适应性强。由于指令语言中的助记符与梯形图符号存在一一对应关系，所以对于熟知梯形图的电气工程技术人员，只要了解助记符与梯形图符号的对应关系，即可直接用语句表编写的用户程序。

语句是编写语句表的最小单元，由语句步、操作码、操作数组成。

（1）语句步　是用户程序中语句的序号，一般由编程器自动依次给出。只有当用户需要改变语句时，才通过插入键或删除键进行增删调整。由于用户程序总依次存放在用户程序存储器内，所以语句步也可以看作语句在用户程序存储器内的地址代码。

例如：　　　　A　　　　　I0.0
　　　　　　　│　　　　　│
　　　　　　操作码　　　操作数

（2）操作码　是 PLC 指令系统中的指令代码、指令助记符，表示需要进行的操作。

（3）操作数　是操作对象，主要是各种继电器的类型和（地址）编号。

一条语句就是给 CPU 的一条指令，规定其对谁（操作数）做什么工作（操作码）。一个控制动作由一条或多条语句组成的应用程序来实现。

PLC 对用语句表编写的用户程序循环扫描，也从第一条开始至最后一条，周而复始。在语句表中，控制程序用单个控制语句来描述。

控制指令（操作和操作数）描述其任务是用功能字符的缩写符号。

任何一种控制过程的描述方式都具有其自身的特点和局限性，如在编程过程中，遵守一定的规则，则三种编程可相互转化。如控制程序以梯形图和功能块编写的，原则上总是可以转化成语句表形式的。

3. 功能块（FBD）编程

它是一种类似于电子电路的逻辑电路图的一种编程语言，是根据德国工业标准用符号来描述控制任务的。通过功能符号来描述单一流程，左侧为输入端，右侧为输出端。

六、程序数据

1. 信息的概念

在编程语言中，大多数指令要同具有一定大小的数据对象一起进行操作。不同的数据对象具有不同的数据类型。不同的数据类型具有不同的数制和格式选择。基本数据类型如下：

1）位：是二进制的最小信息单位，即 bit，每个位可设成"1"或"0"态。

2）字节：8 位二进制的字符组成一个字节，即 8bit。

3）字：每个字含有两个字节，即 16bit。

4）位地址：是由存储器标识符、字节地址及位号组成的。规定从右侧开始为地址 0，左侧为地址 7，即

7	6	5	4	3	2	1	0

5）字节地址：由存储器字节标识符和字节地址组成。例如 IB1 中，"IB"字节标识符，1 表示输入字节是第一个字节，共 8 位。

将位和字节地址组合就可以表示唯一的位的状态。例如 I0.0，存储器标识符为"I"，字节地址为整数部分，位地址为小数部分，表示输入点是第 0 个字节的第 0 位。

I0.7	I0.6	I0.5	I0.4	I0.3	I0.2	I0.1	I0.0

6）字地址：由存储器字标识符和字地址组成。字标识符为"IW"，字地址为整数部分。一个字含两个字节，一个字中的两个字节的地址必须连续，且低位字节在一个字中应该是高 8 位，高位地址在一个字中应该是低 8 位，例如：IW0 中的 IB0 应该是高 8 位，IB1 应该是低 8 位。

IW0		IW2	
IB0	IB1	IB2	IB3
	IW1		

此外，还有双字型、整数型、双整数型、实数型。

2. 编程元件的数据

可编程序控制器在其系统软件的管理下，将用户程序存储器（即装载存储区）划分出若干个区，并将这些区域赋予不同的功能，由此组成了各种内部器件，这些内部器件就是 PLC 的编程元件。PLC 的编程元件的种类和数量因不同厂家、不同系列、不同规格而异。需要说明的是，PLC 的内部并不真正存在这些实际的物理器件，与其对应的只是存储器中的某些存储单元。一个继电器对应一个基本单元（即 1bit）。8 个基本单元形成一个字节，正好是一个存储单元。两个存储单元构成一个字或通道。

在 S7-200 中的主要编程元件如下：

（1）输入继电器（I） 输入继电器就是 PLC 的存储系统中的输入映像寄存器。它的作用是接受来自现场的控制按钮、行程开关及各种传感器的输入信号。通过输入继电器，将 PLC 的存储系统与外部输入端子建立明确的对应连接关系，它的每一位对应一个数字量输入点。当输入信号为"1"（接通）时，其常开触点闭合，常闭触点断开；当输入信号为"0"（断开）时，常开触点断开，常闭触点闭合。CPU 按"字节.位"的编址方式来读取一个继

电器的状态。如 I0.0 是指输入继电器中第 0 个字节第 0 位。CPU 也可以以字节或字的形式读取一组继电器的数据。PLC 不能通过编程方式改变输入继电器的状态，但可以在编程时，通过使用输入继电器的触点无限制地使用输入继电器的状态。

（2）输出继电器（Q）　输出继电器是 PLC 存储系统中的输出映像寄存器。通过输出继电器将 PLC 的存储系统与外部输出端子建立明确的对应连接关系。输出继电器一般采用"字节·位"的编址方式，也可以以字节、字为单位的寄存器。它完全是由编程的方式决定其状态，用来接通负载。当输出继电器为"1"（接通）状态时，其线圈"通电"，常开触点闭合，常闭触点断开，外接负载通电；当输出继电器为"0"（断开）时，其线圈"断电"，常开触点断开，常闭触点闭合，外接负载断电。

（3）变量寄存器（V）　用于模拟量控制、数据运算、参数设置及存放程序执行过程中的控制逻辑操作的中间结果。变量寄存器可以按位、字节、字、双字为单位使用。变量寄存器的数量与 CPU 的型号有关，CPU222 为 V0.0 ~ V2047.7，CPU224 为 V0.0 ~ V5119.7，CPU226 为 V0.0 ~ V5119.7。

（4）辅助继电器（M）　它的功能与传统的继电器控制电路中的中间继电器相同。它与外部没有任何联系，不可能直接驱动任何负载。每个辅助继电器对应着数据存储器区的一个基本单元，可由所有的编程元件的触点来控制，其状态同样可以无限制地使用。借助辅助继电器的编程，可使输入/输出之间建立复杂的逻辑关系和连锁关系，以满足不同的控制要求。在 S7-200 中，有时也称辅助继电器为位存储区的内部标志位，所以辅助继电器一般以位为单位使用，采用"字节·位"的编址方式，每一位相当于 1 个中间继电器，S7-200 的 CPU22X 系列辅助继电器的数量为 256 个。辅助继电器也可以以字节、字、双字为单位，作存储数据用。

（5）特殊继电器（SM）　用来存储系统的状态变量及有关的控制参数和信息，是用户程序与系统程序之间的界面。特殊继电器的每一位有不同的含义。下面介绍几个常用的特殊继电器。

1）SM0.0：RUN 监控，PLC 在运行状态时，总为 ON。

2）SM0.1：初始脉冲，PLC 由 STOP 转为 RUN 时，ON 时为 1 个周期。

3）SM0.4：分时钟脉冲。

4）SM0.5：秒时钟脉冲。

5）SM0.6：扫描时钟，一个扫描周期为 ON，下一个扫描周期为 OFF。

（6）计数器（C）　在 PLC 中，计数器存放于中央处理单元 CPU 中，其值为 0 ~ 255。常用的计数器有以下三种：

1）加计数器（CTU）。每当输入端有脉冲时，计数器的当前值加 1。当当前值大于或等于设定值，计数器的状态变为 1，这时再来计数脉冲时，计数器当前值仍不断累积，直到最大值时停止计数。当复位信号到来时，计数器的状态变为 0。

2）减计数器（CTO）。当有输入信号的上升沿到来时，启动该计数器，其值由设定值不断减 1。当当前值等于 0 时，计数器的状态变为 1，这时再来计数脉冲时，计数器停止计数。直到复位信号到来，计数器的状态变为 0。

3）增/减计数器。根据输入信号不同，将计数器的当前值加 1 或减 1。

（7）定时器（T）　PLC 中的定时器相当于继电器控制系统中的通电延时和断电延时继电器。它将 PLC 内的 1ms、10ms、100ms 等时钟脉冲进行加法计数，当达到设定值时，定时器的输出触点动作。

（8）累加器（AC）　累加器可以传递参数，或从子程序返回参数，也可以用存放运算数据、中间数据及结果数据。

（9）状态继电器（S）　也称为顺序控制继电器，是使用步进控制指令编程时的重要编程元件，用状态继电器和相应的步进控制指令。

（10）模拟量输入（AIW）寄存器/模拟量输出（AQW）寄存器　PLC 处理模拟量的过程是，模拟量信号经 A-D 转换后变成数字量存储在模拟量输入寄存器中，通过 PLC 处理后将要转换成模拟的数字量写入模拟量输出寄存器，再经 D-A 转换成模拟量输出。用 PLC 对这两种寄存器的处理方式不同，对模拟量输入寄存器只能作读取操作，而对模拟量输出寄存器只能作写入操作。

（11）局部存储器（L）　共有局部存储器 64 个字节，其中 60 个可作为暂时存储器，或给子程序传递参数。

由于 PLC 处理的是数字量，其数据长度是 16 位，所以要以偶数号字节进行编址，从而存取这些数据。

七、STEP 7-Micro/WIN 软件使用

1. 连接 RS-232/PPI

先连接 RS-232/PPI 多主站电缆的 RS-232 端（标识为"PC"）到编程设备的通信口上。在连接 RS-232/PPI 多主站电缆的 RS-485 端（标识为"PPI"）到 S7-200 的端口 0 或端口 1。

2. 建立新项目

单击 STEP 7-Micro/WIN 的图标，打开一个新的项目，如图 4-6 所示为一个新项目。注意左侧的操作栏。可以用操作栏中的图标，打开 STEP7-Micro/WIN 项目中的组件。单击操作栏中的通信图标进入通信对话框，可以用这个对话框为 STEP7-Micro/WIN 设置通信参数。

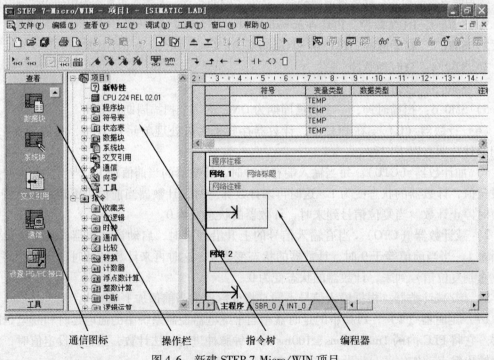

通信图标　　　操作栏　　　指令树　　　编程器

图 4-6　新建 STEP 7-Micro/WIN 项目

3. 设置通信参数

如图 4-7 所示设置通信参数，检查下列设置：PC/PPI 电缆的通信地址设为 0。接口使用 COM1。传输波特率用 9.6kbit/s。

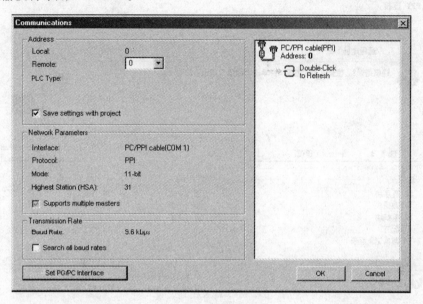

图 4-7 通信对话框

4. 与 S7-200 建立通信

在通信对话框中双击刷新图标。STEP 7-Micro/WIN 搜寻并显示所连接的 S7-200 站的 CPU 图标。

选择 S7-200 站并单击 OK。如果 STEP 7-Micro/WIN 未能找到您的 S7-200CPU，请核对通信参数设置，并重复以上步骤。建立与 S7-200 的通信之后，您就可以创建并下载示例程序。

5. 输入程序

打开程序编辑器，注意指令树和程序编辑器。可以用拖拽的方式、双击的方式将梯形图指令插入到程序编辑器中。

在工具栏图标中有一些命令的快捷方式。在输入和保存程序之后，可以下载程序到 S7-200 中。

6. 下载程序

STEP 7-Micro/WIN 项目都会有一个 CPU 类型（CPU221、CPU222、CPU224、CPU224XP 或 CPU226）。如果在项目中选择的 CPU 类型，与实际连接的 CPU 类型不匹配，STEP 7-Micro/WIN 会提示并要作出选择。

下载时可以单击工具条中的下载图标或者在命令菜单中选择 File > Download 来下载程序，如图 4-8 所示，然后单击 OK 下载程序到 S7-200。如果 S7-200 处于运行模式，将有一个对话提示 CPU 将进入停止模式，单击 Yes 将 S7-200 置于 STOP 模式。下载程序后，如果可通过 STEP 7-Micro/WIN 软件（见图 4-9）将 S7-200 转入运行模式，S7-200 的模式开关必须设置为 TERM 或者 RUN。当 S7-200 处于 RUN 模式时，也可通过单击工具条中的运行图标或者在命令菜单中选择 PLC > RUN。单击 Yes 来切换模式。

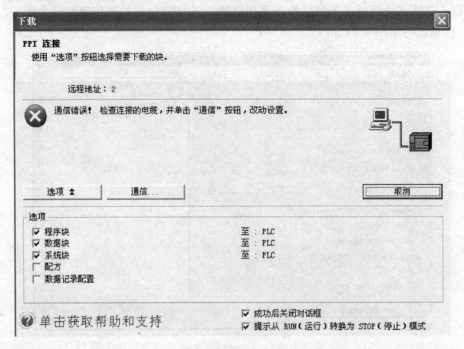

图 4-8　下载程序对话框

您可以通过选择 Debug > Program Status 来监控程序。STEP 7-Micro/WIN 显示执行结果。要想终止程序，可以单击 STOP 图标或选择菜单命令 PLC > STOP 将 S7-200 置于 STOP 模式。

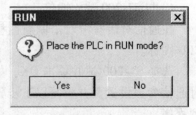

图 4-9　PLC 转入

7. 程序监视

当 PLC 在 RUN 模式下，单击程序状态监控按钮。编程软件将用蓝色显示出梯形图中各元件的状态。左边的垂直"电源线"和与它相连的水平"能流线"变为蓝色。如果位操作元件为 1 状态，其常开触点和线圈变为蓝色，同时触点和线圈的中心变为蓝色。如果有能流流入方框指令的输入端，方框指令的方框变为蓝色。

 任务准备

设备、工具和材料准备见表 4-2。

表 4-2　S7-200 所需设备

序号	分类	名　称	型号规格	数量	单位	备注
1	工具	电工常用工具		1	套	
2		万用表	MF47 型	1	块	
3	器材	可编程序控制器	S7-200	1	台	
4		计算机	自选	1	台	

（续）

序号	分类	名 称	型 号 规 格	数量	单位	备注
5	器材	通信电缆	RS—232/PPI	1	套	
6		空气断路器	自选	1	只	

任务实施

1）检查 S7-200 的电源电压、周围环境温度和湿度、I/O 端子的工作电压是否正常，熟悉 S7-200 的结构。

2）对 S7-200 和计算机进行通信连接。

3）运行 STEP 7-Micro/WIN 编程软件，建立新项目。

4）编写梯形图，并将程序下载到 PLC 中。

检测与分析

1. 任务检测

任务完成情况检测标准见表4-3。

表4-3 PLC 认识检测标准

序号	主要内容	考 核 要 求	评 分 标 准	配分	得分
1	PLC 认识	正确说出 PLC 的电源、I/O 接口、通信接口、RUN/STOP 开关等	说错，每处扣2分	20	
2	安装与接线	将 PLC 与计算机正确连接	接线不正确扣5分	5	
3	程序输入及调试	熟练操作计算机键盘，能正确建立新项目；能正确输入梯形图，并将程序下载到 PLC 中	1. 不会熟练操作计算机键盘输入指令，扣2分 2. 不会使用删除、插入、修改指令，每项扣2分 3. 不会下载程序，扣10分	50	
4	安全与文明生产	遵守国家相关专业安全文明生产规程	违反安全文明生产规程，扣5～15分	15	
备注	考试时间 30min。每超时 2min，扣 10 分；超时 10min，不记分		合计	90	

2. 问题与分析

针对任务实施中的问题进行分析，并找出解决问题的方法，见表4-4。

表4-4 PLC 认识问题分析

序号	问题主要内容	分析问题	解决方法	配分	得分
1					
2				10	
3					
4					

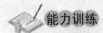 **能力训练**

一、填空

1. _____是初始化脉冲，仅在_____时接通一个扫描周期。

2. PLC 一般_____（能，不能）为外部传感器提供 DC 24V 直流电源。

3. S7-200 工作模式开关为_____、_____和_____。

4. PLC 的输入模块一般使用_____来隔离内部电路和外部电路。

5. PLC 的输出形式有三种，即_____、_____和_____。

6. PLC 的扫描工作过程可分为_____、_____和_____三个阶段。

7. 划分大、中和小型 PLC 的主要分类依据是_____。

8. PLC 的程序设计语言有_____、_____和_____三种方式。

9. S7-200 的 PC/PPI 电缆。RS-232 接_____上，RS-485 接_____上。

二、简答题

1. PLC 的基本结构组成。

2. 什么是 PLC 的周期工作方式？

三、实训题

在 STEP 7- Micro/WIN 软件中建立项目 1，并将图 4-10 的梯形图输入后，下载至 PLC 中。

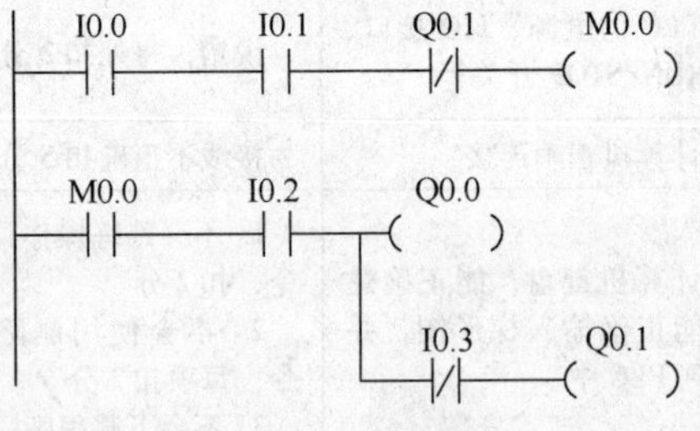

```
  I0.0      I0.1      Q0.1      M0.0
 ─┤ ├──────┤ ├──────┤/├───────( )

  M0.0      I0.2      Q0.0
 ─┤ ├──────┤ ├───────( )

                      I0.3      Q0.1
                    ─┤/├───────( )
```

图 4-10   梯形图

任务二   电动机单向连续运行的 PLC 控制

知识点

1. 熟练掌握 S7-200 的装载指令、输出指令。

2. 熟练掌握 S7-200 的并联、串联指令。

3. 熟练掌握 S7-200 的块串联、块并联指令。

技能点

1. 能灵活应用 PLC 的位操作指令进行起–保–停电路的 PLC 编程。

2. 能绘制 PLC 的外部接线图，并能根据外部接线图对 PLC 进行接线。

3. 能对常闭触点输入信号进行处理。

学习任务

用 PLC 实现电动机的单向连续运行控制。

任务分析

电动机单向连续运行控制，可以采用基本操作指令对 PLC 进行编程控制。在控制电路中，热继电器触点、起动按钮和停止按钮均属于控制信号，应接入 PLC 的输入接线端子；接触器属于 PLC 控制的输出信号，应接入 PLC 的输出接线端子。过载保护可以直接在 PLC 通过热继电器的常开触点外部进行硬件保护，也可以通过 PLC 软件编程对电动机进行过载保护。

知识准备

一、装载指令 LD、LDN 与线圈驱动指令 =

LD：逻辑操作的起始指令，将常开触点接在左母线上。LDN：将常闭触点接在左母线上。=：线圈输出。

将前面各触点的状态进行逻辑运算，并将逻辑运算的结果输出到线圈。逻辑运算的结果为 1（即能流通路），则线圈通电；逻辑运算结果为 0（即能流断路），则线圈断电。LD、LDN、= 指令的梯形图及语句表如图 4-11 所示。

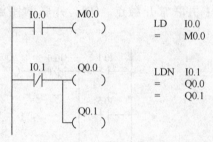

图 4-11 LD、LDN、= 指令的梯形图及语句表

LD、LDN、= 指令的使用说明：

1）LD、LDN 指令总是与母线相连（包括在分支点引出的母线）。

2）= 指令不能用于输入继电器。

3）具有图 4-11 中的最后 2 条指令结构的输出形式，称为并联输出，并联的 = 指令可以连续使用。

4）LD、LDN、= 指令的操作数为：

① LD、LDN：I、Q、M、SM、T、C、V、S。

② =：Q、M、SM、T、C、V、S。

5）= 指令的操作数一般不能重复使用。例如：在程序中不能多次出现"= Q0.0"指令。

二、触点串联指令 A（And）、AN（AndNot）

触点串联指令又称为逻辑与指令，与电流串联电路一致。当所有触点的输入信号同时是"1"（接通）状态时，输出变为"1"（能流通）；如果输入端中有一个是"0"（断开）状态时，则输出保持"0"（能流断）。

A：串联常开触点。AN：串联常闭触点。A、AN 指令的梯形图及语句表如图 4-12 所示。

A、AN 指令的使用说明：

1）A、AN 指令应用于单个触点的串联（常开或常闭），可连续使用。

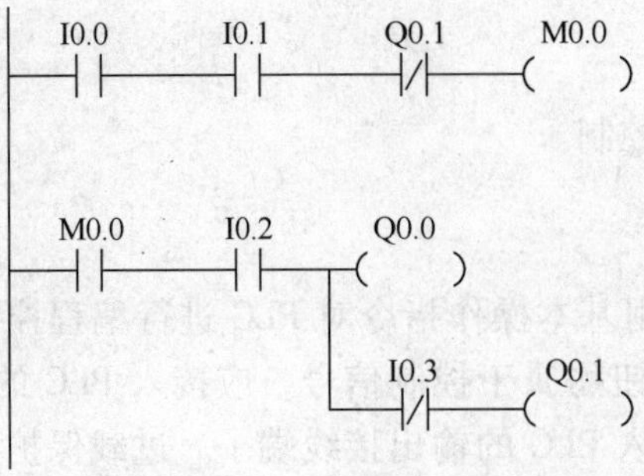

```
I0.0    I0.1    Q0.1    M0.0           LD    I0.0
─┤├─────┤├─────┤/├──────( )            A     I0.1
                                       AN    Q0.1
                                       =     M0.0

M0.0    I0.2    Q0.0                   LD    M0.0
─┤├─────┤├──────( )                    A     I0.2
                                       =     Q0.0
        I0.3    Q0.1                   AN    I0.3
        ─┤/├─────( )                   =     Q0.1
```

图 4-12　触点串联指令的梯形图及语句表

2）具有图 4-12 中的最后 3 条指令结构的输出形式，称为连续输出。

3）A、AN 指令的操作数为 I、Q、M、SM、T、C、V、S。

三、触点并联指令 O（Or）、ON（OrNd）

触点逻辑或指令又称为逻辑或指令，与并联电路相一致。当触点至少有一个是"1"接通状态时，输出是"1"信号；只有当所有的输入端均为"0"断开状态时，输出才为"0"。

O：并联常开触点。ON：并联常闭触点。O、ON 指令的梯形图及语句表如图 4-13 所示。

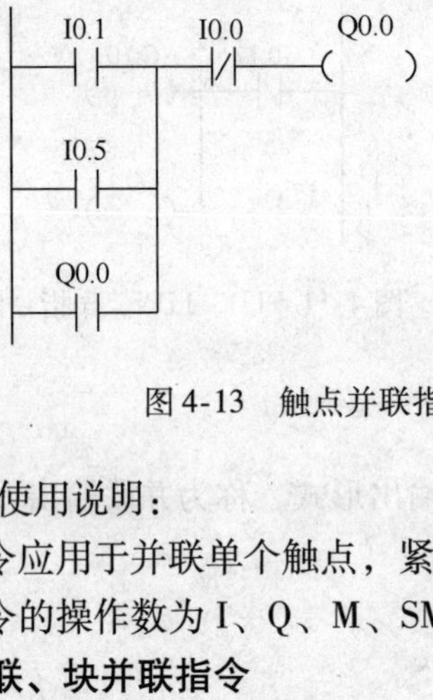

```
I0.1    I0.0    Q0.0                   LD    I0.1
─┤├─────┤/├──────( )                   O     I0.5
                                       O     Q0.0
I0.5                                   AN    I0.0
─┤├─                                   =     Q0.0

Q0.0
─┤├─
```

图 4-13　触点并联指令的梯形图及语句表

O、ON 指令的使用说明：

1）O、ON 指令应用于并联单个触点，紧接在 LD、LDN 之后使用，可以连续使用。

2）O、ON 指令的操作数为 I、Q、M、SM、T、C、V、S。

四、触点块串联、块并联指令

1. 触点块串联指令 ALD

触点块由 2 个以上的触点构成，触点块中的触点可以是串联连接，或者是并联连接，也可以是混联连接。包含触点块串联的程序结构如图 4-14 所示。

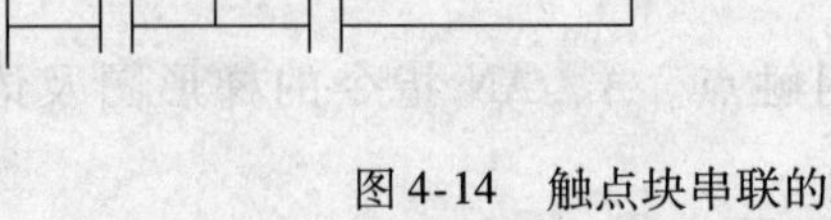

```
I0.0    I0.2    I0.4    Q0.0           LD    I0.0
─┤├─────┤/├─────┤├──────( )            O     I0.1
                                       LDN   I0.2
I0.1    I0.3                           A     I0.4
─┤├─────┤├─                            O     I0.3
                                       ALD
                                       =     Q0.0
```

图 4-14　触点块串联的程序结构

其语句表表示在并联的两个或逻辑之间用"ALD"连接起来，即上面两个并联块之间是串联的关系。执行时先算出各个并联电路的或结果，然后将这些结果串联（与）运算，最后将这些结果输出。

2. 触点块并联指令 OLD

包含触点块并联的程序结构如图 4-15 所示。

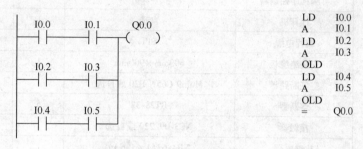

图 4-15　触点块并联的程序结构

其语句表表示在串联的两个与逻辑之间用"OLD"连接起来，即上面两个串联块之间是并联的关系。执行时先算各个串联电路的与结果，然后再把这些结果并联（或）运算，最后将这些结果传送到输出。

五、PLC 输入信号为常闭触点的处理

PLC 的输入信号为常开触点和输入信号为常闭触点两种情况时，其 PLC 内部触点状况完全相反。若 I0.0 外部接入 SB1 为常开按钮，PLC 外部输入信号状态对应的内部继电器触点情况见表 4-5；若 I0.1 外部接入 SB2 为常闭按钮，PLC 外部输入信号状态对应的内部继电器触点情况见表 4-6。

表 4-5　PLC 外部输入信号状态对应的内部继电器触点情况（一）

SB1 状态（PLC 输入信号）	I0.0 常开触点状态	I0.0 常闭触点状态	原　因
按下 SB1	闭合	断开	I0.0 内部输入继电器断电
松开 SB1	断开	闭合	I0.0 内部输入继电器得电

表 4-6　PLC 外部输入信号状态对应的内部继电器触点情况（二）

SB2 状态（PLC 输入信号）	I0.1 常开触点状态	I0.1 常闭触点状态	原　因
松开 SB2	闭合	断开	I0.1 内部输入继电器断电
按下 SB2	断开	闭合	I0.1 内部输入继电器得电

为编程方便，一般将 PLC 的输入信号接为常开触点。若 PLC 的输入信号采用常闭触点时，则编程时梯形图中的触点类型正好与输入信号为常开触点时的触点类型相反。

任务准备

设备、工具和材料准备见表 4-7。

表 4-7　电动机单向连续运行 PLC 控制设备

序号	分类	名　称	型号规格	数量	单位	备注
1	工具	电工工具		1	套	
2		万用表	MF47 型	1	块	
3		可编程序控制器	S7-200	1	台	
4		计算机	自选	1	台	
5		编程电缆	PPI	1	套	
6		安装绝缘板	600mm × 900mm	1	块	
7	器材	空气断路器	Multi9 C65N D20 或自选	1	只	
8		熔断器	RT28-32	5	只	
9		接触器	NC3-09/220 或自选	1	只	
10		热继电器	NR4-63(1～1.6A)	1	只	
11		按钮	LA4-3H	2	只	
12		端子	D-20	1	排	
13		多股软铜线	BVR1/1.37mm²	10	M	主电路
14		多股软铜线	BVR1/1.13mm²	15	M	控制电路
15		软线	BVR7/0.75mm²	10	M	
16	消耗材料	紧固件	M4 × 20 螺钉	若干	只	
17			M4 × 12 螺钉	若干	只	
18			φ4 平垫圈	若干	只	
19			φ4 弹簧垫圈及 φ4 螺母	若干	只	
20		异型管		2	m	

 任务实施

一、进行 I/O 分配

对电动机单向连续运行 PLC 控制元件选用后，对 I/O 进行分配，见表 4-8。

表 4-8　电动机单相连续运行 PLC 控制系统输入/输出（I/O）分配

输　入			输　出		
元件代号	元件功能	输入继电器	元件代号	元件功能	输出继电器
SB1	起动按钮	I0.0	KM	电动机控制	Q0.0
SB2	停止按钮	I0.1			
FR	过载保护	I0.2			

二、绘制 PLC 硬件接线图（见图 4-16）
三、设计梯形图程序（见图 4-17）
四、安装调试

1. 按图 4-16 进行安装接线

板前明线布线的工艺要求：

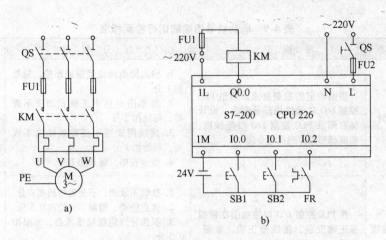

图 4-16　电动机单相连续运行 PLC 控制
a）主电路　b）PLC 外部接线

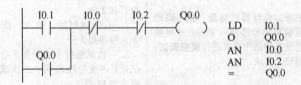

图 4-17　单向连续运转控制

1）布线通道可能少，同时并行导线分类集中，单层密排，紧贴安装面布线。

2）同一平面的导线应高低一致或前后一致，不能交叉。若必须交叉，该根导线应在接线端子引出时，就水平架空跨越，但必须布线合理。

3）布线应横平竖直，分布均匀。变换走向时应垂直。

4）布线时严禁损伤线芯和导线绝缘层。

5）所有从一个接线端子（或接线桩）到另一个接线端子（或接线桩）的导线必须连续，中间无接头。

6）导线与接线端子或接线桩连接时，不得压绝缘层、不反圈及不露铜过长。

7）一个电器元件的接线端子上的连接导线不得多于两根，每节接线端子板上的连接导线一般只允许连接一根。

2. 将程序写入 PLC

3. 系统调试

1）在教师的现场监护下进行通电调试，验证系统功能是否符合控制要求。

2）如果出现故障，学生应独立检修。电路检修完毕并且梯形图修改完毕应重新调试，直至系统能够正常工作。

 检测与分析

1. 任务检测

任务完成情况检测标准见表4-9。

表 4-9　电动机单相连续运行检测标准

序号	主要内容	考 核 要 求	评 分 标 准	配分	得分
1	电路设计	根据给定的控制要求，列出 PLC 控制 I/O 口元件地址分配表，设计梯形图及 PLC 控制 I/O 口接线图，根据梯形图，列出指令表	1. 输入输出地址遗漏或出错，每处扣 1 分 2. 梯形图表达不正确或画法不规范，每处扣 2 分 3. 接线图表达不正确或画法不规范，每处扣 2 分 4. 指令有错，每条扣 2 分	15	
2	安装与接线	按 PLC 控制 I/O 口接线图在模拟板正确安装，接线要正确、紧固、美观	1. 接线不紧固，不美观每根扣 2 分 2. 接点松动、遗漏，每处扣 0.5 分 3. 损伤导线绝缘层或线心，每根扣 0.5 分 4. 不按 PLC 控制 I/O 接线图接线，每处扣 2 分	15	
3	程序输入及调试	熟练操作计算机键盘，能正确地将所编写的程序输入 PLC；按照被控制设备的动作要求进行模拟调试，达到设计要求	1. 不会熟练操作计算机键盘输入指令，扣 2 分 2. 不会用删除、插入、修改等指令，每项扣 2 分 3. 一次试运行不成功扣 5 分；二次试运行不成功扣 10 分；三次试运行不成功扣 15 分	50	
4	安全与文明生产	遵守国家相关专业安全文明生产规程	违反安全文明生产规程，扣 5 ~ 10 分	10	
备注	考试时间 120min。每超时 5min，扣 10 分；超时 30min，不记分		合计	90	

2. 问题与分析

针对任务实施中的问题进行分析，并找出解决问题的方法，见表 4-10。

表 4-10　电动机单相连续运行 PLC 控制

序号	问题主要内容	分析问题	解决方法	配分	得分
1					
2				10	
3					
4					

 能力训练

一、填空题

1. _____ 逻辑操作的起始指令，将常开触点接在左母线上。

2. _____ 执行时先算各个串联电路的与结果，然后再把这些结果并联（或）运算，最后将这些结果传送到输出。

3. 若 PLC 的输入信号采用常闭触点时，则编程时梯形图中的触点类型正好与输入信号为常开触点时的触点类型_____。

二、简答题

1. I0.0 是否可以作为 = 指令的操作数？为什么？

2. 本任务中，若将热继电器的过载保护接在 PLC 外部直接进行硬件保护而不采用 PLC 软件保护，该如何进行？

三、实训题

1. 用 PLC 控制一盏灯，按下起动按钮 SB1 灯 HL 亮；按下停止按钮 SB2 灯灭。

2. 用 PLC 控制电动机点动连续混合控制。

任务三 电动机正、反转的 PLC 控制

知识点

1. 熟练掌握 S7-200 的置位/复位指令和边沿触发指令。
2. 理解梯形图编程的基本原则。

技能点

1. 能够灵活应用置位/复位指令进行 PLC 的编程。
2. 能够灵活应用边沿触发指令进行 PLC 的编程。

学习任务

用 PLC 实现电动机双重联锁正、反转控制。

任务分析

电动机双重联锁正、反转控制，及可以采用电控控制电路中的起—保—停的形式进行 PLC 编程控制，也可以使用置位/复位指令对 PLC 进行编程控制。过载保护可以直接在 PLC 通过热继电器的常开触点外部进行硬件保护，也可以通过 PLC 软件编程对电动机进行过载保护。

知识准备

一、置位/复位指令 S（Set）/R（Reset）

S 为置位指令，由置位线圈、置位线圈的位操作数（bit）和置位线圈数目 n 组成。当置位输入信号为 1 时，将由操作数（bit）开始的 n 位输出置为 "1" 并保持，R 为复位指令，由复位线圈、复位线圈的位操作数（bit）和复位线圈数目 n 组成。当输入信号为 1 时，将由操作数指定的位开始的 n 位输出清 "0" 并保持。

n 的范围为 1~255。

S/R 指令在梯形图中以线圈的形式给出，如图 4-18 所示。其应用如图 4-19 所示，若 n = 2，则 Q0.0 和 Q0.1 同时置位复位。

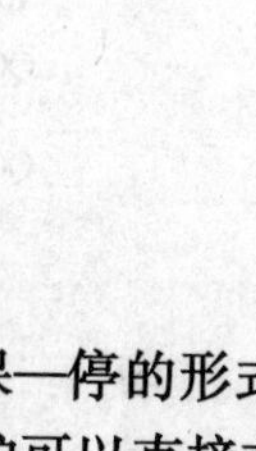

R，S 指令的使用说明：

1) 与 = 指令不同，S/R 指令可以多次使用同一个操作数。

$$—(\begin{array}{c} bit \\ S \\ n \end{array})$$

$$—(\begin{array}{c} bit \\ R \\ n \end{array})$$

图 4-18 置位/复位指令

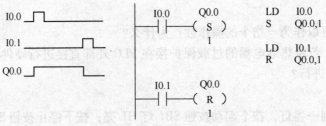

图 4-19 置位/复位指令应用

2）用 S/R 指令可构成 S-R 触发器或 R-S 触发器。由于 PLC 特有的顺序扫描的工作方式，所以使得执行后面的指令具有优先权。

3）操作数被置"1"后，必须通过 R 指令清"0"。

4）S/R 指令的操作数 bit 为 Q、M、SM、T、C、V、S；n 为 VB、IB、QB、MB、SMB、LB、SB、AC、常数等。

二、边沿触发指令 EU（EdgeUp）和 ED（EdgeDown）

边沿触发指令又称为微分操作指令。

EU：上升沿触发指令，在输入信号由断到通时，产生一个扫描周期宽度的脉冲。ED：下降沿触发指令，在输入信号由通到断时，产生一个扫描周期宽度的脉冲。EU、ED 指令无操作数，其梯形图表示方法为在常开触点间加 P 或 N。如图 4-20 所示为边沿触发指令的时序图、梯形图及语句表举例。

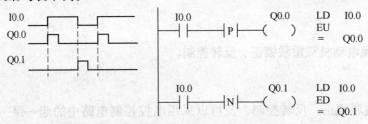

图 4-20 边沿触发指令

EU、ED 指令使用说明：

1）EU、ED 指令后无操作数。

2）EU、ED 指令用于检测状态的变化（信号出现或消失）。

三、梯形图编程的基本原则

1. 梯形图的左、右母线

梯形图中最左边的垂直线是左母线，最右边的垂直线是右母线。S7-200 中右母线省略。画梯形图时每一个逻辑行必须从左母线开始，终止于右母线。但是梯形图只是 PLC 形象化的一种编程方法，梯形图中左、右母线之间并不接任何电源，每个逻辑行中并没有实际电流通过，只是认为梯形图中每个逻辑行有假想的电流从左往右流动。

画梯形图时必须遵守以下两点：

1）左母线只能直接接各类继电器的触点，继电器线圈不能直接接左母线。

2）右母线只能直接接各类继电器的线圈（不含输入继电器线圈），继电器的触点不能直接接右母线。

如图 4-21 所示梯形图是错误的, 一个错误是线圈 Q0.1 接到左母线上, 另一个错误是常开点 I0.1 直接接在右母线上。

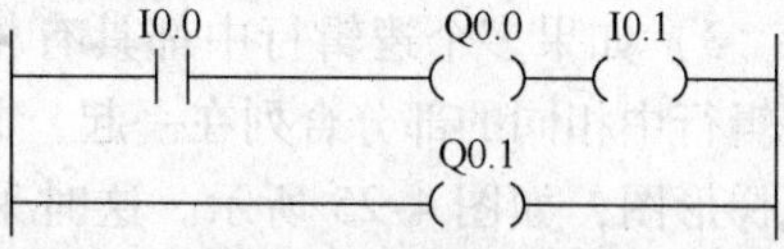

如果需要在 PLC 开机后, 线圈 Q0.1 就立即得电, 因 Q0.1 线圈不能直接接在左母线上, 此时, 必须通过一个未采用的辅助继电器的常闭触点接左母线。如图 4-22a 所示, Q0.1 线圈通过 M0.0 的常闭触点接到左母线上。M0.0 是程序中没有使用的辅助继电器, 故

图 4-21　错误梯形图

M0.0 常闭触点就一直不会断开, 这样, 既能满足控制要求, 又不违反基本规则。另一种处理方法是, 线圈 Q0.1 通过特殊继电器, 例如 S7-200 中的 SM0.0 (是常闭继电器) 在 PLC 开机后, SM0.0 一直得电, 使 Q0.1 被驱动, 同样满足是控制要求, 如图 4-22b 所示。

图 4-22　辅助继电器的使用

2. 继电器线圈和触点

1) 梯形图中所有继电器的编号, 应在所选 PLC 软元件所列范围之内, 不能任意选用。一般情况下, 同一线圈的编号在梯形图中只能出现一次, 而同一触点的编号在梯形图中可以重复出现。

同一编号的线圈在程序中使用两次或两次以上, 称为双线圈输出。双线圈输出一般情况下不允许出现。

在一段程序中, 同一编号继电器的触点可以多次重复使用, 不受次数限制, 这是因为 PLC 中的继电器并不是物理继电器, 而是存储器中的触发器, 触点闭合为 "1", 断开为 "0", 实际上是触发器的输出状态。存储器中触发器的状态 "1" 可以多次引用, 而不受使用次数的限制。因此, 编程时没有必要为减少某一继电器的触点数而增加程序的复杂性, 这一点与继电器控制电路的设计有很大区别。

2) 梯形图中, 只表示输入继电器的触点, 输入继电器的线圈是不反映的。这是因为每个输入继电器的线圈是由对应输入点的外部输入信号驱动的。

3) 梯形图中, 不允许出现 PLC 所驱动的负载 (例如指示灯、电解阀线圈、接触器线圈等), 只能出现相应输出继电器的线圈。输出继电器线圈得电时, 表示相应输出点有信号输出, 相应负载被驱动。

由此可得出结论: 在设计梯形图之前, 一定要根据控制系统所有的输入信号和输出信号, 分配 PLC 的输入点和输出点。也就是使每一个输入控制信号对应一个输入继电器, 每一个输出信号对应一个输出继电器。

4) 梯形图中, 所有触点都应按从上到下、从左到右的顺序排列, 并且触点只允许画在水平方向, 不允许画在垂直方向。

3. 合理设计梯形图

1) 在每个逻辑行上, 串联触点多的电路块应安排在最上面, 这样可省略一条并联指令。这时电路块下面可并联任意多的单个触点, 如图 4-23 所示。

2）在每个逻辑行上，并联触点多的电路块应安排在最左边，这样可省略一条与指令，如图 4-24 所示。

3）如果多个逻辑行中都具有相同的控制条件，可将每个逻辑行中相同的部分合列在一起，共用同一个控制条件，以简化梯形图，如图 4-25 所示。这时采用主控指令编程，可以省略多条重复的指令。

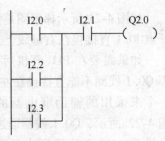

图 4-23　串联触点设计

4）设计梯形图时，一定要了解 PLC 的扫描工作方式，即在程序处理阶段，对梯形图按从上到下、从左到右的顺序逐一扫描处理，不存在几条并列支路同时动作的情况，这一点有别于继电控制电路。掌握这一点，可设计出较简单的梯形图。

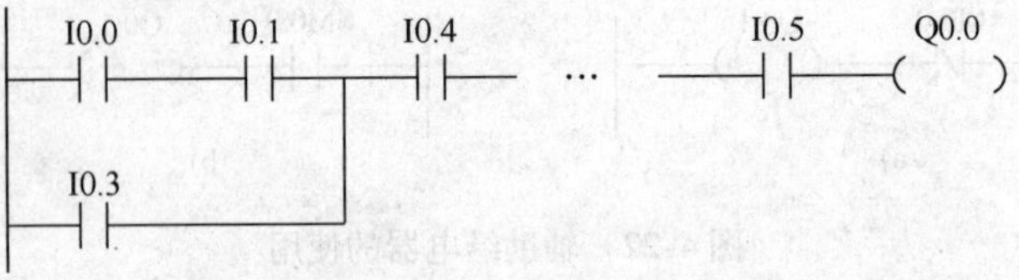

图 4-24　并联触点设计

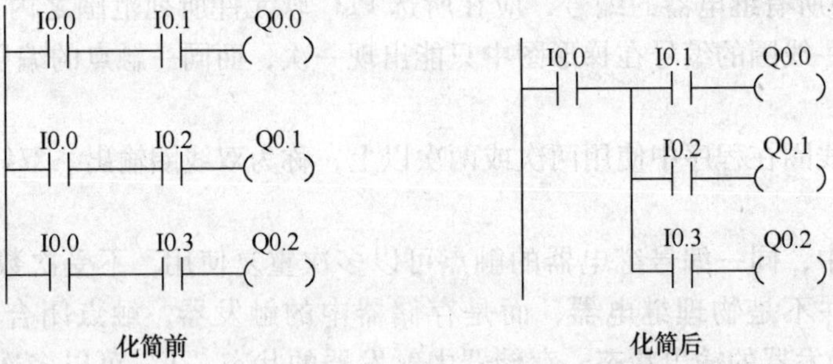

化简前　　　　　　　　　　　化简后

图 4-25　梯形图的简化

任务准备

设备、工具和材料准备见表 4-11。

表 4-11　电动机正、反转 PLC 控制设备

序号	分类	名　称	型号规格	数量	单位	备注
1	工具	电工工具		1	套	
2	器材	万用表	MF47 型	1	块	
3		可编程序控制器	S7-200	1	台	
4		计算机	自选	1	台	
5		编程电缆	PPI	1	套	
6		安装绝缘板	600mm×900mm	1	块	
7		空气断路器	Multi9 C65N D20 或自选	1	只	
8		熔断器	RT28-32	5	只	

（续）

序号	分类	名 称	型 号 规 格	数量	单位	备注
9	器材	接触器	NC3-09/220 或自选	2	只	
10		热继电器	NR4-63(1～1.6A)	1	只	
11		按钮	LA4-3H	3	只	
12		端子	D-20	1	排	
13	消耗材料	多股软铜线	BVR1/1.37mm^2	10	M	主电路
14		多股软铜线	BVR1/1.13mm^2	15	M	控制电路
15		软线	BVR7/0.75mm^2	10	M	
16		紧固件	M4×20 螺钉	若干	只	
17			M4×12 螺钉	若干	只	
18			φ4 平垫圈	若干	只	
19			φ4 弹簧垫圈及 φ4 螺母	若干	只	
20		异型管		2	m	

 任务实施

一、进行 I/O 分配

对电动机单向连续运行 PLC 控制元件选用后，对 I/O 进行分配，见表4-12。

表4-12 电动机正、反转运行 PLC 控制系统 I/O 分配

输　　入			输　　出		
元件代号	元件功能	输入继电器	元件代号	元件功能	输出继电器
SB1	停止按钮	I0.0	KM1	正转控制	Q0.0
FR	过载保护	I0.1	KM2	反转控制	Q0.0
SB2	正转起动按钮	I0.2			
SB3	反转起动按钮	I0.3			

二、绘制 PLC 硬件接线图（见图4-26）

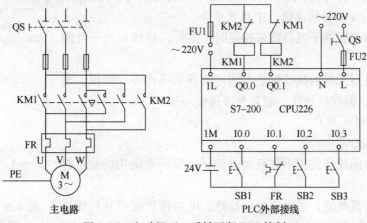

主电路　　　　　　　　PLC外部接线

图4-26 电动机正、反转运行 PLC 控制

注意：由于 PLC 内部程序同一继电器的常开和常闭触点是同时动作，所以接触器 KM1 和 KM2 转换时间短，容易引起电源短路。因此，在外部接互锁。

三、设计梯形图程序

1. "起-保-停" 电路电动机正、反转 PLC 控制程序（见图 4-27）

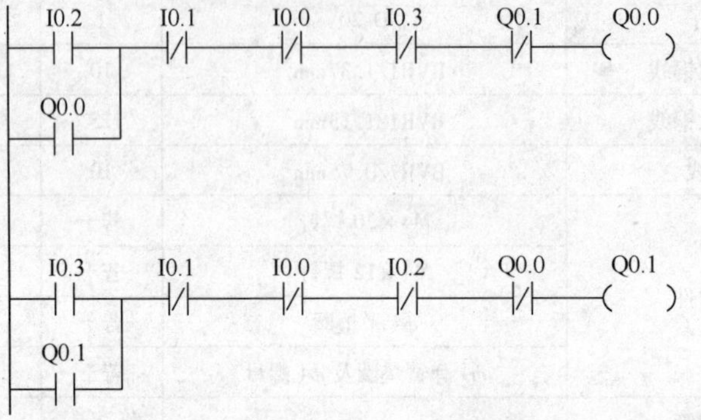

```
LD    I0.1
O     Q0.0
AN    I0.1
AN    I0.0
AN    I0.3
AN    Q0.1
=     Q0.0

LD    I0.3
O     Q0.1
AN    I0.1
AN    I0.0
AN    I0.2
AN    Q0.0
=     Q0.1
```

图 4-27　正、反转控制程序（一）

2. 置位复位指令电动机正、反转 PLC 控制程序（见图 4-28）

四、安装调试

1. 按图 4-26 进行安装接线

板前明线布线的工艺要求：

1）布线通道可能少，同时并行导线输分类集中，单层密排，紧贴安装面布线。

2）同一平面的导线应高低一致或前后一致，不能交叉。若必须交叉该根导线应在接线端子引出时，就水平架空跨越，但必须布线合理。

3）布线应横平竖直，分布均匀。变换走向时应垂直。

4）布线时严禁损伤线芯和导线绝缘层。

5）所有从一个接线端子（或接线桩）到另一个接线端子（或接线桩）的导线必须连续，中间无接头。

6）导线与接线端子或接线桩连接时，不得压绝缘层、不反圈及不露铜过长。

7）一个电器元件的接线端子上的连接导线不得多于两根，每节接线端子板上的连接导线一般只允许连接一根。

2. 将程序写入 PLC

3. 系统调试

1）在教师的现场监护下进行通电调试，验证系统功能是否符合控制要求。

2）如果出现故障，学生应独立检修。电路检修完毕并且梯形图修改完毕应重新调试，直至系统能够正常工作。

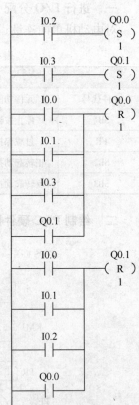

图 4-28　正、反转控制程序（二）

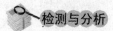

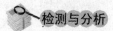检测与分析

1. 任务检测

任务完成情况检测标准见表4-13。

表4-13　电动机正、反转运行检测标准

序号	主要内容	考 核 要 求	评 分 标 准	配分	得分
1	电路设计	根据给定的控制要求，列出 PLC 控制 I/O 口元件地址分配表，设计梯形图及 PLC 控制 I/O 口接线图，根据梯形图，列出指令表	1. 输入输出地址遗漏或搞错，每处扣 1 分 2. 梯形图表达不正确或画法不规范，每处扣 2 分 3. 接线图表达不正确或画法不规范，每处扣 2 分 4. 指令有错，每条扣 2 分	15	
2	安装与接线	按 PLC 控制 I/O 口接线图在模拟板正确安装，接线要正确、紧固、美观	1. 接线不紧固，不美观每根扣 2 分 2. 接点松动、遗漏，每处扣 0.5 分 3. 损伤导线绝缘层或线心，每根扣 0.5 分 4. 不按 PLC 控制 I/O 接线图接线，每处扣 2 分	15	
3	程序输入及调试	熟练操作计算机键盘，能正确地将所编写的程序输入 PLC；并按照被控制设备的动作要求进行模拟调试，达到设计要求	1. 不会熟练操作计算机键盘输入指令，扣 2 分 2. 不会用删除、插入、修改等指令，每项扣 2 分 3. 一次试运行不成功扣 5 分；二次试运行不成功扣 10 分；三次试运行不成功扣 15 分	50	
4	安全与文明生产	遵守国家相关专业安全文明生产规程	违反安全文明生产规程，扣 5 ~ 10 分	10	
备注	考试时间120min。每超时5min，扣10分；超时30min，不记分		合计	90	

2. 问题与分析

针对任务实施中的问题进行分析，并找出解决问题的方法，见表4-14。

表4-14　电动机正、反转 PLC 控制

序号	问题主要内容	分析问题	解决方法	配分	得分
1					
2				10	
3					
4					

能力训练

一、填空题

1. 复位指令由_____、_____和_____组成。

2. 下降沿触发指令在输入信号由通到断时产生_____脉冲。

3. 继电器线圈_____直接接左母线。

4. 同一编号的线圈在程序中使用两次或两次以上，称为_____。

二、简答题

1. 双线圈输出一般情况下为什么不允许出现？

2. 如何合理设计梯形图？

三、实训题

1. 对电动机自动往返进行 PLC 控制。

2. 设计一个简易抢答器。

控制要求：三个队进行竞赛，主持人按下开始按钮时，各组方可抢答。抢答后主持人按下复位按钮，继续下面比赛。

任务四 三相异步电动机Y-△ 起动的 PLC 控制

知识点

1. 熟练掌握 S7-200 的 TON、TONR、TOF 定时器指令。

2. 了解定时器编写具有固定工作周期的方法。

技能点

1. 能过灵活应用定时器指令进行 PLC 的编程。

2. 能正确使用不同定时器指令。

学习任务

用 PLC 实现三相异步电动机Y-△起动控制。

控制要求：按下起动按钮，KM 和 KM~Y~通电，电动机Y联结起动；10s 后，KM~Y~断电，KM~△~和 KM 通电，电动机△联结全压运行。

任务分析

一个控制功能的实现，在很多场合上应用了定时功能，定时功能已被集成在中央控制单元之中，通过用户程序可以起动定时功能及设定时间。要完成延时任务，可以用通电延时定时器、断电延时定时器完成。周期闪烁也可以用定时器形成闪烁频率信号完成。

知识准备

S7-200 的 CPU22X 系列的 PLC 有三种类型的定时器：通电延时定时器 TON、保持型通电延时定时器 TONR 和断电延时定时器 TOF。总共 256 个定时器，编号为 T0 ~ T255，其中 TONR 为 64 个，其余 192 个即可定义为 TON 又可定义为 TOF，但在同一个程序中，不能同时定义一个编号，既为 TON 又为 TOF。定时精度可分为三个等级：1m、10ms 和 100ms。有关定时器的编号和精度，见表 4-15。每个定时器有一个当前值寄存器和一个状态位，当前值寄存器用于存放定时器计时数值，状态位用来表示定时器通断状态。

表 4-15　CPU22X 定时器的精度及编号

定时器类型	定时精度/ms	最大当前值/s	定时器号
TON TOF	1	32.767	T32，T96
	10	327.67	T33 ~ T36，T97 ~ T100
	100	3276.7	T37 ~ T63，T101 ~ T255
TONR	1	32.767	T0，T64
	10	327.67	T1 ~ T4，T65 ~ T68
	100	3276.7	T5 ~ T31，T69 ~ T95

定时器的定时时间为

$$T = PT \times S$$

式中　T——定时器的定时时间；

　　　PT——定时器的设定值，数据类型为整数型；

　　　S——定时器的精度。

定时器指令需要三个操作数，即编号、设定值和允许输入。

一、通电延时定时器指令 TON（On-Delay Timer）

通电延时定时器 TON 用于单一间隔的定时。

在梯形图中，TON 指令以功能框的形式编程，指令名称为 TON。如图 4-29 所示，它有两个输入端：IN 为启动定时器输入端，PT 为定时器的设定值输入端。当定时器的输入端 IN 为 ON 时，定时器开始计时；当定时器的当前值（整数形式）大于或等于设定值时，定时器被置位，其常开触点接通，常闭触点断开，定时器继续

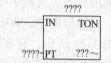

图 4-29　TON 定时器

计时，一直计时到最大值 32767。无论何时，只要 IN 为 OFF，TON 的当前值被复位到 0，常开触点断开，常闭触点接通。在语句表中，接通延时定时器的指令格式为 TON　T×××（定时器编号），PT。图 4-30 为 TON 指令延时输出的应用示例。

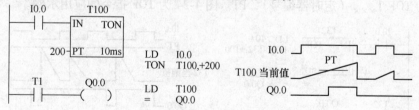

图 4-30　TON 指令延时输出的应用示例

在程序中也可以使用复位指令 R 使定时器复位。

二、记忆型通电延时定时器指令 TONR（Retentive On-Delay Timer）

记忆型通电延时定时器 TONR，用于多个时间间隔的累计定时。

在梯形图中，TONR 指令以功能框的形式编程，指令名称为 TONR。如图 4-31 所示，它有两个输入端：IN 为启动定时器输入端，PT 为定时器的设定值输入端。当定时器的输入端 IN 为 ON 时，定时

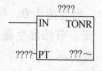

图 4-31　TONR 定时器

器开始计时，当定时器的当前值大于或等于设定值时，定时器被置位，其常开触点接通，常闭触点断开，定时器继续计时，一直计时到最大值 32767。与通电延时定时器不同的是，在 TONR 定时器的 IN 由 1 变为 0 时，TONR 的当前值保持不变。等到 IN 又为 1 时，TONR 在当前值的基础上继续计时。因此，记忆型通电延时定时器复位由复位指令进行。在语句表中，保持型接通延时定时器的指令格式为 TONR Txxx（定时器编号），PT。如图 4-32 所示为 TONR 指令的应用示例。

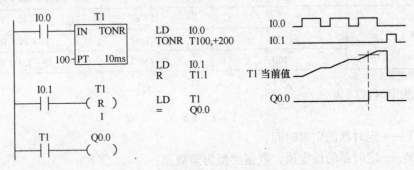

图 4-32　TONR 指令的应用示例

三、断电延时定时器指令 TOF（OFF-Delay Timer）

断电延时定时器 TOF，用于允许输入端断开后的定时。系统上电或首次扫描时，定时器 TOF 的状态位（bit）为 OFF，当前值为 0。

在梯形图中，TOF 指令以功能框的形式编程，指令名称为 TOF。如图 4-33 所示，它有两个输入端：IN 为启动定时器输入端，PT 为定时器的设定值输入端。当定时器的输入端 IN 为 1 时，TOF 的状态位为 1，其常开触点接通，常闭触点断开，但是定时器的当前值仍为 0。只有当 IN 由 1 变为 0 时，定时器才开始计时，当定时器的当

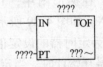

图 4-33　TOF 定时器

前值大于或等于设定值时，定时器被复位，其常开触点断开，常闭触点接通，定时器停止计时。如果 IN 的 0 时间小于设定值，则定时器位始终为 1。在语句表中，断开延时定时器的指令格式为 TOF T×××（定时器编号），PT。图 4-34 为 TOF 指令的应用示例。

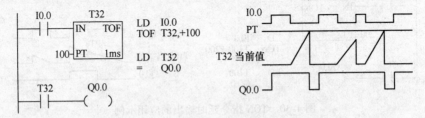

图 4-34　TOF 指示的应用示例

在程序中也可以使用复位指令 R 使定时器复位。TOF 复位后，定时器的状态位（bit）为 0，当前值为 0。当允许输入 IN 再次由 1 到 0 时，TOF 再次启动。

四、节拍发生器（脉冲发生器）

在实际工作中，对不同的检测、监视和控制任务常常需要闪烁频率，例如：显示工作状态和干扰信号，可用脉冲发生器。在控制技术中常用无稳态的翻转电路来表示带可变工作比

的脉冲发生器。如果一个脉冲发生器由两个时间段组成，那么每个时间段可随意编程。就可以得到任意频率的脉冲，如图4-35所示。

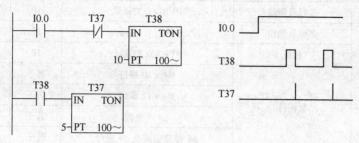

图4-35 节拍发生器

按下I0.0，T38开始计时，到达设定值时输出值为1。同时，T37开始计时，当T37达到计时值时，T38输出变为0。这时T37输入信号变为0，则T37变为0状态，其常闭触点重新闭合，T38重新开始计时。脉冲发生器不需要特殊的起动信号提供脉冲，只要它连接到一个周期编程处理过程中。

五、使用定时器指令时的注意事项

1）选用不同定时器指令类型时，定时器指令的定时器编号应符合表5-18的规定，否则会显示编译错误。

会显示编译错误。

2）定时器使用时，应注意恰当地使用不同时基的定时器，以提高定时器的时间精度。

3）定时器作用完成后，应及时将其能流断开，否则重复操作时，定时器指令将不能按控制要求工作。

任务准备

设备、工具和材料准备见表4-16。

表4-16 电动机丫-△ 起动 PLC 控制设备

序号	分类	名 称	型 号 规 格	数量	单位	备注
1	工具	电工工具		1	套	
2		万用表	MF47型	1	块	
3		可编程序控制器	S7-200	1	台	
4		计算机	自选	1	台	
5		编程电缆	PPI	1	套	
6		安装绝缘板	600mm×900mm	1	块	
7	器材	空气断路器	Multi9 C65N D20 或自选	1	只	
8		熔断器	RT28-32	5	只	
9		接触器	NC3-09/220 或自选	3	只	
10		热继电器	NR4-63(1~1.6A)	1	只	
11		按钮	LA4-3H	2	只	
12		端子	D-20	1	排	

（续）

序号	分类	名　称	型　号　规　格	数量	单位	备注
13		多股软铜线	BVR1/1.37mm²	10	M	主电路
14		多股软铜线	BVR1/1.13mm²	15	M	控制 电路
15		软线	BVR7/0.75mm²	10	M	
16	消耗 材料		M4×20 螺钉	若干	只	
17		紧固件	M4×12 螺钉	若干	只	
18			φ4 平垫圈	若干	只	
19			φ4 弹簧垫圈及 φ4 螺母	若干	只	
20		异型管		2	m	

 任务实施

一、进行 I/O 分配

对电动机丫-△起动 PLC 控制元件选用后，对 I/O 进行分配，见表4-17。

表 4-17　电动机丫-△ 起动 PLC 控制系统输入/输出分配

输　　　入			输　　　出		
元件代号	元件功能	输入继电器	元件代号	元件功能	输出继电器
SB1	停止按钮	I0.0	KM1	接触器	Q0.0
SB2	起动按钮	I0.1	KM丫	接触器	Q0.1
FR	过载保护	I0.2	KM△	接触器	Q0.2

二、绘制 PLC 硬件接线图（见图 4-36）

注意：由于 PLC 内部程序同一继电器的常开和常闭触点是同时动作，所以接触器 KM丫和 KM△ 转换时间短，容易引起电源短路。因此，在外部接互锁。

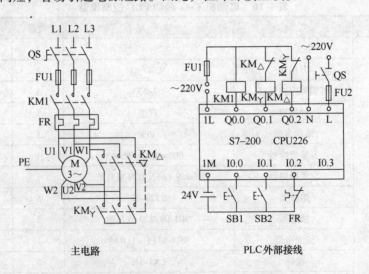

图 4-36　电动机丫-△ 起动 PLC 控制

三、设计梯形图程序（见图4-37）

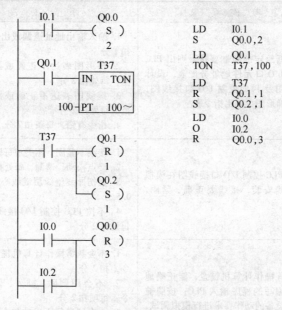

图4-37 Y-△控制程序

四、安装调试

1. 按图4-36进行安装接线

板前明线布线的工艺要求：

1）布线通道可能少，同时并行导线分类集中，单层密排，紧贴安装面布线。

2）同一平面的导线应高低一致或前后一致，不能交叉。若必须交叉，该根导线应在接线端子引出时，就水平架空跨越，但必须布线合理。

3）布线应横平竖直，分布均匀。变换走向时应垂直。

4）布线时严禁损伤线芯和导线绝缘层。

5）所有从一个接线端子（或接线桩）到另一个接线端子（或接线桩）的导线必须连续，中间无接头。

6）导线与接线端子或接线桩连接时，不得压绝缘层、不反圈及不露铜过长。

7）一个电器元件的接线端子上的连接导线不得多于两根，每节接线端子板上的连接导线一般只允许连接一根。

2. 将程序写入PLC

3. 系统调试

1）在教师的现场监护下进行通电调试，验证系统功能是否符合控制要求。

2）如果出现故障，学生应独立检修。电路检修完毕并且梯形图修改完毕应重新调试，直至系统能够正常工作。

检测与分析

1. 任务检测

任务完成情况检测标准见表4-18。

表 4-18　电动机丫-△ 起动检测标准

序号	主要内容	考核要求	评分标准	配分	得分
1	电路设计	根据给定的控制要求,列出 PLC 控制 I/O 口元件地址分配表,设计梯形图及 PLC 控制 I/O 口接线图,根据梯形图,列出指令表	1. 输入输出地址遗漏或出错,每处扣 1 分 2. 梯形图表达不正确或画法不规范,每处扣 2 分 3. 接线图表达不正确或画法不规范,每处扣 2 分 4. 指令有错,每条扣 2 分	15	
2	安装与接线	按 PLC 控制 I/O 口接线图在模拟板正确安装,接线要正确、紧固、美观	1. 接线不紧固,不美观每根扣 2 分 2. 接点松动、遗漏,每处扣 0.5 分 3. 损伤导线绝缘层或线心,每根扣 0.5 分 4. 不按 PLC 控制 I/O 接线图接线,每处扣 2 分	15	
3	程序输入及调试	熟练操作计算机键盘,能正确地将所编写的程序输入 PLC;按照被控制设备的动作要求进行模拟调试,达到设计要求	1. 不会熟练操作计算机键盘输入指令,扣 2 分 2. 不会用删除、插入、修改等指令,每项扣 2 分 3. 一次试运行不成功扣 5 分;二次试运行不成功扣 10 分;三次试运行不成功扣 15 分	50	
4	安全与文明生产	遵守国家相关专业安全文明生产规程	违反安全文明生产规程,扣 5 ~ 10 分	10	
备注	考试时间120min。每超时 5min,扣 10 分;超时 30min,不记分		合计	90	

2. 问题与分析

针对任务实施中的问题进行分析,并找出解决问题的方法,见表 4-19。

表 4-19　电动机丫-△ 起动 PLC 控制

序号	问题主要内容	分析问题	解决方法	配分	得分
1					
2				10	
3					
4					

能力训练

一、填空题

1. S7-200 的 CPU22X 系列的 PLC 有三种类型的定时器,即_____定时器、_____定时器和_____定时器。

2. 定时器的定时时间为 T = _____。

3. 定时器指令需要三个操作数,即_____、_____和_____。

4. _____,用于多个时间间隔的累计定时。

二、简答题

1. 定时器指令应用时注意哪些事项?

2. 如何实现循环计时?

三、实训题

1. 对三台电动机顺序起动、逆序停止用 PLC 进行控制,要求:按下起动按钮,电动机 1、2 起动,10s 后,电动机 2 断电,同时电动机 3 通电。按停车按钮后,电动机 1、3 断电。

2. 某组合动力头进给运动示意图如图 4-38 所示,设动力头初始状态时停在左边行程开关 SQ1 处。按下起动按钮 SB1 后,动力头右行接触器 KM1 接通,同时加速阀 Y 接通,动力头向右快速进给(简称快进)。碰到行程开关 SQ2 后,快速阀 Y 断开,接触器 KM1 继续通电,动力头变为向右工作进给(简称工进)。碰到行程开关 SQ3 后,暂停 5s;5s 后动力头左行接触器 KM2 接通,同时加速阀 Y 接通,动力头快速退回(简称快退),返回初始位置后停止运动。

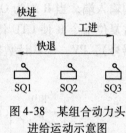

图 4-38　某组合动力头
进给运动示意图

任务五　电动机单按钮起动/停止控制

知识点

1. 熟练掌握 S7-200 的计数器指令。

2. 了解计数器扩展定时器的计时范围。

技能点

1. 能应用计数器指令编程。

2. 能应用计数器指令扩展定时范围。

学习任务

用计数器指令实现单按钮电动机起动/停止控制。

任务分析

本任务中,按下按钮一次电动机起动,按下按钮两次电动机停止运行。通过计数器计数后控制触点动作,完成工作要求。

知识准备

计数器用来累计输入脉冲的数量。S7-200 的普通计数器有三种类型:递增计数器 CTU、递减计数器 CTD 和增减计数器 CTUD,共计 256 个,可根据实际编程需要,对某个计数器进行类型定义,编号为 C0 ~ C255。在一个程序中每个计数器的线圈编号只能使用 1 次。不能同时定义一个编号即为 CTU,又为 CTD 或 CTUD。每个计数器有一个 16 位的当前值寄存器和一个状态位，最大计数值为32767。计数器设定值PV的数据类型为整数型INT。

一、递增计数器指令CTU（Counter Up）

在梯形图中，递增计数器以功能框的形式编程，指令名称为CTU。它有三个输入端：CU、R和PV。PV为设定值输入。

首次扫描CTU时，其状态位为OFF，其当前值为0。CU为计数脉冲的启动输入端，当CU每次由OFF变为ON时，计数器计数1次，当前值寄存器加1。如果当前值达到设定值PV，计数器动作，状态位为ON，当前值继续递增计数，最大可达到32767。R为复位脉冲的输入端，当R端为ON时，计数器复位，使计数器状态位为OFF，当前值为0。也可以通过复位指令R使CTU计数器复位。在语句表中，递增计数器的指令格式为CTU Cxxx（计数器号），PV。CTU计数器的梯形图、语句表及时序图，如图4-39所示。

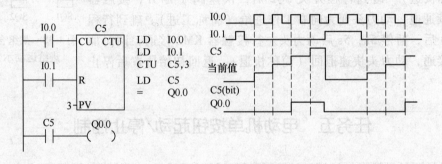

图4-39 CTU计数器的梯形图、语句表及时序图

二、递减计数器指令CTD（Counter Down）

在梯形图中，递减计数器以功能框的形式编程，指令名称为CTD。它有三个输入端：CD、R和PV。PV为设定值输入端。

首次扫描CTD时，其状态位为OFF，其当前值为设定值。CD为计数脉冲的输入端，在每个输入脉冲的上升沿，计数器计数1次，当前值寄存器减1。如果当前值寄存器减到0时，计数器动作，状态位为ON。计数器的当前值保持为0。R为复位脉冲的输入端，当R端为ON时，计数器复位，使计数器状态位为OFF，当前值为设定值。也可以通过复位指令R使CTD计数器复位。在语句表中，递减计数器的指令格式为CTD Cxxx（计数器号），PV。CTD计数器的梯形图、语句表及时序图应用举例如图4-40所示。

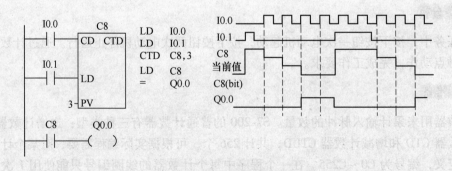

图4-40 CTD计数器的梯形图、语句表及时序图

三、增减计数器指令 CTUD（Counter Up/Down）

在梯形图中，增减计数器以功能框的形式编程，指令名称为 CTUD，它有两个脉冲输入端 CU 和 CD、一个复位输入端 R 和一个设定值输入端 PV。

首次扫描增减计数器 CTUD 时，其状态位为 OFF，当前值为 0。CU 为脉冲递增计数输入端，在 CU 的每个输入脉冲的上升沿，当前值寄存器加 1；CD 为脉冲递减计数输入端，在 CD 的每个输入脉冲的上升沿，当前值寄存器减 1。如果当前值等于设定值时，CTUD 动作，其状态位为 ON。如果 CTUD 的复位输入端 R 为 ON 时，或使用复位指令 R，可使 CTUD 复位，即使状态位为 OFF，使当前值寄存器清 0。

增减计数器的计数范围为 -32768 ~ 32767。当 CTUD 计数到最大值（32767）后，如 CU 端又有计数脉冲输入，在这个输入脉冲的上升沿，使当前值寄存器跳变到（-32768）；反之，在当前值为最小值（-32768）后，如 CD 端又有计数脉冲输入，在这个脉冲的上升沿，使当前值寄存器跳变到最大值（32767）。在语句表中，增减计数器的指令格式为：CTUD C$_{\times\times\times}$（计数器号），PV。增减计数器 CTUD 的梯形图、语句表及时序图，如图 4-41 所示。

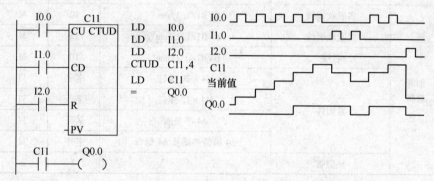

图 4-41　CTUD 计数器的梯形图、语句表及时序图

四、计数器与定时器的综合应用

计数器和定时器一起使用可以扩展定时器的定时范围，如图 4-42 所示，可将计时范围为 3276.7s 的定时范围扩大为 $1000 \times 100s = 100000s$。

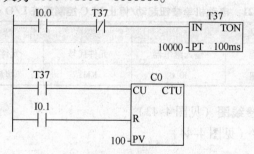

图 4-42　定时器和计数器的综合应用

任务准备

设备、工具和材料准备见表 4-20。

表 4-20　电动机单按钮起动/停止 PLC 控制设备

序号	分类	名　称	型号规格	数量	单位	备注
1	工具	电工工具		1	套	
2		万用表	MF47 型	1	块	
3		可编程序控制器	S7-200	1	台	
4		计算机	自选	1	台	
5		编程电缆	PPI	1	套	
6		安装绝缘板	600mm × 900mm	1	块	
7	器材	空气断路器	Multi9 C65N D20 或自选	1	只	
8		熔断器	RT28-32	5	只	
9		接触器	NC3-09/220 或自选	1	只	
10		热继电器	NR4-63(1 ~ 1.6A)	1	只	
11		按钮	LA4-3H	1	只	
12		端子	D-20	1	排	
13		多股软铜线	BVR1/1.37mm²	10	M	主电路
14		多股软铜线	BVR1/1.13mm²	15	M	控制
15		软线	BVR7/0.75mm²	10	M	电路
16	消耗材料		M4 × 20 螺钉	若干	只	
17		紧固件	M4 × 12 螺钉	若干	只	
18			φ4 平垫圈	若干	只	
19			φ4 弹簧垫圈及 φ4 螺母	若干	只	
20		异型管		2	m	

◆ **任务实施**

一、进行 I/O 分配

对电动机单按钮起动/停止 PLC 控制元件选用后，进行 I/O 分配，见表 4-21。

表 4-21　电动机单按钮起动/停止 PLC 控制系统 I/O 分配

输　入			输　出		
元件代号	元件功能	输入继电器	元件代号	元件功能	输出继电器
SB1	停止按钮	I0.0	KM1	接触器	Q0.0

二、绘制 PLC 硬件接线图（见图 4-43）

三、设计梯形图程序（见图 4-44）

四、安装调试

1. 按图 4-43 进行安装接线

板前明线布线的工艺要求：

1）布线通道可能少，同时并行导线分类集中，单层密排，紧贴安装面布线。

2）同一平面的导线应高低一致或前后一致，不能交叉。若必须交叉时，该根导线应在

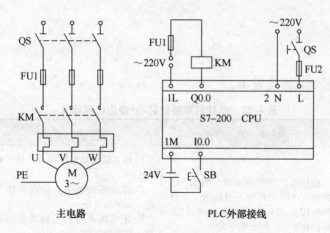

主电路　　　　　　　　　　PLC外部接线

图4-43　电动机单按钮起动/停止PLC控制

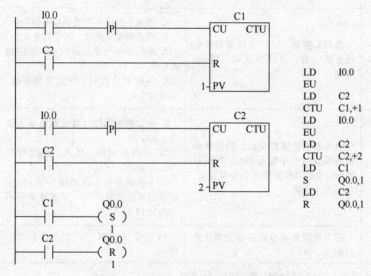

```
LD    I0.0
EU
LD    C2
CTU   C1,+1
LD    I0.0
EU
LD    C2
CTU   C2,+2
LD    C1
S     Q0.0,1
LD    C2
R     Q0.0,1
```

图4-44　电动机单按钮起动/停止控制

接线端子引出时，就水平架空跨越，但必须布线合理。

3）布线应横平竖直，分布均匀。变换走向时应垂直。

4）布线时严禁损伤线芯和导线绝缘层。

5）所有从一个接线端子（或接线桩）到另一个接线端子（或接线桩）的导线必须连续，中间无接头。

6）导线与接线端子或接线桩连接时，不得压绝缘层、不反圈和不露铜过长。

7）一个电器元件的接线端子上的连接导线不得多于两根，每节接线端子板上的连接导线一般只允许连接一根。

2. 将程序写入PLC

3. 系统调试

1）在教师的现场监护下进行通电调试，验证系统功能是否符合控制要求。

2）如果出现故障，学生应独立检修。电路检修完毕并且梯形图修改完毕应重新调试，直至系统能够正常工作。

检测与分析

1. 任务检测

任务完成情况检测标准见表 4-22。

表 4-22　电动机单按钮起动/停止检测标准

序号	主要内容	考核要求	评分标准	配分	得分
1	电路设计	根据给定的控制要求，列出 PLC 控制 I/O 口元件地址分配表，设计梯形图及 PLC 控制 I/O 口接线图，根据梯形图，列出指令表	1. 输入输出地址遗漏或出错，每处扣 1 分 2. 梯形图表达不正确或画法不规范，每处扣 2 分 3. 接线图表达不正确或画法不规范，每处扣 2 分 4. 指令有错，每条扣 2 分	15	
2	安装与接线	按 PLC 控制 I/O 口接线图在模拟板正确安装，接线要正确、紧固、美观	1. 接线不紧固，不美观每根扣 2 分 2. 接点松动、遗漏，每处扣 0.5 分 3. 损伤导线绝缘层或线心，每根扣 0.5 分 4. 不按 PLC 控制 I/O 接线图接线，每处扣 2 分	15	
3	程序输入及调试	熟练操作计算机键盘，能正确地将所编写的程序输入 PLC；按照被控制设备的动作要求进行模拟调试，达到设计要求	1. 不会熟练操作计算机键盘输入指令，扣 2 分 2. 不会用删除、插入、修改等指令，每项扣 2 分 3. 一次试运行不成功扣 5 分，二次试运行不成功扣 10 分，三次试运行不成功扣 15 分	50	
4	安全与文明生产	遵守国家相关专业安全文明生产规程	违反安全文明生产规程，扣 5 ~ 10 分	10	
备注	考试时间 120min。每超时 5min，扣 10 分；超时 30min，不记分		合计	90	

2. 问题与分析

针对任务实施中的问题进行分析，并找出解决问题的方法，见表 4-23。

表 4-23　电动机单按钮起动/停止 PLC 控制

序号	问题主要内容	分析问题	解决方法	配分	得分
1					
2				10	
3					
4					

能力训练

一、填空题

1. S7- 200 的 CPU22X 系列的 PLC 有三种类型的计数器：＿＿＿＿＿＿计数器、

_____计数器和_____计数器。

2. 在一个程序中每个计数器的线圈编号只能使用_____次。_____同时定义一个编号即为 CTU，又为 CTD 或 CTUD。

3. CTD 计数器有三个输入端，即_____、_____和_____。

4. 增减计数器的计数范围为_____。

二、简答题

增计数器和减计数器计数时有何区别？

三、实训题

1. 设计一个计数器，要求工件达到 1000 件时，指示灯亮。

2. 学校礼堂能容纳 300 人，用计数器设计一个满员报警器的程序。

3. 根据按钮动作次数控制信号灯。

控制要求：按下按钮 3 次，信号灯亮；再按 2 次，灯灭，循环运行。

参 考 文 献

[1] 李敬梅. 电力拖动控制线路与技能训练 [M]. 3 版. 北京：中国劳动社会保障出版社，2001.

[2] 王兆晶. 安全用电 [M]. 4 版. 北京：中国劳动社会保障出版社，2007.

[3] 朱照红，张帆. 电工技能训练 [M]. 4 版. 北京：中国劳动社会保障出版社，2007.

[4] 才家刚. 电工口诀 [M]. 3 版. 北京：机械工业出版社，2010.

[5] 陈惠群. 电工仪表与测量 [M]. 4 版. 北京：中国劳动社会保障出版社，2007.

[6] 王兰君，张景皓. 生活电工 [M]. 郑州：河南科学技术出版社，2006.

[7] 金英姬，等. 内外线电工基本技术 [M]. 北京：金盾出版社，1998.

[8] 胡学林. 可编程控制器教程 [M]. 北京：电子工业出版社，2003.

[9] 李学炎. 电机与变压器 [M]. 3 版. 北京：中国劳动社会保障出版社，2001.

机械工业出版社

教师服务信息表

尊敬的老师：

您好！感谢您多年来对机械工业出版社的支持与厚爱！为了进一步提高我社教材的出版质量，更好地为职业教育的发展服务，欢迎您对我社的教材多提宝贵意见和建议。另外，如果您在教学中选用了《维修电工职业技能》（杨秀双 李刚 主编）一书，我们将为您免费提供与本书配套的电子课件。

一、基本信息

姓名：_____ 性别：_____ 职称：_____ 职务：_____
学校：_____ 系部：_____
地址：_____ 邮编：_____
任教课程：_____ 电话：_____(O) 手机：_____
电子邮件：_____ qq：_____ msn：_____

二、您对本书的意见及建议

（欢迎您指出本书的疏误之处）

三、您近期的著书计划

请与我们联系：

100037 机械工业出版社·技能教育分社 林运鑫 收

Tel：010-88379243

Fax：010-68329397

E-mail：lyxcmp2009@sina.com